地域づくりの
基礎知識 **3**

農業・農村の
資源とマネジメント

中塚 雅也 編

神戸大学出版会

地域づくりの基礎知識
シリーズの目的

　日本の地域社会の存続は，今大きな危機を迎えようとしています。中山間部での人口の減少と都市部での人々の流動化の拡大は加速しており，人口の首都圏への集中も急速に進んでいます。これまで日本社会の中で，長く続いてきたコミュニティや基礎自治体の存続そのものが脅かされる事態が生まれています。このような状況の下で，地域社会に生きる私たち一人一人にとって，主体的に地域社会に関わり，それを未来に継承していく「地域づくり」が大きな課題となっています。

　それでは，どのようにして地域づくりをすすめていけばいいのでしょうか。日本列島は，多様な自然環境の下，豊かな生態系を持つとともに，火山の噴火，地震や台風など自然災害が日常的に生起する場です。そのような場で，人々は工夫を凝らしながら長年にわたって暮らしをつないできました。

　私たちは，そこから生まれた地域社会の課題を多様な視点からとらえ，どのように対処していけばいいのかということを，「基礎知識」として共有していくことが重要であると考えています。そのような思いをこめて，本シリーズを『地域づくりの基礎知識』と名付けました。

　本シリーズは，地域住民，自治体，企業と協力して，神戸大学・兵庫県立大学・神戸市看護大学・園田学園女子大学等，兵庫県内の大学が中心として展開してきた取り組みを集約したものであり，平成27年度文部科学省「地（知）の拠点大学による地方創生推進事業

（COC+事業）」で，兵庫県において採択された「地域創生に応える実践力養成ひょうご神戸プラットフォーム」事業の一部を成すものです。兵庫県は，日本の縮図といわれ，太平洋と日本海に接し，都市部，農山漁村部と多種多様な顔を持っています。そこでのさまざまな課題は，兵庫県に関わるというだけでなく，日本各地の地域が抱える課題と共通するものであると考えます。

　本シリーズは，関連する領域ごとに「歴史と文化」「自然と環境」「子育て高齢化対策」「安心安全な地域社会」「イノベーション」の5つの巻に整序し，テーマごとに体系的に課題を捉えることで，地域の課題を，初学者や地域づくりに携わる方々にわかりやすいように編集しています。それにより，領域で起こっている地域課題を理解するための良きガイドとなることを目指しています。また，読者がさらに深く地域社会をとらえることができるように巻の項目ごとに参考文献を示しています。地域課題はかならずしもそれぞれの領域に収まるものではありません。シリーズ化により，新しい視座が開けることが可能となると考えています。

　本シリーズの刊行が，地域の明日をつくる人々の一助となり，さまざまな地域が抱える困難に立ち向かう勇気を与えることを願ってやみません。

内田一徳（神戸大学理事・副学長 社会連携担当）
奥村　弘（神戸大学COC＋事業責任者）
佐々木和子（COC＋統括コーディネーター）

「農業・農村の維持と創造」に関わる

中塚 雅也
神戸大学大学院農学研究科

　我が国の農業・農村は大きな転換期にある。農業・農村の担い手の減少と高齢化は極まり，これまで農業・農村を支えてきた地域システムは，既に至るところで綻びが生じている。こうした危機は，見えづらい「周辺」で進行し，都市に住む多くの人が気づく頃には手遅れになっている。もちろんこれは「想定外」のことではない。また，農業・農村には，有形無形の資源がある。農的なものの特徴の一つといえるが，こうした資源の多くは，人々が使うことによって維持されてきた。しかし，高齢化や担い手不足により，資源は利用されず，引き継がれないままになっていることも多く，その対応が迫られている。

　農業と農村の関係も変化している。農業と農村は一体的であり，農業が地域の環境に与える影響が大きいことは変わらない。しかしながら，現代の農村の社会経済は，もはや農業に依存したものでないのも事実である。近年の若者らの農村に対する関心は，農業への関心とは別のものであり，農村に住むことは農業をすることと同義ではない。農村に定住するには生活の糧となる仕事が必要であるが，その職種は多様なものとなっている。インターネットや交通インフラの発展は，農村を「周辺」でないものとし，人と情報は，都市－農村のみならず，世界中を自由に移動する。そこでは，関係性やネットワークが重視され，新たな価値やビジネスは，多様な主体の相互作用から生まれている。

　このように，この国のかたちが変わろうとする時代において，この先，どのように足元の地域の農業・農村，そしてその資源を維持し，創造していくのかが，今，問われている。本書では，こうした働きかけをマネジメントと呼び，その主体（アクター）の育成，すなわち人材育成までを考えていきたい。なお，マネジメントは，管理と訳されるが，日本語のニュアンスとして，どうしても制御

的な意味合いで捉えられがちであるため，あえて「マネジメント」のまま用い，創造的な側面を強調しようとした。

　各章の位置づけは次のとおりである。第1章から第5章までは，人と自然の関係性のなかで創り出された我が国の農業・農村の現状や課題について，景観，生態系，森林，農業といった視点から多角的に解説している。続く，第6章から第9章までは，特に地域資源の管理・活用についてまとめた章である。有形無形の資源の特徴とその維持管理について概観した上で，ため池や伝統文化，農作物など具体的な資源の管理や継承について整理し，そして活用方法について解説する。最後の，第10章から第14章では，農村地域の維持・発展についてまとめている。内発的な農村発展をすすめるため，そのフレームワークを示した上で，地域外部との交流やその中での人材育成，そして，新しいビジネスや価値の創造に関して解説している。また，それぞれの章には，折りに触れ，関連の実践事例や解説をコラムとして挿入している。

　なお，本書は，神戸大学大学院農学研究科地域連携センターに関係する研究者や実践者が執筆している。地域連携センターに，相談に来られる地域団体の方々，農業関係，自治体関係の方々は，目の前の問題解決に取り組みながら，将来に対する危機や不安を強く感じている。それは現場に深くコミットするからこそ，早く，鋭く，見えてくるものであろう。地域連携センターでは，そうした方々と農学研究科の研究者・学生，そして本書の執筆らをはじめとする内外の研究者らを繋ぎ，現場の課題解決や価値創造に取り組んできた。本書は，その成果または経過の一部でもある。唯一の解がない時代，多様な立場の人々が，こうして，ともに解を求めることに価値があり，このプロセスこそ，新しい農業・農村を創造するための解であると考える。

　グローバル化にともなう画一化の進行は，世界規模での多様性確保の重要性，すなわち，多様なローカルの存在の重要性が高まることに繋がる。多様性が進化と発展の源泉であることは，農学の基本であり，その維持と発展に寄与するのは実学としての農学の使命であろう。本書が多くの人々にとって農業・農村との「関わり」の機会となり，アクターとして活躍する契機となることを期待したい。

CONTENTS
目次

地域づくりの基礎知識　シリーズの目的 ································· 2

「農業・農村の維持と創造」に関わる ················· 中塚雅也　4

第1章　日本と兵庫の食料・農業・農村 ············· 加古敏之　11

1 日本の食料・農業・農村の歴史と特徴 ························· 12

2 経済成長と農業生産, 食料消費 ······························· 12

3 1955年以降の日本の食料・農業・農村の歴史と特徴 ········· 15

4 兵庫県の食料・農業・農村 ································· 17

5 豊岡市におけるコウノトリをシンボルとする地域活性化 ········· 20

　　[コラム] 神戸の農業と農村 ···················· 山田隆大　26

　　[コラム] 農村における協同組合(農協)の役割 ········· 髙田　理　29

第2章　農村景観と集落空間の構成 ············· 横山宜致　31

1 日本の集落空間の特徴 ································· 32

2 農村「景観」をなす集落の空間構成 ····················· 33

3 集落を捉える ··· 44

4 集落景観を継承し, 活かすために ························· 51

第3章　農村の生態系と景観 ················· 丹羽英之　55

1 農村生態系と人の営み ································· 56

2 農村生態系と農村景観 ································· 58

3 農村生態系と生物多様性情報 ··························· 63

4 おわりに ··· 68

　　[コラム] 畦畔の草刈りと植物の保全 ············· 長井拓馬　71

第4章 森林の資源利用と保全 ············ 黒田慶子 73

1 日本の森林 ·· 74

2 「自然」という言葉の落とし穴 ································· 77

3 林業と里山の資源 ··· 79

4 「里山の放置」が森林荒廃につながった ············· 83

5 持続的な森林保全・管理の手法と担い手 ············ 87

第5章 有機農業と環境 ······················ 中塚華奈 91

1 農業と環境の関係性 ·· 92

2 農業の環境への負荷と創造 ···································· 95

3 日本と兵庫県における有機農業運動の展開 ········· 99

4 有機農業をめぐる日本の農業政策 ······················ 105

5 有機農業とグローバル化 ······································ 111

　[コラム] 農業と農薬 ···································· 星　信彦 118

第6章 地域資源の活用による農山村再生の枠組み 衛藤彬史 121

1 はじめに ··· 122

2 農山村の地域資源をめぐる論点の整理 ··············· 122

3 新たな地域資源管理の仕組み ······························ 130

4 地域資源の積極的な活用を促す
　インターミディアリーの機能と役割 ·················· 136

5 おわりに ··· 138

第7章 地域固有性を活かした特産農産物の開発 …… 國吉賢吾 141

1 特産農産物とは …… 142
2 一村一品運動の展開 …… 142
3 消費の多様化と地域固有性を活かす開発 …… 145
4 ひょうごのふるさと野菜 …… 148

[コラム] マルシェを通した都市・農村の共生 …… 豊嶋尚子 153

第8章 市民協働によるため池保全 …… 森脇 馨 155

1 ため池とは何か …… 156
2 兵庫のため池 …… 160
3 多様な主体の協働を促す取り組み …… 162
4 市民協働によるため池保全活動への期待 …… 168

[コラム] ため池協議会の設立と活動
〜寺田池協議会の事例〜 …… 森脇 馨 174

[コラム] ため池保全県民運動の展開
〜かいぼり復活とため池マン参上〜 …… 森脇 馨 176

第9章 農山漁村における伝統文化の継承 …… 木原弘恵 179

1 高度成長と農山漁村の変化 …… 180
2 資源としての伝統文化への注目 …… 182
3 伝統文化の真正性をめぐって …… 184
4 担い手による実践の創造性 …… 187
5 おわりに …… 189

第10章 農村の内発的発展の仕組み………小田切徳美 193

1 内発的発展論 …………………………………………… 194
2 外来型発展の現実 …………………………………… 195
3 地域づくりの登場 …………………………………… 198
4 内発的発展の農村への具体化 …………………… 201
5 国民的争点としての内発的発展 ……………… 204

第11章 都市との交流・協働による農村の地域づくり……筒井一伸 209

1 農山村はいま… ……………………………………… 210
2 都市と農山村の関係と交流 ……………………… 213
3 ヨソモノと農山村をつくる ……………………… 219
4 移住から交流・共創へ …………………………… 223

[コラム] 高校が関わる地域づくり活動と
「村を育てる学力」 ……………………筒井一伸 227

[コラム] 篠山市における現地体験型教育 …………木原弘恵 229

[コラム] 学生による地域活動の展開 ………………松本龍也 231

第12章 農村における外部人材の活用
～地域おこし協力隊を通して～ ………柴崎浩平 233

1 外部人材の活用と地域おこし協力隊制度 …… 234
2 地域おこし協力隊の活動と新たな生活像 …… 238
3 協力隊の受入れ体制と問題点 …………………… 242
4 外部人材の活用における展望と課題 ………… 245

第13章 地域協働プロジェクトによる人材育成 ……… 内平隆之 249

1 地域協働プロジェクトをめぐる社会的背景の変化 …………………… 250

2 地域協働プロジェクトの限界と課題 ……………………………… 251

3 地域協働プロジェクトと人材育成 ………………………………… 253

4 地域のレジリエンスを高めるために …………………………… 262

[コラム] 継業と「なりわい」……………………………… 筒井一伸 265

[コラム] 組織の組み換えによる継業支援 ……………………内平隆之 267

[コラム] 篠山市における実践型人材の育成 ……………………衛藤彬史 270

第14章 農村におけるビジネス創出とイノベーション ……… 中塚雅也 273

1 農村におけるビジネス創出 …………………………………… 274

2 農村ビジネスの資源とステークホルダー ……………………… 277

3 農村イノベーションの論理 …………………………………… 280

4 イノベーションから農村ビジネスへ ………………………… 285

●表紙写真—兵庫県篠山市福住地区（篠山市まちづくり部景観室提供）

第 **1** 章

日本と兵庫の食料・農業・農村

加古 敏之
吉備国際大学農学部
（神戸大学名誉教授）

日本が高度経済成長を始めた1950年代中頃以降2010年代中頃に至る約60年間に，兵庫県の食料・農業・農村は大きな変化を遂げてきた。少子高齢化の進行や所得の減少のため衰退してきた地域が見受けられる一方で，豊岡市のようにコウノトリをシンボルとする地域活性化に取り組み，経済価値，環境価値，社会・文化価値から構成される地域の総社会的厚生（トータル・ウエルフェアー）を高めてきた地域もある。また，具体例として豊岡市の農家，豊岡市役所，兵庫県庁，JAたじま等の多様な主体がどの様にしてコウノトリという地域資源を活用して地域を活性化させてきたかについて紹介する。

キーワード

経済発展　農業生産　コウノトリ　農法　地域ブランド化

1 日本の食料・農業・農村の歴史と特徴

　本節では，日本が高度経済成長を始めた 1950 年代中頃以降 2010 年代中頃に至る約 60 年間の経済発展と食料・農業・農村の変遷の概要について考察する。日本経済は朝鮮戦争（1950 年〜 53 年）による特需を契機に 1954 年頃には農業，工業ともに戦前（1935 年）の水準に復興した。その後，「神武景気」（1954 〜 58 年），「岩戸景気」（1959 〜 60 年）を経て高度経済成長過程へと突入し，1954 年末から約 20 年間にわたり年平均実質 10％前後の高い経済成長を達成した。1968 年には日本の GNP は米国に次ぐ世界第 2 位にまで増加した。

　日本農業は 1955 年以降連続して豊作を記録し，第 2 次世界大戦後の食料不足時代は終わりを告げ，農村の民主化と食料増産を主たる旗印とする戦後農政は転換期を迎えた。1970 年の農業総産出額は 4 兆 6643 億円で，国内総生産額 73 兆 6295 億円の 4.4％を占めていた。その後も農業総産出額は増加を続け，1985 年には 11 兆 6295 億円のピークを記録した。しかしその後，農業総産出額は減少傾向に転じ，2015 年には国内総生産額 530 兆 5450 億円の 1.7％の 8 兆 7979 億円へと縮小した（図 1）。

　その一方で，農産物輸入額は長期的に増加傾向を辿り，2015 年には国内農業総生産額の 1.3 倍の 6 兆 5629 億円へと増加した。農産物輸入が増加した結果，カロリーベースの総合食料自給率は 1965 年の 73％から一貫して低下傾向を辿り，2016 年には 38％へと大幅に下落した（図 2）。生産額ベースの食料自給率もこの期間に 86％から 68％へと 18％ポイント低下した。

2 経済成長と農業生産，食料消費

　日本の国民所得は 1954 年末から約 20 年間にわたる高度経済成長により大幅に増加した。国民所得の増加に伴って，国民の肉類，乳卵類，魚介類といった

2 経済成長と農業生産，食料消費

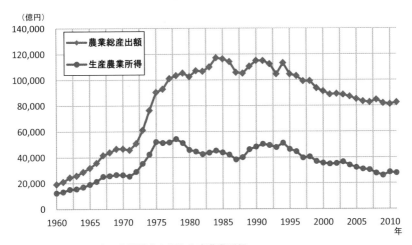

図1 日本の農業総産出額と生産農業所得
　　　資料：農林水産省「食料・農業・農村白書 参考統計表」より作成

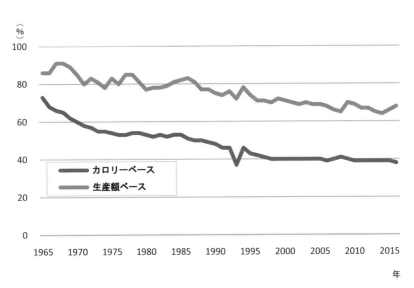

図2 日本の食料自給率の推移
　　　資料：農林水産省「食料需給表」より作成

タンパク質の豊富な食料の摂取量は急速に増加する一方でコメ類の消費量は1910年代の半分以下の水準へと減少した。

高度経済成長期とそれ以降の時期における工業部門の急速な発展の結果，農業部門と工業部門の所得格差が拡大し，比較劣位化した農業部門の従事者数が減少するとともに高齢化した。農業就業人口が1965年の981万人から2015年の201万人へと50年間に780万人（80％）と大幅に減少するとともに高齢化した結果，管理されず耕作放棄された耕地面積はこの間に151万ha，25％増加した。食料自給率もこの間に34％ポイント低下して2015年には先進国中で最も低い39％となった。日本の農業総産出額は，主としてコメの消費減退のため1990年の11兆5千億円のピークから減少に転じ，2016年には9.2兆円へと20％減少した。一方，野菜の産出額は1991年の2兆8千億円をピークに，農業就業人口の減少や高齢化による作付面積の縮小に伴い減少傾向で推移していたが，1996年の農産物への原産地表示の導入を背景とした消費者の国産志向の高まり等により需要が堅調に推移し，近年は2兆円台前半で推移している（図3）。

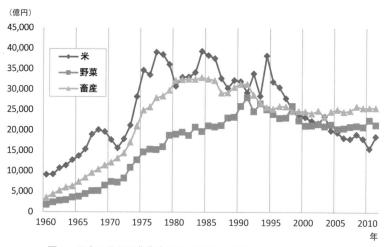

図3　日本の品目別農業産出額の推移（名目額，億円）
資料：農林水産省「食料・農業・農村白書 参考統計表」より作成

21世紀における食料・農業・農村に関する施策の基本指針として食料・農業・農村基本法が1999年に制定され，この基本法が掲げる「食料の安定供給の確保」，「多面的機能の発揮」，「農業の持続的発展」，「農村の振興」という4つの基本理念を具体化するために諸施策が推進されてきた。食料・農業・農村をめぐる情勢の変化等を踏まえ，おおむね5年ごとに食料・農業・農村基本計画が作成され，食料・農業・農村基本法が掲げる基本理念に沿った具体的な施策が実施されてきた。

2015年に閣議決定された食料・農業・農村基本計画は，日本の農業・農村が，経済社会の構造変化に的確に対応し，その潜在力を最大限発揮しながら，将来にわたってその役割を適切に担ってゆけるよう，10年程度先までの施策の方向性を示した。この基本計画は，高齢化や人口減少，世界の食料需給をめぐる環境変化とグローバル化の進展，社会構造の変化と消費者ニーズの多様化といった食料・農業・農村をめぐる情勢や，これまでの基本計画のもとで進められてきた施策の評価と課題を踏まえて策定された。農業や食品産業の成長産業化を推進する産業政策と，多面的機能の維持・発揮を促進する地域政策を車の両輪として食料・農業・農村施策の改革を着実に推進していくこととしている。農地の集積・集約化や農林水産物・食品の輸出倍増，コメの生産数量目標の見直し，農協・農業委員会の改革など大きな構造改革を伴う取り組みが1999年から始まった。

3 1955年以降の日本の食料・農業・農村の歴史と特徴

本節では1955年以降現在に至る日本の食料・農業・農村の歴史と特徴を4期に区分し，それぞれの時期の特徴を要約する。

第1期：1955〜72年頃（高度経済成長期）

日本経済は，1950年代後半に技術革新の進展とそれに支えられた新たな需要創造により年平均10%前後の高い率の成長を遂げ，1960年代末頃には日本

第1章　日本と兵庫の食料・農業・農村

は米国に次いで自由世界第2位の規模を誇る経済大国となった。国民所得の増加に伴い食料需要も急速に増加したため，農業生産は年平均3％の成長率で増加した。この時期には，農工間の生産性および所得の格差を是正することが農業政策の主要課題として位置付けられ，他産業並みの所得を得ることができる自立経営の育成並びに農業構造の改善政策が開始された。また，畜産物，果実，野菜等需要の所得弾力性が大きい農産物の生産を振興する選択的拡大政策が導入された。こうした政策の効果もあり，農業生産は1955～72年間に年平均3％の成長を遂げた。この時期には畜産物，果実，野菜等の生産は高い率で増加する一方で，麦類，豆類，いも類の生産は急速に減少した。農産物輸入もこの時期に急速に増加した。

第2期：1973～1984年

1973年の第1次オイルショックと1973～1974年の食料危機を契機に高度経済成長は行き詰まり，日本経済は低成長へと移行した。農業部門でも飼料価格の高騰で畜産が，石油価格の高騰で温室園芸が打撃を受けた。インフレーションの進行下で食料需要は低迷し，米，牛乳，鶏卵，みかん等の供給過剰が問題となり，農業生産の伸びも停滞傾向に転じた。円高の進行とともに農産物の内外価格差が拡大し，その対策として農産物の生産調整やコスト低減が農業政策の主要課題となった。カロリーベースの食料自給率は1973～1984年の11年間に55％から53％へと2％低下した。

第3期：1985～1998年頃

この時期には，アメリカ等の農産物輸出国から日本の農産物市場の開放圧力が強まるとともに国内の経済界からも農産物市場開放要求が表明された。急速な円高の進行や国際収支の大幅黒字を背景に，日本の農産物市場の解放が一段と進められた。1986年と88年にはアメリカの全米精米業者協会による日本の米市場開放要求が行われた。1987年のガットの紛争処理小委員会では日本の農産物12品目問題に対する裁定が行われ，8品目はクロの裁定となった。これを受け，1991年から牛肉とオレンジの輸入自由化，1992年からオレンジ・ジュースの輸入自由化，1995年から米のミニマム・アクセスの開始等日本の

16

農産物市場の開放が急速に進行した。こうした状況の中で日本農業の国際化対応が緊急の政策課題となった。

第二次世界大戦後に制定された諸制度が制度疲労をきたしたという認識の下に，新たな食料・農業・農村に関する新たな政策の立案が手がけられ，1992年に農林水産省は新しい「食料・農業・農村政策の方向」を発表した。こうして新たな政策対応が導入されたものの，カロリーベースの食料自給率は1985年の53%から1998年の40%へ13%も低下した。

第4期：1999 ～ 2016 年頃

1999年に米輸入が関税化されるとともに日本の食料・農業・農村政策の骨格を形成してきた法律・制度が，国内的，国際的な自由化の流れに対応できるように変更された。1999年に制定された「食料・農業・農村基本法」は，食料・農業・農村政策の基本理念として食料の安定供給の確保，農業の多面的機能の発揮，農業の持続的な発展，農村の振興の四つを掲げた。さらに，2000年3月には，「食料・農業・農村基本法」に掲げた基本理念や施策の基本方向を具体化し，それを的確に実施してゆくための計画として「食料・農業・農村基本計画」が策定された。この時期には，供給熱量自給率は横ばい傾向で推移して2016年度には38%となった。日本のこの食料自給率は，主要先進国の食料自給率（アメリカ合衆国130%，フランス127%，ドイツ95%，イギリス63%）を大幅に下回るものであった。

4 兵庫県の食料・農業・農村

■ 兵庫県農業の概要

本節では「ひょうごの『農』2017」を参考に，近年の兵庫県の食料・農業・農村の概況と特徴について考察する。

2016年現在の兵庫県の人口は554万人で，日本の総人口の4.4%を占めている。総土地面積は8,401 km²で，多様な自然環境と地理的な変化に富んでいる。

第1章　日本と兵庫の食料・農業・農村

北は日本海，南は瀬戸内海に面し，中央部には中国山地が東西に横たわり，また，瀬戸内海には農業が盛んな淡路島がある。中国山地の北側は日本海気候に属し，日照時間が少なく，降水量は比較的多い。他方，中国山地の南側は瀬戸内海気候で，降水量が比較的少なく，冬期は温暖なため，年間を通じて農作物を栽培する多毛作が行われている。

2015年における兵庫県の農家戸数は8万1416戸で，その内，販売農家は4万6831戸で57.5％を占めている（表1）。農業就業人口は5万7086人で，全国の農業就業人口の2.7％を占めている。兵庫県でも農業就業人口の高齢化が進行しており，販売農家の平均年齢は68.9歳で全国平均の66.4歳を2.5歳上回っている。

2016年における兵庫県の耕地面積は7万4700haで全国の耕地面積の1.7％を占めている。この内，水田が6万8200ha，畑が6470haで，水田面積が耕地面積の91.3％と高い割合を占めている。販売農家1戸当たり経営耕地面積は0.94haで，全国平均農業経営耕地面積2.19haの半分以下で，小規模な農業経営が大半を占めている。兵庫県は降水量が少ないため多くのため池が築造されており，農業用水の約半分はため池に依存している。

2015年の兵庫県の農業産出額は1,608億円で，日本全体の農業産出額の1.8％を占めている。農業産出額の品目別内訳は，畜産が621億円（38.6％）で一番多く，次いで米433億円（26.9％），野菜424億円（26.4％），果実34億円（2.1％）であった（表1）。生産量で全国順位の上位を占める兵庫県産農産物には，酒米の山田錦（生産量の全国順位1位），丹波の黒大豆（同，1位），たまねぎ（3位），いちじく（3位），カーネーション（3位），レタス（5位），しゅんぎく（6位）などがある。

近年の和食ブームや日本酒の輸出増加に伴い兵庫県産の酒米「山田錦」の需要が増加したため，山田錦の栽培面積は増加し

表1　兵庫県農業の概要（2015年）

農家戸数（戸）	81,416
販売農家（戸）	46,831
農業就業人口（人）	57,086
耕地面積（ha）	75,000
田（ha）	68,500
畑（ha）	6,490
水田率（％）	91
耕地利用率（％）	83
農業産出額（億円）	1,608
米	433
野菜	424
畜産	621

資料：兵庫農林統計協会編（2017）より作成

18

た。また，神戸ビーフの国内外での需要増加や但馬牛の肥育技術の向上等により，神戸ビーフの認定頭数は 2014 年 に 5077 頭へと増加した。他方，酪農では，後継者不足による酪農家の廃業増加により生乳生産量は 2015 年には 9 万 t へと減少した。

■ 兵庫県下の5地域の農業

　本節では最初に，多様な自然環境と地理的な変化の中で歴史的に形成されてきた兵庫県農業の多様性について整理し，次いで，各地の農村社会が直面する農業・農村問題について整理するとともに，それらの諸問題の解決を目指して導入された食料・農業・農村政策の内容とその成果について考察する。

　兵庫県には多様な自然環境の中で歴史的に形成されてきた特色のある固有の風土，文化を有する摂津（神戸・阪神），播磨，但馬，丹波，淡路島という 5 つの地域（ひょうご五国）がある。これらの 5 つの地域では以下のようにそれぞれの地域の気候，風土に根ざした多彩な農林水産業が営まれ，多様な農林水産物が生産されている。

① 摂津（神戸・阪神）地域の市街地やその周辺では葉物野菜やトマトなどの野菜が生産され，農村部では，米，麦，大豆等の土地利用型作物が生産されている。また，神戸地域では，桃，ブドウ，柿等の果樹や花卉の生産や酪農が盛んに行われる一方で，阪神地域ではいちじく等の果樹，但馬牛肥育などが行われている。

② 播磨地域では，米，麦，黒大豆等の土地利用型作物やキャベツ等の野菜が生産されている。酒米の「山田錦」の産地であるとともに但馬牛の肥育による「黒田庄和牛」や「加古川和牛」が生産されている。大規模な酪農経営体が多く存在するとともに，鶏卵やはちみつが多く生産されている。

③ 但馬地域では，環境への負荷軽減に配慮した「コウノトリ育む農法」によるコメや大豆の生産や高原野菜，岩津ネギ，朝倉さんしょう等の特産物が生産されている。神戸ビーフの素牛となる但馬牛の繁殖・肥育も行われている。

④ 丹波地域では，肉用牛，酪農，養鶏などの畜産経営や丹波の黒大豆，大納

第 1 章　日本と兵庫の食料・農業・農村

言小豆，くり，やまのいも，茶などが多く生産されている。

⑤ 兵庫県の一番南に位置する淡路地域では，温暖な気候を生かしてたまねぎ，レタスをはじめとして，白菜，キャベツ，びわ，カーネーション，黒大豆等を生産するとともに，酪農，肉用牛，養鶏が盛んに行われている。

■ 今後期待される農産物輸出の拡大

近年，兵庫県産の農産物や加工品の輸出が増加している。神戸ビーフは2012 年にマカオへ初輸出されて以降，香港，アメリカ合衆国，EU 圏等へと輸出先国の数は年々増加してきた。兵庫県は 2015 年 7 月にイタリアのミラノで開催された国際博覧会に参加して，「農」「食」「観光」のプロモーションを行い，農林水産物や加工食品は高い評価を得た。2016 年には，UAE に輸出するなど，20 カ国・地域に向けて農林水産物や加工食品を輸出した。さらに，世界最大規模の食品展示商談会 SIAL2016（パリ）や国際総合食品見本市 Gulfood（ドバイ）へ出展を行うとともに香港フードエキスポに継続して出展してきた。こうした世界規模の展示商談会でも，日本酒，朝倉山椒，手延素麺，丹波黒大豆などが高い評価を受けた。神戸ビーフ，コウノトリ育むお米，丹波黒大豆などを初めとする多くの兵庫県産農畜産物の輸出機会が将来一層拡大することが期待される。

5　豊岡市におけるコウノトリを
シンボルとする地域活性化

■ 豊岡市の概況

兵庫県下には少子高齢化の進行や所得の減少のため衰退している地域が見受けられる一方で，直面する課題を克服して活性化してきた地域もみられる。本節ではコウノトリをシンボルとする地域活性化に取り組み，多くの観光客を受け入れて地域を活性化してきた豊岡市の取り組みについて取り上げる。

豊岡市は，兵庫県の北東部に位置する 1 市 5 町が 2005 年に合併して誕生し

た市で，市域の8割を森林が占めている。北は日本海に面し，東は京都府に接し，中央部は丸山川が市内を流れ，河川周辺には湿地帯や水田が広がっている。2015年の人口は8万2250人で，主要な産業は農林水産業，観光業などで，年間470万人を超える観光客が豊岡市を訪れた。豊岡市の農業産出額は121億2千万円で，兵庫県下では南あわじ市，神戸市に次ぐ第3位で，畜産物，鶏，コメ，野菜等が多く生産されている。本節では，豊岡市の農民，豊岡市役所，兵庫県庁，JA但馬等の多様な主体がコウノトリという地域資源を活用して地域を活性化させてきた事例について考察する。

■ 豊岡市のコウノトリ

コウノトリは，体長約1.1 m，体重5 kgで，両翼を広げると2 mになる大型の鳥類で，昔から豊岡市の湿地帯や水田に生息していた（写真1）。

豊岡市の盆地や円山川流域には多くの湿地や水田があり，そこには魚，カエル，ザリガニ，バッタなど多様な生物が生息しており，肉食動物のコウノトリはそれらの生き物を餌として暮らしている。コウノトリは江戸時代にはたくさん住んでいたが，鉄砲を使った狩り等が行われるようになった明治時代後半には減少し，出石鶴山周辺にしか見られなくなった。さらに，第二次世界大戦後に農業生産で農薬が使用されるようになるとコウノトリの餌のカエルやフナ等が農薬に汚染された。こうした汚染された生物を餌とするコウノトリも農薬で汚染されて羽数が減少した。さらに，稲作における中干の早期化や土地基盤整備による乾田化等のため，コウノトリの餌である水田の水中動物や昆虫が減少したこと等が原因で，自然界に生息するコウノトリの羽数が減少し，1971年に豊岡市で最後の1羽が保護され，豊岡市の空からコウノトリは姿を消した。

表2はコウノトリの人工飼育とその後の野生復帰への取り組みの歴史

写真1　コウノトリ

第 1 章　日本と兵庫の食料・農業・農村

を示している。1955 年に豊岡市と民間が共同して「コウノトリ保護協賛会」
を結成し，1965 年にはコウノトリの人口飼育に踏み切った。1985 年にロシア
から日本にコウノトリが贈られ，1989 年には人工繁殖でヒナが誕生した。そ
れ以降毎年繁殖に成功し，施設内での人工飼育によりコウノトリの羽数が増加
した。1999 年にはコウノトリを野生に返すための拠点として兵庫県立コウノ
トリの郷公園が豊岡市祥雲寺地区内にオープンした。2003 年には豊岡市がコ
ウノトリの米制度を，また，JA たじまがコウノトリの贈り物制度を制定した。
2005 年には「コウノトリ育む農法」の定義と要件を定め，生産・流通・販売
体制の整備を開始し，翌 2006 年からは但馬全域で「コウノトリ育む農法」が
推進された。このようにして多くの人々の参加と努力によりコウノトリが住め
る街づくりが進められてコウノトリの野生復帰が進み，その羽数も増えてきた。

表 2　コウノトリの野生復帰への取り組みの歴史

1955 年：豊岡市と民間が共同して「コウノトリ保護協賛会」を結成。
1959 年：1959 年を最後にコウノトリのヒナは一羽も生まれなくなった。
1965 年：コウノトリの人口飼育に踏み切る。
1971 年：日本の空からコウノトリの姿が消えた。
1985 年：ロシアからコウノトリが贈られる。
1989 年：人工繁殖でヒナが誕生。それ以降毎年繁殖に成功し，コウノトリの羽数は増加傾
　　　　向に転じた。
1994 年：コウノトリを野生に返す「野生復帰の拠点をつくること」を盛り込んだ基本構想
　　　　を発表。
1999 年：コウノトリを野生に返すための拠点として「兵庫県立コウノトリの郷公園」を豊
　　　　岡市祥雲寺地区内にオープン。
2002 年：豊岡市役所内にコウノトリ共生推進課を設置。コウノトリの郷営農組合を設立。
2003 年：豊岡市がコウノトリの米制度，JA たじまがコウノトリの贈り物制度を制定。
2005 年：「コウノトリ育む農法」の定義と要件を定め，生産・流通・販売の体制整備を開始。
　　　　無農薬タイプの栽培指針を作成。
2006 年：但馬全域に「コウノトリ育む農法」の推進開始。
2010 年：JA たじまコウノトリの大豆生産部会を設立。

資料：兵庫県農政環境部農政企画局総合農政課（2017）より作成

■「コウノトリ育む農法」の確立

　コウノトリが豊岡市内の自然界で生きてゆくためには，市内の水田，川，湿地に魚，カエル，ザリガニ，バッタ等のコウノトリの餌が年間を通して生息していることが必要とされる。このためには生命豊かな水田や川，湿地を再生させることが必要となる。コウノトリは毎日約 500 g の餌を必要とするので，1羽当たり約 4 ha の水田でコウノトリ育む農法で稲作が行われていることが必要となる。

　但馬県民局地域振興部は 2002 年にコウノトリプロジェクトチームを結成し，豊岡農業改良普及センターが中心となり，コウノトリの郷営農組合と豊岡エコファーマーズとともに現地実証試験に取り組み，2003 年に表 3 のような内容のコウノトリ育む農法による稲作を 0.7ha 行った。

　豊岡市は 2005 年にこの農法を「コウノトリ育む農法」と命名し，同年にコウノトリの試験放鳥を開始した。翌 2006 年に JA たじまが「コウノトリ育むお米生産部会」を結成し，豊岡市全域に技術普及を開始した。また，兵庫県は環境創造型農業推進事業，環境創造型農業実践モデル地域育成事業，環境創造型農業普及啓発推進事業を導入し，コウノトリ育む農法の普及拡大を図った。こうした豊岡市，兵庫県，JA たじま等による取り組みの結果，2003 年に 0.7ha から始まった「コウノトリ育む農法」による稲作面積はその後順調に拡大し，2016 年には 366ha へと拡大した。

表 3　コウノトリ育む農法

1. 稲作の秋の準備作業として，堆肥や米ぬかなどの有機質資材を田んぼに散布する。冬の間田んぼに水を張り，様々な生き物を育む（冬季湛水）。
2. 田植えの 1 カ月前から田んぼに水を張る（早期湛水）。
3. 種子の温湯消毒と食酢消毒を行う。
4. 病害虫に強く，深水管理に耐えられるまで大きく育てた苗を植える。
5. 雑草を抑え，多様な生き物を育むため，田植え後約 40 日間は深水管理を行う。
6. 水田で多くの生き物を育むため，オタマジャクシに足が生え，カエルへと変態するのを確認してから中干し作業を行う。
7. 一般的な農法と比べ水田の湛水期間を長くして，1 年を通してコウノトリの餌となる多くの生き物を育む。

第1章　日本と兵庫の食料・農業・農村

■ コウノトリ育むお米や大豆の販売

　JAたじまはコウノトリ育む農法で生産したコメを「コウノトリ育むお米」
と銘打って販売した。毒性の低い農薬を最低限だけ使用する「減農薬タイプ」
と，栽培期間中農薬を全く使用しない「無農薬タイプ」の2種類のコメを全国
500以上の店舗で販売した。また，コウノトリ育むお米は2015年にイタリアで
開催された「ミラノ国際博覧会」の日本のフードコートでも提供された。この
フードコートで提供された日本産のコメは，唯一コウノトリ育むお米のみであ
った。

　さらに，2006年に関西大豆協会からの契約栽培の要請を受け，コウノトリ
も住める環境づくりに配慮した「コウノトリ大豆」として大豆栽培がはじめら
れたところ，通常価格の3倍の値段で取引された。その大豆を使って姫路の食
品会社ケーエスフーズが「鸛おぼろ」という豆腐を売り出したところ，注文が
殺到する人気商品になった。

■ コウノトリ育む農法の地域活性化への貢献

　コウノトリ育む農法が豊岡市内に普及するにつれ，次のように豊岡市の生態
環境価値，経済価値，生活価値が高まり，豊岡市は次第に活性化してきたとま
とめられる。

1）　生態環境的価値：コウノトリが住める生態環境を創造することは，食物
連鎖の頂点にいる地域住民にとっても望ましい環境を創造することであり，地
域の環境的な価値が高まってきた。

2）　経済価値：「コウノトリ育む農法」で栽培した米は普通栽培のコメと比べ
高価格で販売できた。さらに，この地域で生産された農産物を使って清酒，焼
酎，豆腐も生産され，販売された。また，多くの観光客がコウノトリを見るた
めに豊岡市のコウノトリの郷公園を訪れ，コウノトリの物語に感動し，ツーリ
ズムでお金を使ってくれた。土産物や農産物の販売も増えた。このようにコウ
ノトリは豊岡市の経済発展に大きく貢献してきた。

3）　生活価値（社会・文化価値）：コウノトリの野生復帰への取組が社会から

注目され，外国からも研究者が豊岡市に調査にやってくるようになった。豊岡市の住民は，自分たちが実践していることが社会から注目され，評価されていることに誇りや生きがいを感じている。豊岡市の総合計画には，「私たちは，ふるさと豊岡が，地方の小さな都市（まち）であっても，世界の人々から尊敬され，尊重される小さな世界都市になるものと信じます」と述べられている。こうして地域社会が活性化するとともに，郷土愛も高まってきた。

4) 地域の社会的厚生の増加：豊岡市に無農薬，減農薬の農業が広がれば広がるほど豊岡市の環境は良くなり，より多くのコウノトリが空を飛ぶ。そうするとより多くの人々がツーリズムで豊岡市にやってくる。そのツーリズムでお金を使い，農産物の販売・消費も増えてきた。環境をよくする活動が行われた結果，地域経済が活性化した。このようにして，豊岡市におけるコウノトリをシンボルとする地域ブランド化の取組は，経済価値，環境価値，そして社会・文化価値から構成される地域のトータル・ウェルフェアーを高めることに大きく貢献してきたのであった（図4）。

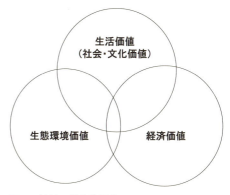

図4　地域の社会的厚生

注：1) 祖田修,大原興太郎,加古敏之編著『持続的農村の形成』（富民協会，1996）より作成
　　2) 厚生とは，健康を維持または増進して，生活を豊かにすること。『広辞苑』
　　3) 経済とは，人間の共同生活の基礎をなす財・サービスの生産・分配・消費の行為・過程，並びにそれを通じて形成される人と人との社会関係の総体。

《参考文献》

- 豊岡市ホームページ
　http://www.city.toyooka.lg.jp/www/contents/1116570563625/index.html
- 兵庫県 2016『ひょうご農林水産ビジョン2025』
- 兵庫県農政環境部農政企画局総合農政課 2017「ひょうごの『農』2017」
- 兵庫県農林統計協会編 2017「平成29年版 兵庫県農業の動き（平成27年〜28年)」

第 1 章　日本と兵庫の食料・農業・農村

コラム　神戸の農業と農村

山田　隆大（神戸市経済観光局農政部計画課）

　神戸市というと，港町や異国情緒な街並みをイメージされやすいが，六甲山の北側や西部の播磨平野には農村が広がり，県下トップクラスの農業地域を抱えている都市である。農業生産額も，2017年3月に農林水産省統計部が公表した「市町村別農業産出額（推計）」によると，兵庫県南あわじ市，和歌山県紀の川市に次いで，近畿で第3位の農業地域ということが分かる。では，神戸でどのような農業が営まれているのだろうか。

　北区では，灘五郷の日本酒の原料となる酒米「山田錦」，有野町二郎地区を中心とした「いちご狩り」，全国の花市場から引き合いが強い「淡河町の新鉄砲ゆり（神戸リリィ）」など，実は，広く知られている品目も生産されている。

　一方，西区では，温暖少雨の気候に

神戸の農漁業エリア

より，野菜や果物などの園芸作物の栽培が盛んである。特に，長距離輸送に不向きな小松菜や水菜などの「葉物野菜」，完熟を特徴とした「無花果（いちじく）」や「赤梨」などの果物など，消費地に近接した立地ならではの産地が形成されている。

神戸市では，神戸産野菜の認知度向上と環境保全型農業の推進のため，1998年度より「こうべ旬菜育成推進事業」に取り組んでいる。それまでの栽培方法から，化学合成農薬や化成肥料の使用を2分の1以上削減し，神戸市中央卸売市場を通じて出荷することで，市内での消費を促している。この環境保全型農業は，当時は，全国でも先進的な取り組みであり，また，この施策の成果により神戸市の生産者の栽培技術の向上につながったといえる。

こうべ旬菜

その他，農産加工品の代表例として「神戸ワイン」がある。国内には218のワイナリーがあるが（2018年11月，日本ワイナリー協会HP），地元産ぶどう100％にこだわっているワインは珍しい。近年の国産ワインブームと合わせて，海外へも販路拡大している神戸ブランドの代表格である。

神戸ワイン用ぶどう畑

2015年度国勢調査の結果により，神戸市の人口は福岡市に抜かれ全国6位に後退し，人口減少が懸念されている。また，全国と同じく，神戸の農村も高齢化の波に晒されており，2014年度の市内農業者の65歳以上の割合は58.4％と，全国平均の61.8％よりは低いが，他の産業と比較すると圧倒的に高い。市では，1996年から「人と自然との共生ゾーンの指定等に関する条例」を制定し，農村住民が主体となった農村空間の形成に取り組んできた。2015年度からは，農村に新たな人を呼び込み，地域を活性化していくために，「神戸・里山暮らし」と称して農村

への移住・定住をすすめている。神戸ほど都市と農村が近接した絶好のロケーションは全国を見渡してもそう多くはない。

西区の農村景観（神戸らしい眺望10選の1つ）

時を同じく，神戸市ではもう1つ新たな動きを開始した。神戸の「食」が世界中から注目されるような街づくりを目指す「食都神戸2020」である。神戸市は150年前の開港により交易が栄え，洋食，中華，スイーツ，パンなどの多国籍な「食」の発祥地となり，異国情緒な街並みを持つ神戸のイメージは全国にも知れ渡っている。そこで，この神戸の都市イメージを活用して，「食」と「農」を一体的に都市ブランドとして発信し，農漁業の活性化にもつなげることが「食都神戸2020」の目的である。

「食都神戸」の確立には，神戸の農漁業と他業種が日頃から交流し，次々と新たな活動や商品が生まれる環境をつくる必要がある。そこで，神戸ならではの地産地消の合言葉として「EAT LOCAL KOBE」を掲げ，都心部でのファーマーズマーケット等を開始した。ファーマーズマーケットでは，農業者と飲食店とのコラボ商品の開発も積極的にすすめている。2018年度で4年目を迎えるファーマーズマーケットは神戸の新たな可能性を感じさせてくれる。

その他，市内の大学と一緒に農水産物の魅力を発信する「KOBEにさんがろくPROJECT」や，神戸産食材の輸出促進など，神戸の「食」と「農」に様々なプレーヤーが関わる工夫を凝らしている。農業の担い手不足や若年層の人口流出に特効薬はなく，神戸の街全体の活性化と合わせて中長期的に取り組む必要がある。

ファーマーズマーケット

コラム 農村における協同組合（農協）の役割

髙田 理（神戸大学名誉教授）

　「農協」とか「JA」とかいう言葉をよく聞いたり，見たりされるだろう。しかし，それがどのような組織で，農村でどのような役割を果たしているのか知らない人は多い。

　近年農協は「JA」と，愛称で呼ばれることが多いが，正式名称は「農業協同組合」で，生協（生活協同組合）などと同じ「協同組合」である。一般企業（株式会社）は，構成員（株主）に多く配当するために，利益の増大を目的としている。それに対し協同組合は，一人ひとりの活動では実現できない経済的，文化的な利益の実現を目的とし，それを願う人達によって相互扶助の精神のもとでつくられた組織である。農協は，そのような願いをもつ農業者でつくられた組織である。協同組合では，出資して構成員になった組合員（出資者）は，組合を利用する（利用者）だけでなく，組合の運営も行う（運営者）。これは，これら三者が異なる人に担われている株式会社と異なる協同組合の大きな特徴である。さらに，運営も株式会社は一株一票制で行われるため大株主支配におちいりやすいが，協同組合は

一人一票制により民主的に運営されている。

　欧米では，業種ごと品目ごとの専門農協が中心である。しかし，わが国では，ほとんどの農家は，零細な家族経営で農産物も少量多品目生産のため，営農事業だけでなく，信用（金融）や共済（保険）事業など多様な事業を兼営する総合農協が中心となっている。そのため農協は地域の農業振興だけでなく，生活面でも重要な役割を担っている。かつて，国際協同組合同盟の会長であったレイドロウ氏は，「もし（日本に）総合農協がなければ，農民の生活や地域社会全体の生活は，まったく異なったものであったろう」と高い評価をしている。

　近年農業・農村を取り巻く環境は，日増しに厳しくなってきており，農業の担い手の高齢化，リタイアも目立ち，農業の担い手の確保・育成が大きな課題となっている。そのためには儲かる農業を実現し農業所得を増大していく必要があり，それが農協の大きな役割となっている。農協は，これまで組合員農家に営農指導を行い生産され

た農産物を販売してきたが、マーケット・インにもとづいて、これまで以上に農産物売上げを伸ばしていく必要がある。量販店と有利に取引していくためには、高品質の農産物を一定量、定時に生産・供給できる体制を確立していく必要がある。それは個々の農家ではむずかしく、農協によって組織的に対応していくことである。また、同じ協同組合の仲間である生協と産直による協同組合間協同なども大切である。

このようにして農産物の売上げを伸ばすとともに、農産物の生産コストを削減していくことも必要である。農協グループは、肥料や農薬などの生産資材をメーカーから購入し、農家に供給しているが、「農協の資材は高い」との批判もある。品目の集約や事前に購入量をまとめメーカーと有利に価格交渉し安く仕入れる共同購入の強化や、配送の合理化・効率化などによる資材の低価格化も必要である。

さらに、地域の農業・社会を維持・活性化していくために農村と都市の交流も重要である。最近盛況な農産物直売所(ファーマーズ・マーケット)は農家の所得増大に有効である。さらに、グリーンツーリズム、各種イベントの開催や棚田などのオーナー制度などによる都市住民との交流は都市住民の農業や農村理解を深めるとともに、農産物販売などによる経済的効果ももたらしている。これらも個別に行うことは容易ではないことから、農協が中心となって行っていくことである。

近年農村では、住民の高齢化、過疎化が深刻である。このようななか農協は「豊かでくらしやすい地域社会の実現」のため、総合事業を通じて生活インフラを充実・強化しようとしているが、これも農協の大きな役割である。

ところで、農家に対して営農指導をしたり、地域を維持・活性化していくためには資金が必要である。これらの資金は信用や共済事業の利益に大きく依存している。政府は、現在農協の営農事業への専任化を図るため、信用・共済事業の分離や非農家組合員(准組合員)の事業利用規制を検討している。しかし、もしこのようなことが実行されれば、農協は地域の農業や生活を維持していく役割も果たせなくなるばかりか、農家(正組合員)と非農家(准組合員)の結びつきも弱体化させる。農協は、総合事業の特性を活かして、農家と地域住民(非農家)との結びつき(相互扶助)を強化し、地域の農業や生活を維持・発展させていくことが、これまで以上に期待されている。

第 **2** 章

農村景観と集落空間の構成

横山 宣致

篠山市まちづくり部地域計画課景観室
((公財)兵庫丹波の森協会丹波の森研究所)

日本の集落の美しさは，自然の摂理に従った空間の連続性にある。急峻な山岳が多く，温帯モンスーン気候の中で豊かな森と水を培ってきた稲作文化の日本の集落では，水は連続し，家々はそれを分断することなく水系の中で建てられている。高低を活かした避水地に家屋を設け，集落全体を守る大切な微高地に神を祀ってきた。

人口減少社会への移行に伴い，まちのコンパクト化が提唱され，中山間地域でも市民の生活領域を見直し再構築が求められる現在，集落空間に息づく豊かな空間づくりの伝統的な知恵と作法を見直し，創造的に生かすことが求められている。ここでは兵庫県の農山村を中心に伝統的な空間づくりの知恵と作法を集落の景観や空間履歴から捉えてみたい。

キーワード

景観　ムラーノラーヤマ　集落　鎮守　土地利用

第2章　農村景観と集落空間の構成

1 日本の集落空間の特徴

■ はじめに－美しい豊かな空間

　昔の人々は，私たちが暮らすこの国を「豊葦原の瑞穂の国」と呼んだ。豊かな葦原と水田の風景を併せ持つ国という意味である。葦原も水田も豊かな水の賜物である。いたる所に湧水があり，人々は渇いた喉を潤すことができた。

写真1　塊村を成す上立杭集落

　豊かな葦原を含め多くのものを失った現在，国土はモノであふれた。モノの豊かさを得た代わりに心は貧しくなった。モノの時代から心の時代へ，声高に叫ばれるようになって久しいが，モノから心への移行を，人間ばかりを中心に捉えていないだろうか。自分の身の回りの利害やモノの機能から見るのではなく，私たちを包む空間から捉えたい。子どもたちが人間社会や自然環境の中で様々な経験を積み上げ，厚みのある人格を養っていくとき，彼らの経験する空間は，子どもたちの心に大きな影響を与えずにはおかないはずである。なのに心の豊かさは，ともすれば福祉政策や教育政策として捉えられている。子育て環境が取りざたされる今日でも子育てにふさわしい日本の空間や環境を語る人は少ない。

　日本の集落の美しさは，自然の摂理に従った空間の連続性にある。急峻な山岳が多く，温暖帯のモンスーン気候の中で豊かな森と水を培ってきた稲作文化の日本の集落では，水は連続し，家々はそれを分断することなく水系の中で建てられている。西欧や中国のように土塁や石垣などで集落を囲むこともなく，物理的な施設で周囲を囲んだのは戦国期の一部の総構えの城下と本願寺系の環濠集落のみといってよい。物理的には閉ざされない開放的集落空間を成すのが日本の特徴である。特に独立性の高い屋敷を有さない塊村集落（塊のように家

屋が密集して立地する集落，写真1）の関西は，その傾向が強い。また，単に空間的に連続しているだけではなく，時間的にも連続している。時間が空間の中に積み重ねられ，風景となるカタチを造形してきた。戦後の宅地造成は，その土地の空間的連続性を断絶しただけでなく，人間が手をかけてきた大地との時間的連続性を分断してしまったのではないか。

人口減少社会への移行に伴い，まちのコンパクト化が提唱され，中山間地域でも市民の日常の生活領域を見直し再構築が求められる現在，集落空間に息づく豊かな空間づくりの知恵と作法を見直し再評価するべき時に来ているのではないか。

2 農村「景観」をなす集落の空間構成

■「景観」とは

景観とは，主として「視覚的な面から捉えた環境総体」である。眺める対象としての客体（モノ）である「景」と眺める主体である人＝「観」との関係があって成り立つ概念である。このため単に一時的に見えるモノ「景」だけでなく，人間の目を通して知覚されるため，人の知識や経験を通して総合的に判断される。経験には自己的体験だけでなく，私たち人間が創りだしてきた歴史や社会環境も投影されている。すなわち，景観は社会と共に生きている景であり，時間の変化や感情，「景」の環境を維持する人々の営みなどが反映したものとして認識される。眺める主体である「人」が知識や感情が豊かであるほど，様々な景観が重層的に重なり合って多様な「景」を重ね広範に広げることができる（図1）。

図1　景観とは

第 2 章 農村景観と集落空間の構成

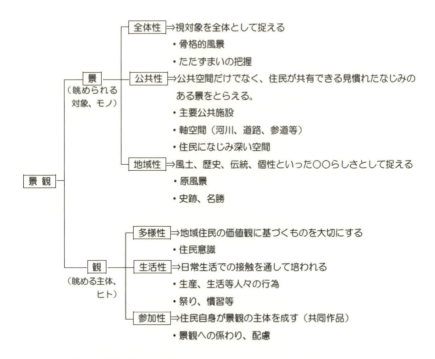

図 2　景観を捉える要素
資料：「美しい国土建設を考えるために─景観形成の理念と方向」
（美しい国土建設を考える懇談会　1984）を基に作成

■ 集落空間の構成

　柳田国男は，「時代ト農政」の第一論文「農業経済と村是」において，「単に民居の一集団即ち宅地の有る部分のみを村と称し」「村民が耕作する田畠乃至は其利用する山林原野は即ち単に其村に属する土地であり」「後世村を一つの行政区画とするようになってから，其田畑山野までを総括して村と称するに至った」と述べている。福田（1997）は，柳田国男が捉えた本来の村の領域構成を図 3 のような模式図で描いた。
(1) ムラについて
　ムラは，ムレ（群れ）から始まった語であるという説もあるが，住む場所すなわち私たちの生活の中核を成す居住地の領域である。地勢にそって家屋敷が

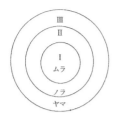

Ⅰ「民居の一集団」＝集落＝定住地＝ムラ
Ⅱ「耕作する田畑」＝耕地＝生産地＝ノラ
Ⅲ「利用する山林原野」＝林野＝ヤマ（ハラ）
※ハラは柳田国男が関東の武蔵野丘陵を主体に捉えたもの。
関西はヤマとしている。

図3　ムラの領域構成

互いに近接してまとまりをつくっており，鎮守や集会所といった人々の生活に必要な種々の施設が立地し，設けられている。特に関西の集落の大半は，塊村形態を成す。集まった家屋がひとつの塊のように地勢に沿って近接密集して立地しており，塊を構成する各家屋は，いずれも門や塀は設けず，地域に開放的で開いているが，集落全体としてはやや閉じた立地的特徴を成す。不破の関を超え鎌倉期に開墾された関東では，一軒一軒が独立した形態を成し，各家が塀や門を設け外に閉じ屋敷林を構成しているのに対し，関西は集落林であり，塊を構成する集団で鎮守などと共に一つの空間秩序を有している。

写真2　砺波の散居の景観（富山県砺波市）

写真3　山裾に家屋が密集する塊村集落の景観（京都市・大原）

(2) ノラについて

　ノラは，農業生産の場であり，貢租賦課の対象であるため，歴史を通して常に政治権力の関心対象だった。特に鎌倉以降の幕藩権力は石高制という形で社会的富を米の量で表示し，百姓からの収奪をもっぱら米で行った。その石高の算出の基礎である田畑を秀吉以降，検地によって厳密に把握し，村高に対して年貢を賦課し，個人ではなく村責任で納入される年貢村請制を導入した。村責

第2章　農村景観と集落空間の構成

任の税制は中国や韓国にはなく，東アジアでは日本特有のものである。田畑が
どの村に属するかは，領主にとっても村にとっても重大な関心事になった。す
なわち農地であるノラは，権力によってその範囲を明確に定め，保証されるこ
とになった。

(3) ヤマについて

　ヤマは，採取地，採る領域である。里山に象徴されるように生活に必要な燃
料を採り，田畑に入れる肥料として草木を刈り，建築や土木工事に必要な木材
を伐採する領域である。

　集落は，このような三つの領域を，ムラを中心として同心円的に形成してい
る（図3）。

■ 集落の土地利用

(1) 糧を生産する農地（ノラ）を確保する

　日本の農村の土地利用は，ノラである作物を生産する農地が最も重視された。
主体が稲作のため水利が最も重要となり，水を農地の隅々まで均等に配分する
ことが求められ，高低の地形を巧みに利用し，湧水地や湿地そして河川を利活
用して，用水路などの灌漑施設を整え，地形に順応する形で農用地を開墾して
いった。このため稲作の農地の大半は，地域の川沿いの低地に位置するカタチ
となる。作物の生産には日当たりも重要なため，水かかりが良く日当たりの良
い低地をまず農地に開墾し，生活の糧としての主体を成す職場を確保した基で
居を構えていく。

(2) 暮らしの主体を成す居住地（ムラ）をつくる

　人々の生活の中核を成す居住域のムラは，職場の糧を生産する農地に近接し
て設けられる。ただし，居住地にも日当たりが健康のため不可欠であり，また
河川の氾濫や水害の恐れの少ない安定した土地を選ぶため，農地よりも避水地
の高台が居住地として選択される。職場の農地に近接している方が利便性は高
いため，居住地は低地の農地に対し，農地に接した日当たりの良い山裾などの
微高地が選択され，ムラを構成していく。東京大学教授の堀繁氏は，低地の農

36

地より高い山裾の等高線に沿う形で家屋が立地しているため，家屋が山裾に帯状に立地する領域を「地形変更ライン」と呼び，集落の家屋は，「低地の農地よりやや高い地形変更ラインに沿って立地する」と表現している。

　関西で塊村集落が多いのは，農地を開墾し居住域を構成していく年代に負うところが大きい。大陸の中国を模して蘇我氏の先導で律令制を布いた日本は，農地を国のものとした。公地公民である。農民に耕地を割り当て，班田収授を行う。租庸調の税が厳し過ぎたため，公民から逃亡する私民（浮浪人）が行基の先導などもあって増え，やがて三世一身法の施行に伴い自発的な開墾が拡大し，武士の台頭と平安末の庶民への鉄の普及とともに国土が急速に開墾されていく。

　全国に普及する荘園は，新たな水源と水利を伴うことを条件に私有を認めた。関西の農村の多くは，古代条理の郷里制から荘園期に草分けした垣内集落が大半である。例えば丹波地域は，荘園期に自ら仲間たちと水利を開き開墾して居住形成された集落が多く，それが室町期の惣村として自立化していく。すなわち関西の内に開き全体として外に閉じる塊村形態は，集落民が力を合わせ開墾し住み着いた集落形成の歴史の一面を物語るものである。

　屋敷を成す浜松以北の関東は，大半の農地が鎌倉期に開墾され，頼朝の保証を受けて一所懸命一門郎党が守っていく。このため一門郎党の主人の屋敷を中心に集落を成し，鎮守ではなく氏神となり家々の当番制で運営し，関西の年齢階梯集団の「衆」の運営とは異なる。12世紀開墾される関東の屋敷に対し，13世紀開墾される加賀平野の越は，アルプスの豊かな伏流水を受けて「家」が開墾主となり，伏流水を制御する散居の集落形態を成し浄土真宗が普及し，家々は結集して武士を駆逐していく。

　17世紀大和川の付け替えに伴い開墾される河内は，大阪商人の資本を受けてため池の新田開発が丘陵地の新しい綿作栽培と共に進み武家屋敷のステイタス性を取り入れ，菜園を伴うゆとりある塊村として長屋門とバメ（ウバメガシ）で囲む屋敷形態が普及する。集落形態や家屋は，各地域の気候風土の影響も大きいが，全体的な集落の特徴的佇まいは，その土地を開墾しムラを成す歴史的社会性も大きく影響している。

(3) ヤマは水源涵養の森として保全する

第2章　農村景観と集落空間の構成

採取地のヤマは，集落を成し農地が新たに開墾されていくとともに猟地から薪炭林の里山として変化していく。樹木も建築や土木の用材として利用されるが，川筋の谷や高地は水源涵養の森として大切に保全された。山腹の樹木も必要以上に採取したり伐採することを禁じ，ブナ林などの水源地は大切に樹林を保護し土地は保全された。温暖なモンスーンの湿潤な気候で，樹林形成しやすいこともあり，放牧は高原地や高句麗系の帰化人が集団居住した一部の「牧」に限られ，近世までは酪農がほとんど行われなかったこともあって，ヤマが草地化されることはなかった。農村ではムラの家屋よりも少し高い山手谷筋に鎮守が鎮座する場合が多く，現在大半の集落では鎮守の脇に谷川が流れ，山手に砂防ダムが設けられている。家屋は鎮守よりも高所に立地することは皆無である。これは集落の水源涵養の森として鎮守を祀り，集落民の飲料水と農業に供する谷川の水を確保し，聖なる森として薪炭林の利用を禁じ，集落の水源の樹林地を保全する役割を有していた。日本の山は，生命を支える水源涵養の森として樹林帯を成し，大切に保全管理されてきた。

■ 領域を守る聖なる空間

日本の集落には，鎮守とか氏神といった中心的神が存在する。その鎮守や氏神は集落の民を守ったが，民俗学では鎮守や氏神の力が及ばない空間があり，そこでは別の神にすがる必要があったとされている。このため時代の経過の中で，ムラの中に外来の神が入ってくる条件が整えられていく。鎮守や氏神の力が限定的であったため，人々は特定の機能を持った神々をいくつも祀り，八百万の神が集落や家屋のあちこちに宿っていく。

ムラの鎮守，氏神は居住域のムラにおいて人々を守護してくれるが，仮に氏子であってもムラの外に出ると保護されない。祭礼においてムラの外に出たものは必ず帰ってくることを義務付けたり，ムラの総コトの行事や祭礼時は，ノドメとかノラドメと云って田畑へ仕事に行くことを禁止し，もし出ていくとオイアゲなどと言って強制的に作業を中止させ，追い返すことが各地で行われた。これらはその日が物忌みや精進の日というよりも，神の力が及ぶ場は特定の場所に限定されているという考え方に基づくものとされている。

38

（1）ヤマの神

　ヤマの領域には，「山の神」が祀られる。（山の神は，木地師や狩猟に従事する人たちのための山の神も存在するが，ここでは，農業を行う人たちのための山の神を対象に言及する。）

　農業を営む人たちは，生活や生産に必要な材料を山で採取する。山での採取作業を保護する神が農業者の「山の神」となる。人は，山入りするときに無事を祈願し，山から帰り，ムラに入る前に無事を感謝するため拝む。このため山の神は山に入る入り口部に祀られ，山奥に祀られるものではない。山の神は人が採取する山である里山にいて，その里山領域を守る。このためダケヤマやタカヤマノボリの対象である山岳信仰のオクヤマではない。ムラとして1か所山の神を祀り，年に2度ほど山の神の日があり，小規模な祭礼が行われている。社殿や小祠の場合もあるが，関西は大半が巨木や巨岩が多い。

（2）ノの神（田の神）

　ノラの領域には，関西では「野神」と称する農耕神が祀られる。ムラの耕地のはずれにあり，スギ，ケヤキ，サカキといった巨木が御神体となる場合が多い。巨木の根元に御幣を立て，供え物を供える。各地の風土記に見るように，野神は元々神として存在したのではなく，人が原野を開発して耕地化しノラとしていく過程で，その地に元から存在した神を耕地の守護神として祀ったものである。ノラの大半が水田の関西は，野神は「田の神」ともなる。水田の水配分を最も重視した日本人は，地形の変化に鋭敏となり，高低の微地形を見分ける目利きが発達する。ノラでは水かかりの悪い微高地は，特別の場所として意識され，野の神を祀ったり，近江では「くろ」といった集団菜園畠等に利用した。野神はムラとか組の組織で祀られるのではなく，個別の家が祭祀単位となり，神祠は存在せず，月日の儀礼のみが展開される場合が多い。ノラを守護する野神は，生産活動が盛んになるにつれ，その土地の生産や生産物を守る神として考えられるようになり，信仰は生産や経営の単位である個別の家で祀られるようになった。

　近江や大和では「山の神」と「田の神」の交替去来伝承が各地で伝えられている。春に山の神は里に下り，田の神となり，秋に収穫が終わるとまた山に戻って山の神になるという伝承である。もともと人間が開発して占拠するまでは

ヤマもノラもなかった。私たちの先祖が領域として編成する中で，それぞれ守護する神が必要となり，人間の生産活動に対応して分化したものが，田の神の野神と山の神であるとされている。したがって本来的な性格は野神と山の神は両義的存在であり，伝承化する中で山を領域として有さない集落には野神のみとなり，交替去来伝承となったと考えられている。

(3) ムラの神

ムラには，鎮守・氏神が祀られた。ムラの氏子を守護する神であり，神と氏子の交流もムラの領域内で行われた。このためムラはいつでも神を迎え交流できるように清浄に保ち，ムラの外から穢れたものや災いをもたらすものが侵入しないように阻止する必要があった。災いや悪霊はムラへの道を通って入ってくる。ムラは他の世界に対して防衛しなければならない。このためムラの領域の外側に防衛ラインを定める必要があり，ムラの出入り口であるムラザカイを明確化する必要があった。ただし，それを迎えたり，阻止するのはムラの周囲全てである必要はなく，他地域とムラを結ぶ道路が，村に入ろうとする地点だけでよい。この地点のムラ境において外から邪悪な霊や災いが侵入しないよう呪術的行事が行われるようになる。いわゆる「道切り」である。

写真4
集落の出入り口に架けられた勧請縄の「道きり」（滋賀県八日市市）

写真5
丹波市応地集落の蛇ない
かつては村の入り口の雌雄の松に架けたが昭和46年から鎮守大歳神社の参道口と宮に架けられるようになった。

2 農村「景観」をなす集落の空間構成

　道切りは，全国各地で種々の方法で行われた。その基本はムラ境に呪物を設定し，外からの悪霊，悪人の侵入を阻止しようとするものである。呪物は，私たち人間にとって恐ろしく脅威を感じるものであり，関西は蛇の形が多い。蛇を形どった太い縄が細くなれば注連縄になる。ムラザカイに竹をたてそこに注連縄を張り大きなわらじなどの呪物をつける。寺院の仁王門に奉納される大わらじも仁王が履くという意味と同時に聖なる院内に邪悪のものが侵入しないように設定した呪物として「遮る」（サイノカミ）が原型である。関西では密教系の祈祷や高野聖，根来の上人の活動などと結びついて祈祷文を記した勧請板を吊るすことが多い。東近江の八日市では，勧請縄あるいは勧請吊りと呼び，蛇を模した注連縄に勧請板を吊るす（写真4，5）。

　神仏を勧請するにしても，ムラにはすでに鎮守や氏神がいる。ムラの鎮守と競合しない面で大きな力を示す必要があった。道切りを行う場は「境」であり，内なるムラの神職が立てるよりも遠方の権威ある神仏からお札を貰って来てムラ境に立てることが，近世の信仰の旅と結びついて流行する。ムラの安全と平和を守るために遠方からお札を貰ってくるという形で神を勧請することでムラの公的行事とし，超世代的に持続性を保とうとした。現在でも道切りを行わなくなった集落でも，貰って来たお札を竹に挟んで集会所の前や脇に立てている所が多い。これらは元々ムラ境に立てていた道切りに由来する慣習行事である。

　ムラザカイを成すムラの出入り口は，自分たちの世界と外の世界との接点となる。出ていく場合も入ってくる場合もここを通過しなければならない。ムラの中に住む人々は，外から危険なものを阻止し，不浄なものを外へ送り出すために，また人々を送迎するために結集する場ともなる。すなわちムラザカイとなるムラの出入り口は，悪霊等を遮るサイノカミの道切り場であると同時に近世，定住を義務付けられたムラの人たちが集まり出稼ぎや杜氏を送迎した広場としての役割も有していた。

　関西では，惣村形態を色濃く残す北近江の菅浦の四足門（写真6）が有名であるが，大和や近江の勧請縄のほか悪霊を防ぐサイノ神の小祠や地蔵が置かれたり，氏神がその役割を有する場合もある。このため街道村などでも鎮守の位置するムラザカイには，サイノカミは祀られていない。丹波地域では青垣の佐治や遠阪に見られるように六体地蔵尊がサイノ神として祀られていたと思われ

41

第 2 章　農村景観と集落空間の構成

写真 6　菅浦の茅葺四足門（西門）
　　　　脇にサイノカミの六体地蔵尊が位置する。

写真 7　菅浦集落を東西に貫く惣道
　　　　家屋敷地の浜側に波風除けの石垣が連なる。

るが，六体地蔵尊は道路の付け替え等に伴い集落墓地の入り口に移設された場合が多くなっている。なお，青垣や氷上では七体並ぶ場合が多い。これは独鈷の滝の信仰を受けて不動明王が一体加わっているためである（写真 8）。

このように道切りはムラにおいて内と外を明確に区分するための伝統的な呪物として行われてきたものであり，

写真 8　谷筋のムラ境で結界を構成する六体地蔵尊（丹波市青垣町神楽）

この道切りによって守られた内部こそがムラであり，サイノカミなどをムラザカイに道切りとして祀ることは，外側のノラやヤマを鎮守や氏神の管轄化から切り離すことを意味する。鎮守，氏神の効力がムラ内に限定され，外における行為を守ってくれないとすれば，そこに別の神仏が必要となる。それが「野の神」，「山の神」に結びついていったと考えられる。

以上，これまで述べてきたムラ－ノラ－ヤマの三つの領域と道切りの場となるムラザカイにサイノカミ等が祀られている関係から，日本の農村集落の空間は次のように模式化される（図 4，5）。

なお，民俗学ではムラをハレの空間，ノラをケの空間とし，ムラやノラで望ましくないものはヤマに持って行く風習が多いことからヤマをケガレの空間と

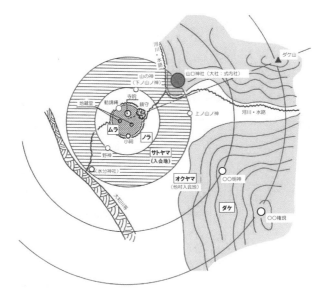

図4 大和盆地のムラーノラーヤマの空間構成模式図

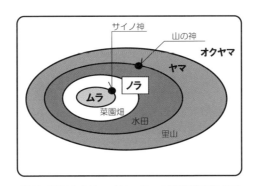

図5 近江のムラーノラーヤマの空間構成模式図

して認識している。ケガレは人為的に干渉していない自然の状態を指し，普通の状態でヤマが存在していると捉えている。関西の両墓制では埋葬地は必ずヤマであり，詣り墓のサンマイはムラにあり，それが寺院の石塔につながる。とすれば，ムラ境の小祠等のサイノカミや道切りは，他所から侵入してくる邪悪なモノを阻止するだけでなく，村人を浄化し，ケからハレへ転換させる役割も有していると言える。

第 2 章　農村景観と集落空間の構成

3　集落を捉える

■ 竹田川流域の集落構成

　兵庫県丹波市の竹田川流域は，かつての氷上郡の市島町と春日町に当たる領域で日本海へ流下する由良川水系の支流の竹田川流域で構成するエリアである。竹田川の両側に開けた①流域低地（平野）とそれを取り巻く②河岸段丘，そして領域を構成し取り囲む③山地によって構成されている。本流の竹田川へは，北から才田川，市ノ貝川，前山川，美和川，鴨庄川，日ヶ奥川等の支流が流れ込み，この支流に沿った山裾の微高地（中位河岸段丘）に沿って中世来の集落（郷）が形成されている（図 6）。

　和名類聚抄の西縣の竹田郷は，竹田川の中位段丘面に配された旧丹後道に沿って形成されている。西縣に最初に鎮座した一宮の前で市が立ち，市庭町を母体に農村が街道沿いに（中位段丘面に沿って）集村化し，両側町を成した。左岸の下竹田は 6 集落，中竹田は 5 集落，上竹田は 6 集落からなるが全ての集落が高位段丘面の樹林地を背後に南北の中位段丘面に沿ってムラを成している。各集落の鎮守は背後の高位段丘の樹林地の集落側に張り出した尾根の頂部に鎮座するが，竹田川の氾濫履歴を物語るように郷の総社は，必ず竹田川の緩やかな

写真 9　高谷山から竹田郷を俯瞰
　　　ムラの背後の帯状の樹林地が高位段丘の段丘林。段丘林の下の中位段丘に沿って帯状にムラを形成。手前の竹田川沿いにこんもり茂る点的な林が総社の伊都伎神社。神社から低地の川沿いに農地（ノラ）が広がり，家屋は一軒も分布していない。

44

3 集落を捉える

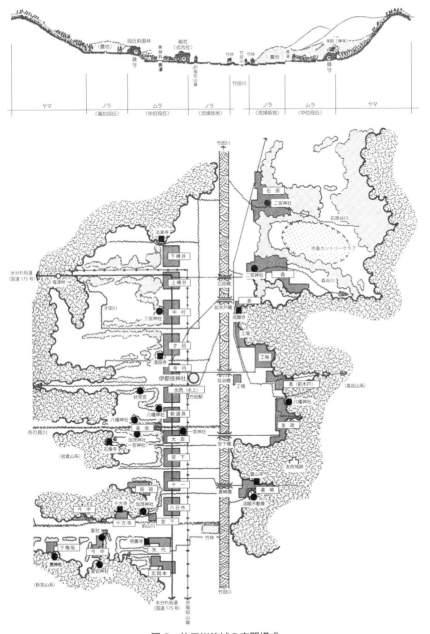

図6　竹田川流域の空間構成

第2章　農村景観と集落空間の構成

屈曲点の下流側の低地に祀られており，郷を洪水から守るような形になっている。今も総社より低地の農地が広がる川沿いには一軒も家屋は立地していない（写真9）。

　ムラ－ノラ－ヤマの構成から捉えると高位段丘の樹林地がヤマであり，各集落がムラ，ムラの周囲から低地の川沿いがノラに当たる。それぞれのムラの鎮守は高位段丘の樹林地裾部に位置した。例えば図6に示す竹田

表1　竹田川流域の集落と総社

支流	集落名			総社（鎮守）
竹田川	才田川	竹田郷	下竹田	伊都伎神社
	市ノ貝川		中竹田	
	前山川		上竹田	一宮神社
		前山郷		折杉神社
	美和川	美和郷		三輪神社
	鴨庄川	賀茂郷	吉見	鴨神社
			鴨庄	知乃神社
	上垣川	春日部郷		愛宕神社
	日ヶ奥川			阿陀岡神社

注：1）太字は式内社
　　2）下竹田（下村，樽井，中村，才田，寺内，石原）（森，表（前柱））
　　　　中竹田（水上，新道具，高取，大森，安下）（友政）
　　　　上竹田（十市，八日市，宮下，今中，矢代，十方寺）（倉崎）

川左岸の上から3つ目の中村の鎮守三宮は，名称の通り下村，樽井の集落にもあった鎮守の二つの宮が合祀されたもので，元来は各集落の村単位にあった。南北街道沿いへの家屋の増加に伴い，ムラ間にあった農地のノラがなくなり家屋が連坦化することで，水系的にまとまの有る下竹田といった郷を室町期に形成していったと想定される。

　名称から捉えると竹田川流域で最初に集落を成すのは上竹田で，前山川の谷筋から開墾が始まった。その後竹田川流域の安定に伴い竹田川沿いへ開墾が始まり，まず一宮のある市の具川の谷筋から家屋が立地し，一宮で市が立ったことで集村化が始まり，度重なる洪水から守るために地域の総意で竹田川の屈曲点に式内社の伊都伎神社が祀られ，南北街道沿いの賑わいと共に市の具川流域から中心が才田や中村に移り，下竹田郷を形成していったと思われる。上竹田に竹田川沿いの総社がないのは，前山川流域の開墾から始まった地域で室町期から近世の街道沿いの賑わいと共に竹田川沿いへの集村化が始まった地域であると捉えることができる。

　竹田川流域ではヤマに当たる高位段丘の斜面林（ケヤキの大木が多い）が水源涵養林となり，竹田川と共に水利に恵まれたため，竹田は現在も丹波杜氏のふるさととして地酒造りが盛んである。高位段丘の斜面林の上部は昭和47年

46

から開墾されたもので，かつては牧草地の原野でノラではなかった。

　支流の内陸に位置する前山郷，賀茂郷も基本的には竹田川流域と同じ洪水に備えた空間構成を成し，総社の鴨神社，三輪神社，知乃神社は支流の鴨庄川と美和川の氾濫に備えた空間配置となっている。

　竹田川右岸の森，表，友政の集落は，中位段丘の谷襞（たにひだ）に沿ってムラを成し，いずれも谷襞の中央を谷川が流下し，その谷川下流部沿いにこんもりとした鎮守が位置する。すなわち古来は，ムラは谷川の鎮守より山手の内陸側に形成していたが，竹田川の安定に伴い鎮守を超えて流域の低地側にムラの家屋が立地したものと想定される。

■ 黒井川流域の集落構成

　黒井川流域は，かつての船城郷に当たる領域で，竹田川の上流支流の黒井川がほぼ西から東へ流れる盆地を形成している。山間の広がりのある盆地ながら旧城下町の黒井をはじめ各集落家屋は，全て山裾に立地している（写真10，11）。盆地の平地の黒井川沿いは，泥田と呼ばれる排水の悪い湿地帯で，1968年河川改修と圃場整備に伴い広大な農用地を形成したが，近世まで泥田だった。現在も水かかりの悪い微高地は，菜園畑や植木畑となっており，広がる水田の黒井盆地の平地に島のように点在して樹木畑が浮かぶ景観は，丹波地域では黒井盆地特有のものである。

写真10　黒井盆地（黒井川）北側の集落

写真11　山裾の谷襞にムラを形成する稲塚集落

◇北側山裾の集落（写真10）

　盆地の中央を東西に流れる黒井川の北に分布する山裾集落は，写真11のように千丈寺山系の谷襞毎に立地し，襞を流下する谷川にそってムラを成している。各ムラは，谷川の水源地となる取水口に鎮守を配し，その裾部に必ずため池を造成して水量を確保し，泥田に対処したムラを形成している点が共通する（写真12）。各ムラの背後の鎮守の境内には牛馬の神として郡内一の信仰を集めた天王の舟城神社への遥拝所が設けられている。

　総社である式内社の楯縫神社は，黒井川の水源の一翼を担う長王に位置し，船城の西側盆地のほぼ中央に当たる平地に突き出た小丘に鎮座しており，地域のランドマークの森を形成している。式内の兵主神社も黒井城下の西側水源地となる谷筋に祀られ，南に一直線に伸びる参道を通して名山の向山を仰ぎ見る拝所を形成している。

◇南側山裾の集落

　黒井川の南側の集落は，尾根筋の緩斜面や谷筋のわずかに盆地内に張り出た扇状地を利用して山裾の等高線に沿った尾根筋に集落家屋が立地し，北側の谷筋の集落立地とは好対照の景観を形成している（写真13）。北側山裾斜面の日当たりの悪さを克服するためである。南側総社の天満神社は，盆地の泥田に張り出た小丘の微高地に配し，総社より北側に全く家屋が分布していない点は，竹田川流域と同様である。各集落の鎮守は，尾根脇の小さな谷襞の谷川の取水口に設け，北側のように裾部にため池は有していない。山裾の谷襞毎に灌漑用

写真12
黒井盆地北側の集落（稲塚集落）
取水口に配した鎮守の大歳神社から望む。鎮守の下にため池を造成して貯水し泥田に対処している。

3 集落を捉える

写真13
尾根筋の緩斜面に立地する歌道谷集落
谷襞の北側集落とは対照的である。

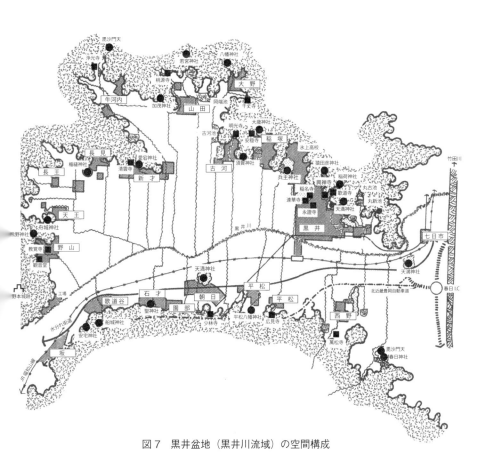

図7 黒井盆地（黒井川流域）の空間構成

第2章　農村景観と集落空間の構成

写真14　山裾に築堤された谷池
小さなため池を数多く設け黒井盆地の泥田に対処している。

写真15　城下町黒井集落の町並み
格子戸を備えた平入り町家は数少なくなっている。

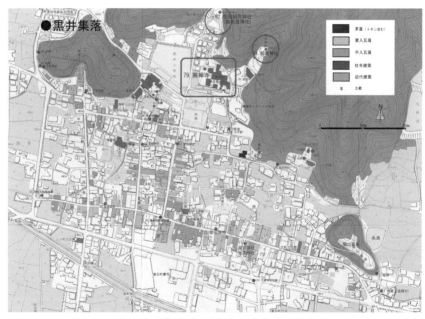

図8　黒井集落（旧黒井城下町）の空間構成

のため池を設けており，水の確保には相当苦労した履歴を伝える土地利用となっている。それを物語るように集落背後の山々は雨乞いに利用された伝承が数多く伝えられている。

　黒井盆地の北側集落は，谷筋の取水地に鎮守を配し，その裾部にため池を設けそして集落家屋が立地している（写真12）。かつての城下町の黒井集落の興禅寺は，山裾の高台にあり詰め城の黒井城の下館跡であり，石垣の堀割を有している。二つの谷筋の交点となる尾根の裾部に建立されており，堀割の水は二つの谷筋から取水している。二つの谷筋の取水地には稲荷神社が位置しており，谷筋の取水地に鎮守を設けその裾にため池を配し集落家屋が立地する北側集落の共通した空間構成から言えば，興禅寺の水量豊かな堀割はため池であり，城下町の黒井も北側集落の共通した空間構成となっている（図7，8）。

4　集落景観を継承し，活かすために

　日本は，国土利用計画によって都市・農業・森林・自然公園・自然保全の5地域に区分され，都市地域は国土交通省（旧建設省等）の都市計画法，農業地域は農水省の農振法等によって国土利用が図られてきた。

1）都市地域：一体の都市として総合的に開発し，整備し，及び保全する必要がある地域

2）農業地域：農用地として利用すべき土地があり，総合的に農業の振興を図る必要がある地域

3）森林地域：森林の土地として利用すべき土地があり，林業の振興又は森林の有する諸機能の維持増進を図る必要がある地域

4）自然公園地域：優れた自然の風景地で，その保護及び利用の増進を図る必要があるもの

5）自然保全地域：良好な自然環境を形成している地域でその自然環境の保全を図る必要があるもの

　都市計画法は，線引きにより市街化区域と市街化調整区域に分けて，市街化

を図るべき市街化区域は用途地域制に基づく用途純化が都市づくりの基本であるが，集落の大半は中山間地域で，丹波や但馬のように線引きをしていない未線引きの都市計画白地区域が大半を占めている。つまり用途地域を定めていない区域が多数存在する（図9）。しかも都市計画制度は，都市の市街地ほどきめ細かく厳しい制度が適用運用されており，郊外の農村部に至るほど規制は緩く，開発や建築行為の自由度は上がる仕組みとなっている。開発行為に伴う私権を公的に制限し，開発を誘導規制するのは都市計画関連制度しかなく，中山間地域は開発が限られているため，法的には自由度が極めて高い。このため都市化の無秩序な開発を計画的に誘導規制するためには，地区レベルの都市計画制度をきめ細かく運用するか，市町独自の条例を定め運用する以外に方法がないのが実情である。但し，都市計画法は，都道府県が定めることになっており，市町の権限は限られている。このため近年，市町の独自条例の運用が増えているのが実情である。

　2004年制定された景観法は，景観行政団体になれば市町独自の基準等が定められるが，開発を規制するものではなく，全ての開発は認めたうえで，景観に調和した建物や工作物に誘導していくものであり，開発自体を禁止できるものではない。しかも基準は，用途などの集団規定は定めることができず，大半

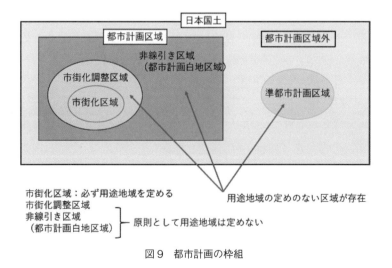

図9　都市計画の枠組

が敷地単位の単体規制を旨としている。

　農振法は，農業のための農地（農用地）を守る制度で，ムラを成す建物や施設の立地を誘導規制するものではない。農家の土地所有を前提に農業に供する施設を建てることを前提としており，兼業化が進み，農業に従事しない人たちが増えた集落では，日本の農村が培ってきた美しい集落景観を農林サイドの制度で誘導運用するには限界がある。特に農地の多機能を謳い，農村や田園景観の素晴らしさを最も理解しているはずの農協の施設が景観を破壊している場合が全国いたる所で見られる。私自身，農協の施設で農村景観に配慮している施設を見た経験がなく，都市化に拍車をかける銀行のような農協の本館，そして加工施設や出荷施設などは，ともすれば波型のコンクリートスレート等の安価な材料で建築し，景観破壊を助長している。西欧の農村では，コンクリートスレートといった建築材料をむき出しで建築を建てることは決して行っていない。

　現行の法制度では，日本の美しい景観を守ることはできない…のであれば，市町や地域が主体となって開発を規制誘導する新たな制度を生み出していくしか方法はない。いくつかの先進といわれる自治体ではそういった試みが始まっている。農村は自由に個人の土地所有者の思いだけで，土地を利用し，建築等の開発行為を行ってはいない。ムラの合意に基づく公的土地利用を優先させ，地勢を尊重し微高地に配慮し農地全体に水配分するきめ細やかさで土地を区画し，その土地に見合った材料で人間的尺度（ヒューマンスケール）に基づき建築してきた。日本の農村の有する美しい景観を継承し，息を飲むふるさと環境を創造していくためには，それぞれの地に継承されている空間利用の仕組みと景観づくりの作法を住民が学び，理解し，継承していくしかないように思う。土地利用や景観法などの私権を制限する規制誘導の現行制度は，乱開発は防止できても，景観を更に魅力的に高める制度ではない。基準は最低限のルールであることを踏まえて，景観の質や空間の品格を更に高める「明日の集落景観につながる制度」を現在の農村の美しさの中に見出し，必要なものは継承し，そして創造していくしかないのではないか。伝統的な農村の美しさを保てば，世界から手助けするファンや交流人の支援も期待できる。景観も農村が生き続けるための付加価値の一つと考えたい。地域の主体的な取り組みに期待している。

第 2 章　農村景観と集落空間の構成

《参考文献》
- 奈良県史編集委員会 1985『奈良県史』第 1 巻　地理－地域史・景観－
- 八日市市　1988『八日市市快適環境整備計画』報告書
- 朝日新聞社 1988　週刊朝日百科『日本の歴史』古代から中世へ　3「境・峠・道」
- 朝日新聞社 1988　週刊朝日百科『日本の歴史』古代から中世へ　5「家と垣根」
- 朝日新聞社 1988　週刊朝日百科『日本の歴史』中世 I　2「中世の村を歩く」
- 朝日新聞社 1988　週刊朝日百科『日本の歴史』中世 II　9「琵琶湖と淀の水系」
- 朝日新聞社 1988　週刊朝日百科『日本の歴史』中世から近世へ　6「楽市と駆け込み寺－アジールの内と外－」
- 朝日新聞社 1988　週刊朝日百科『日本の歴史』近世 II　9「近世の村と町」
- 社団法人日本建築学会都市計画委員会　1990『都市景観はいかにあるべきか』
- 兵庫県　1993『丹波ランドスケープ広域計画』報告書
- 兵庫県　1994『風景形成地域指定調査－丹波街道地域－』報告書
- 福田アジオ　1997『番と衆』－日本社会の東と西－（歴史文化ライブラリー）
- 兵庫県　1998『風景形成地域指定調査－水分かれ街道地域－』報告書
- 桑子敏雄 1999『西行の風景』（NHKブックス）
- 兵庫県丹波県民局・（財）兵庫丹波の森協会　2003『美しい丹波』（緑条例ガイドライン）
- 篠山市　2011『篠山市景観計画』

第 **3** 章

農村の生態系と景観

丹羽 英之
京都学園大学バイオ環境学部

農村生態系は，長い時間を経て形成されてきた人の営みと生物との共生系と捉えることができる。農地は農業生産の場であるだけではなくハビタットとして重要である。しかし，近年，農業や社会構造の変化により農村生態系の生物多様性が脅かされている。農村生態系の生物多様性保全においては，集落スケールで農村景観を見る視点が重要となる。農村生態系の景観構成要素を景観生態学的視点で評価し，様々な生物情報を統合し科学的根拠に基づいて施策を展開すること（Evidence-Based Policy-Making）がこれからの農村生態系の保全において重要である。

キーワード

生物多様性　農村景観　景観生態学　景観構成要素　モザイク

第3章　農村の生態系と景観

1　農村生態系と人の営み

　農地は人の営みにより改変されてきた場所である。しかし，都市的な改変と異なり，農地には改変されているにもかかわらず様々な生物が見られる。例えば，水田は改変され失われた湿地の代替となり多様な動植物の生育・生息場所として機能しており（鷲谷 2007），水田や水路，ため池を利用する生物は5470種とされている（桐谷 2009）。沖積平野に農地が集中する日本においては，水田が湿地の代替になってきたという視点は，農村生態系を捉えるうえでとても重要である。このように，農地は農業生産の場であるだけではなく生物の生息空間（以下，ハビタット）として重要であり，実際に地域の生物多様性の保全を考える上で，重要なハビタットとなる農地が存在することが明らかにされている（Kleijn et al. 2011）。

　水田が湿地の代替になっているのであれば，単に，農地に水を張ったハビタットがあれば良いのであろうか？ここで大切になるのが時間スケールの概念である。水田が元来の湿地の代替生態系として成立していった過程には，流域規模あるいは集落規模の開田や土地改良の歴史，周辺環境に対する働きかけ（例えば治水）といった数十年から数千年単位での歴史的変化が関係している（日鷹 1998）。つまり，水田が湿地の代替になってきたことを長い時間スケールで捉えることが重要で，農村生態系は長い時間をかけて形成されてきた人の営みと生物との共生系だと言える。

　生態系の保全を考える上では生物多様性という概念が重要となる。生物多様性とは，すべての生物の間の変異性で，種内の多様性，種間の多様性，生態系の多様性を含む概念である。換言すれば，ある地域に本来そこに生息・生育してきた多様な生物が現存している状態を指す概念である。その生物多様性の損失は，地球環境問題の中でも地球の許容量を遙かに超え最も深刻な問題となっている（Rockstrom et al. 2009）。すでに陸地面積の58％で生態系が人間社会を支えきれなくなっているとする研究もある（Newbold et al. 2016）。農村生態系においても，侵略的外来種による生物多様性の低下（杉山 & 神宮 2005）

56

など，近年，大きな変化が顕在化している。

　農村生態系においては，長い時間をかけて人間活動のプロセスに適応した生物が生物多様性を支えてきたとともに，その生物多様性から生み出される自然の恵みにより人の営みが支えられてきたため，農業生産を主とする人間活動のプロセスと生物の関係は切り離せない（板川 2016）。そのため，農村生態系の保全と管理においては，農民の存在とその知識や文化も重要な要素であり，農村生態系と関連する人間の知識と文化は分けて考えることができない（大澤ら2008）。農村とは，農村社会システムと自然生態システムとが，常に物質やエネルギー，情報の流れを通じて，選択と適応を繰り返してきた一体的な関係であり，これを社会－生態システムと捉えることができる（大澤ら 2008）。

　里山に見られるような伝統的な利用・管理（社会－生態システム）は，ハビタットの「質」を向上させ，生物多様性の保全に大きく寄与してきた（板川2016）。例えば，水田畦畔の慣行的，疎放的な草刈りや，藻刈り，泥さらいといったため池の維持管理作業は生物多様性の維持に重要な役割を果たすことが明らかになっている。

　一方，農業生産などの人間活動は生物に負の影響も与え，世界的な農地の拡大と集約化や農業の機械化や大規模化は，農村生態系において生物多様性を脅かす主要因となっている（Tilman 1999；Uematsu et al. 2010）。農村生態系では，人間活動のプロセスの変化によって直接的，間接的にハビタットの質が大きく変化し（Osawa et al. 2016），生物多様性を低下させる駆動因となる。例えば，水田における農業活動が生物に与える負荷としては，圃場整備に伴う水路のコンクリート化や用排水分離を伴う乾田化，薬剤散布などによるハビタットの劣化が大きいとされている（日鷹ら 2008）。

　さらに，近年，人口減少や農業従事者の高齢化，それに伴う耕作放棄や管理が行き届かなくなることで，人間が利用することによる撹乱で維持されてきたため池や水路を含めた水田生態系，薪炭林や採草地などの二次的環境などの農村生態系の生物多様性は低下しつつあるとされ（板川 2016），人間活動が低下することで伝統的な利用・管理（社会－生態システム）が成り立たなくなることが，生物多様性の保全上，新たな課題となっている。

2 農村生態系と農村景観

　社会−生態システムと捉えられるように，農村生態系における生物多様性は農村社会と不可分であり（板川 2016），農村景観は，その社会−生態システムの相観である。したがって，農村生態系の生物多様性の保全においては，集落スケールで農村景観を見る視点が重要となる（Wilson et al. 2010）。農地一筆スケールから日本列島スケールまで，水田は様々な空間スケールで捉えることができるが，どの空間スケールにおいても空間を構成する景観構成要素の多様性が増加すると，種内の多様性，種間の多様性，生態系の多様性の多様性が高まるとされている（日鷹ら 2008）。そのため，景観構成要素の量や配置といった空間パターンと生態的システムの関係を重視する景観生態学的な視点が，農村生態系の保全や管理において重要となる。

　日本の伝統的な農村景観は水田や畑などの農地，採草地や薪炭林，ため池や水路などの多様な土地利用が隣接して存在し，モザイク性の高い景観を構成している（Katoh et al. 2009；板川 2016）。農村景観のモザイクは特定のハビタットに依存する生物だけではなく，両生類やトンボ類などのように，生活史で異なるタイプのハビタットを利用するマルチハビタットユーザー種の生息を可能とし，生物多様性を担保するとされる（Katoh et al. 2009；Kadoya & Washitani 2011）。しかし，近年の人の営みの変化により，景観構成要素のハビタットとしての質が低下し，景観構成要素のパターン，モザイクが大きく変化している（図 1；図 2）。圃場整備された地域はされていない地域と比べて，水田や水路などの景観構成要素がより人工的，直線的に変化しており，空中写真からもパターン，モザイクが均一化されモザイクが失われていることが顕著に読み取れる。このように農村景観の変化を定量的に捉えることは，農村生態系の保全や管理を考える上で重要である。近年，農村景観を景観生態学的な視点で評価する研究が増えており，例えば，日本列島スケールの評価では，農地景観多様度指数 Dissimilarity-based Satoyama Index（DSI）が提案されている（Yoshioka et al. 2017）。農地景観多様度指数（DSI）は，農地を含む約 6

2 農村生態系と農村景観

図1　農村景観と景観構成要素の違い
　　　左：圃場整備されていない　右：圃場整備されている

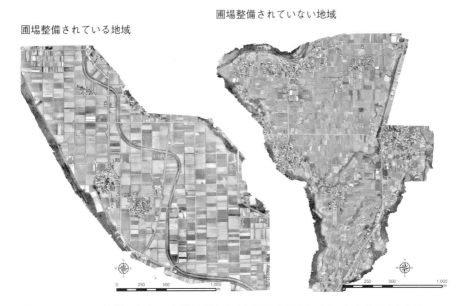

図2　UAVにより取得したオルソ画像に見られる景観構成要素のパターンとモザイクの違い

km 四方の空間内に，より多様な土地利用・土地被覆タイプ（水田，畑，自然林，自然草地等）が含まれ，水域と陸域のように生態学的に異質な土ハビタットが含まれている場所ほど高くなる指数で，日本列島スケールで農村景観のモザイクを定量的に評価できる指標となる。従来の指数と比べてイトトンボの種数と正の相関関係が強くなる傾向が示され，農村生態系の生物多様性保全に有用な指数である（図3）。農地景観多様度指数（DSI）が高い地域は，農村景観のモザイクと生物多様性が残った地域だと考えられる。その他，圃場整備を評価軸として，全国の農地から農業生産機能と生物多様性保全機能の高い農地を抽出した研究（大澤 & 三橋 2017）など，いずれも日本列島スケールでの農村生態系の生物多様性保全に示唆を与える研究だと言える。

　日本列島スケールで農村景観を評価することは，農村を含め，今後の国土のグランドデザインを検討していく上で重要である。一方，生物多様性の保全や管理の具体的な方策を検討するためには，一筆スケールで農村景観を見る必要がある。日本列島スケールで生物多様性が豊かな地域だと評価されても，具体的な水田や水路の管理方法には直結しないからである。これまで，一筆スケールでは，水田を中心に生物の分布や関係する環境要因の調査が行われてきており，具体的な水田や水路の管理方法の検討に役立つ多くの知見が蓄積されてきている。しかし，それらは個別かつ局所的であり，集落スケールや地域スケールで農村景観を捉えた際の位置づけが見えづらいことが多い。つまり，日本列島スケールの評価と一筆スケールの評価の間には空間スケール的に溝があると言える。この溝を埋める集落スケール，地域スケールの研究があれば，すべての空間スケールをつなげて農村景観を評価することができ，農村生態系の生物多様性保全は大きく発展すると考えられる。

　日本列島スケールの研究と一筆スケールの研究の間にある空間スケールのギャップを埋め評価を階層的につなげられる技術として，今，UAV（Unmanned Aerial Vehicles）が注目されている。空間解像度や時間解像度を柔軟に変化させた画像を取得できる UAV は，生態系モニタリングに革命をもたらすとされている（Anderson & Gaston 2013）。景観構成要素のハビタットとしての質が低下し，景観構成要素のパターン，モザイクが大きく変化していることは先に述べたが，例えば，景観構成要素のパターン，モザイクについては，UAV で

2 農村生態系と農村景観

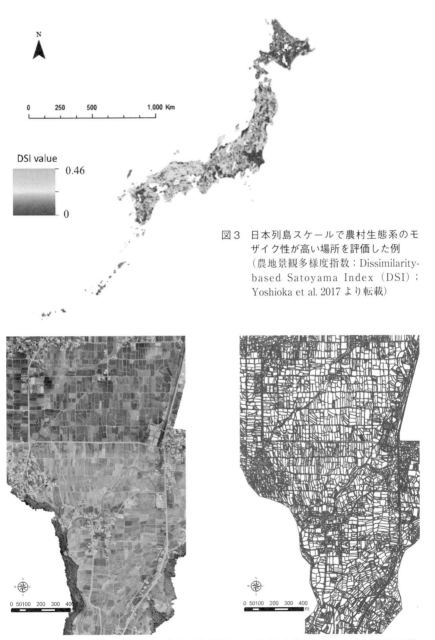

図3 日本列島スケールで農村生態系のモザイク性が高い場所を評価した例
(農地景観多様度指数；Dissimilarity-based Satoyama Index (DSI)；Yoshioka et al. 2017 より転載)

図4 UAV により取得したオルソ画像と画像分類により抽出した景観パターン，モザイクの例

取得したオルソ画像と画像分類技術を用いれば容易に抽出できる（図4）。さらに，景観構成要素のハビタットとしての質の評価も，例えば，UAVで近赤外線撮影すれば農地景観多様度指数（DSI）でも応用されていた正規化植生指数（NDVI）を算出することができ定量的な評価が可能になる（図5）。UAVを使った景観構成要素のパターンとモザイク，ハビタットの質の評価と，生物の分布などの生物多様性情報を関連付けられれば，UAVで撮影することで，集落スケール，地域スケールで農村生態系の生物多様性を評価できる。日本列島スケールで生物多様性の劣化が大きいと評価された地域で，集落スケールで生物多様性が残されている場所を抽出し，その場所の生物多様性を保全・再生するために一筆スケールの研究成果を利用する，そのようなことが可能になると考えている。

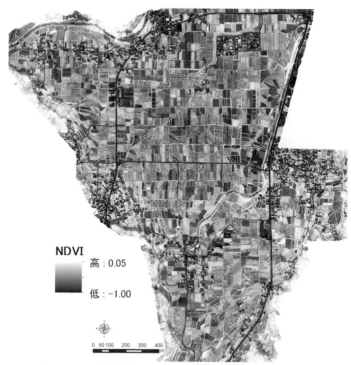

図5　UAVで近赤外線を撮影し算出したNDVI
　　　景観構成要素のハビタットとしての質の評価に利用できる

3 農村生態系と生物多様性情報

　農村生態系の生物多様性保全においては，集落スケールで農村景観を見る視点が重要であるが，景観構成要素のパターンとモザイク，ハビタットとしての質の評価と生物多様性を関連付けるためには種の分布などの生物多様性情報が必要となる。例えば，世界の生物多様性情報を共有し，誰でも自由に利用できる仕組みとして GBIF（Global Biodiversity Information Facility）が設立され，世界規模の生物多様性情報の共有が進んでいる。我が国でも，自然環境保全基礎調査のように，環境省が主導し生物多様性情報を収集しているが，都道府県，市町村などスケールが小さくなるほど，その地域の生物多様性情報が不足しているのが現状である。農村においても，全国的な生物多様性に関する調査は実施されておらず，既存データの統合的な集積も行われていない。そのため，農村生態系の生物多様性情報を収集するためには，既存のデータや各地域で新たに得られたデータを全体の中で的確に位置づけ，それらの相互比較を可能とするような新たなシステムの構築が効果的だとされている（山本 & 楠本 2008）。一般に，現地調査により正確な生物情報を収集するためには時間と労力が必要である。また，生態系の複雑性，不確実性などにより，収集した生物情報から有用な考察を得られない可能性もある。そのことが一因となり，現状では基礎自治体が生物多様性情報を収集するために独自に生物調査を実施するような例は少ない。しかし，国勢調査による人口動態などの基礎情報をもとに行政施策が検討されるのと同様に，生物多様性の保全において，現状に関する科学的根拠となる生物多様性情報がまったくないまま施策を検討することは問題である。

　一方，環境問題の解決などにおいて市民が収集した膨大なデータをもとに様々な分析を行う市民科学の力が注目を集めている。生物多様性情報についても市民により多くの情報が集められており（宮崎 2016），環境省も「いきものログ」を立ち上げ生物多様性情報を収集している。ところが市民科学では収集された生物多様性情報の信憑性が問題になることがある（宮崎 2016）。それは，専門家でない人が集めた情報は種の同定の精度など科学的な正確性に欠けるこ

第3章　農村の生態系と景観

とが理由である。しかし，農村生態系は人の営みに支えられているため，常に人が生物の近くにいる。そのような農村こそ，市民科学を活用すれば不足している生物多様性情報が補え，これからの人の営みと生物との共生系を考える契機となるはずである。農村において市民科学で生物多様性情報を収集した例として篠山市の取組を紹介する。

■ 篠山市の事例

　篠山市では2013年に生物多様性地域戦略（森の学校復活大作戦）を策定し，農村における生物多様性保全施策を推進している。しかし，篠山市でも生物多様性情報が不足しており生物多様性保全施策を検討する上での課題となっている。専門家による調査は実施が困難ななか，市民から得られた情報をもとに生物多様性保全施策を検討している。

◎農家を対象としたアンケート調査（2014年度）
　地域の特徴的な生物を紹介したパンフレットから農村に関わりの深い24種を選定し，写真と簡単な生態の説明をもとに，その種の分布の変遷を問う調査票を作成し，市役所から多面的機能支払交付金事業の資源向上支払（共同活動）に取り組む95活動組織に調査票が配布された。配布数は5,720票で有効サンプル3,247（回収率54％）で，50歳〜70歳の回答が多く回答者の居住年数は40年以上が多かった。調査対象としたすべての種で，今もみられるが数は減った（減少の程度は激減），昔はみられたが今はみられない，とする回答が多かった。農村に昔いた生物が減っている，いなくなった＝篠山市の農村生態系の生物多様性が失われつつある現状を示唆する結果が得られた。すべての種の回答を集落単位でクラスター分析することで，生物多様性の損失状況を集落ごとに評価でき，生物多様性の損失が顕著な集落などを抽出することができた（図6）。これらの結果は，回答者が生物種を確実に認識しているか，数の増減を定量的に把握しているかなど，科学的な正確性を追求すると問題点があるが，農民の市民科学による農村生態系の生物多様性の現状評価の事例として興味深く，生物多様性保全施策に一定の科学的根拠を与えることが期待される。

3 農村生態系と生物多様性情報

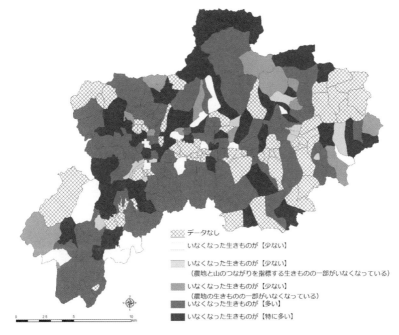

図6　市民科学による農村生物多様性の現状評価の例（篠山市）

◎農家を対象としたアンケート調査（2015年度）
　2014年度の調査で認識率が高かった種の中から山・川・農地を指標する6種を対象種に選定した。対象種のシールと地図（縮尺1/2500）が，市役所から多面的機能支払交付金事業の資源向上支払（共同活動）に取り組む97活動組織に配布され，自治会ごとに地図上で対象種を見かけた場所にシールを貼ってもらった。地図が回収できたのは197自治会のうち114で（57.9％），地図に貼られたシールは2,313カ所であった。シールの位置をGISでポイントデータにし密度を算出することで，6種の分布密度を推定した（図7）。これらの結果も，回答者が生物種を確実に認識しているか，回答の地理的な偏りがないかなど，科学的な正確性を追求すると問題点があるが，農民の市民科学による農村生態系の生物多様性の現状評価の事例として興味深い。篠山市では，これらの情報を活かし，生物多様性の損失が少ない地域でエコツーリズムが開催されるなど施策が展開している。

第3章 農村の生態系と景観

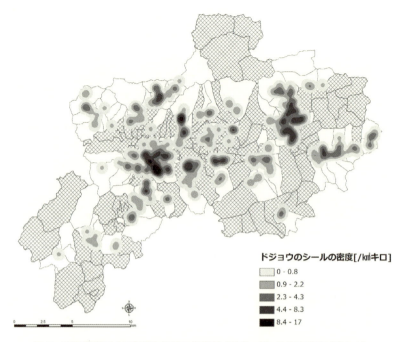

図7 市民科学による農村生態系の指標種（ドジョウ）の推定密度（篠山市）

■ 地図化の意義

　農村では農業と生物多様性保全が対立しやすい。そのため、生物多様性を保全するためには、科学的根拠に基づいて施策を展開すること（Evidence-Based Policy-Making）が重要であり、様々な利害関係の調整を行う必要がある。そのため、生物多様性情報を地図化し、情報を共有する（見える化する）ことが重要でありGIS（Geographic Information System）が有効な手段となる。この章でこれまで例示してきた図は、すべてGISを使って作ったものである。

　生物多様性情報をGISデータとして管理することで、様々な生物多様性情報の相互比較が可能になるだけではなく、社会的要因など生物多様性情報以外のレイヤーと重ね合わせることができる。そのため、生物多様性の保全を進める上で、利害関係者に科学的根拠にもとづく評価結果を提示することが容易になり、科学的根拠に基づいて施策を検討することが可能になる。図8は篠山市

において，ゲンジボタルの発光個体数のレイヤーと河川の草刈りが行われた月のレイヤーを重ねた例である．ゲンジボタルが発光する期間に水辺の草刈りをすると生息に影響を与えるとされていることから，ゲンジボタルの発光期間にあわせて草刈り時期を調整する必要があるかどうかの判断に科学的根拠を提示することができる．

篠山市の事例のように，市民科学により集められた生物多様性情報や既存の様々な生物多様性情報をGISで一元管理し，蓄積していくことで，農村の生物多様性の現況を的確に評価し，科学的根拠にもとづいた生物多様性保全施策を展開することが可能になる．

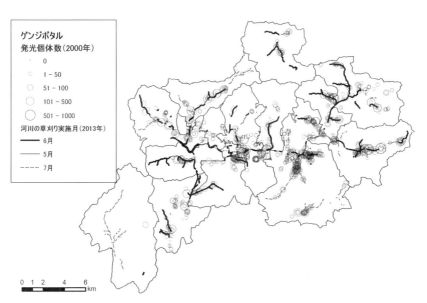

図8　生物多様性情報（ゲンジボタルの発光個体数）と行政情報（河川の草刈り実施日）を重ねた例

第3章　農村の生態系と景観

4　おわりに

　従来の社会基盤（インフラ）がコンクリートによる構造物が多いことに対比し，グリーンインフラという言葉が使われ始めている。グリーンインフラは，自然がもつ多様な機能を賢く利用することで，持続可能な社会と経済の発展に寄与する土地利用計画と定義される。伝統的な利用・管理（社会－生態システム）に支えられた農村景観のモザイクはグリーンインフラそのものだと言える。農村景観が古くから有するグリーンインフラの機能は，これまでは農業生産に対する付加的な機能として評価されてきたが，人口減少に直面する現代においては，農村景観をグリーンインフラとして社会基盤に積極的に位置付け，その機能を発揮させるためのあり方を明示していく必要がある（一ノ瀬 2015）。農村景観のグリーンインフラとしての機能を最大限引き出すためには，生態系サービスの基盤となる生物多様性の保全・再生をベースにする必要がある（板川 2016）。これまで述べてきたように，農村生態系の生物多様性の保全・再生においては，集落スケールで農村景観を見る視点が重要であり，景観構成要素の量や配置といった空間パターンと生態的システムの関係を重視する景観生態学的な視点が，今後ますます重要性を増していくと考えられる。

《参考文献》

- Anderson, K., & Gaston, K. J. 2013 " Lightweight unmanned aerial vehicles will revolutionize spatial ecology"（Frontiers in Ecology and the Environment, 11（3），138-146）
- 板川暢　2016「農村計画分野における生態学研究の動向と展望. 農村計画学会誌，35（2），117-123」
- 一ノ瀬友博　2015「人口減少時代の農村グリーンインフラストラクチャーによる防災・減災」（農村計画学会誌，34（3），353-356.）
- WILSON, J. D., EVANS, A. D., & GRICE, P. V.　2010 "Bird conservation and agriculture: a pivotal moment?"（Ibis, 152（1），176-179）

- Uematsu, Y., Koga, T., Mitsuhashi, H., & Ushimaru, A. 2010 "Abandonment and intensified use of agricultural land decrease habitats of rare herbs in semi-natural grasslands."（Agriculture, Ecosystems & Environment, 135 (4), 304-309）

- 大澤啓志，大久保悟，楠本良延，& 嶺田拓也 2008「これからの農村計画における新しい『生物多様性保全』の捉え方」（農村計画学会誌，27 (1)，14-19）

- 大澤剛士，& 三橋弘宗 2017「日本の農業生態系における機能別ゾーニングの試行」（応用生態工学，19 (2)，211-219）

- Osawa, T., Kohyama, K., & Mitsuhashi, H. 2016 "Trade-off relationship between modern agriculture and biodiversity: Heavy consolidation work has a long-term negative impact on plant species diversity"（Land Use Policy, 54, 78-84）

- Katoh, K., Sakai, S., & Takahashi, T. 2009 "Factors maintaining species diversity in satoyama, a traditional agricultural landscape of Japan"（Biological Conservation, 142 (9), 1930-1936）

- Kadoya, T., & Washitani, I. 2011 "The Satoyama Index: A biodiversity indicator for agricultural landscapes."（Agriculture, Ecosystems & Environment, 140 (1)，20-26）

- 桐谷圭治 2009「田んぼの生きもの全種リスト」（農と自然の研究所，生物多様性農業支援センター）

- Kleijn, D., Rundlöf, M., Scheper, J., Smith, H. G., & Tscharntke, T. 2011 "Does conservation on farmland contribute to halting the biodiversity decline? "（Trends in Ecology & Evolution, 26 (9)，474-481）

- 杉山秀樹，& 神宮字寛 2005「ため池における外来魚・オオクチバスの影響と駆除」（農業土木学会誌，73 (9)，797-800,a1）

- 角田裕志，滝口晃，山本康仁，& 満尾世志人 2012「ため池における魚類およびエビ類の植生帯および水深方向の空間利用」（農業農村工学会論文集，80 (4)，327-332）

- Tilman, D. 1999 "Global environmental impacts of agricultural expansion: The need for sustainable and efficient practices"（Proceedings of the National Academy of Sciences, 96 (11)，5995-6000）

- Newbold, T., Hudson, L. N., Arnell, A. P., Contu, S., De Palma, A., Ferrier, S., … Purvis, A. 2016"Has land use pushed terrestrial biodiversity beyond the planetary boundary?"（A global assessment. Science, 353 (6296)，288 LP-291）

- 日鷹一雅 1998「水田における生物多様性とその修復」（江崎保男。田中哲夫編，『水辺環境の保全－生物群集の視点から』，朝倉書店，東京，125-151）

第 3 章　農村の生態系と景観

- 日鷹一雅，嶺田拓也，& 大澤啓志　2008「水田生物多様性の成因に関する総合的考察と自然再生ストラテジ」（農村計画学会誌，27（1），20-25）
- 宮崎佑介　2016「市民科学と生物多様性情報データベースの関わり」（日本生態学会誌，66（1），237-246）
- 山本勝利，& 楠本良延　2008「農村における生物多様性の定量的評価に向けたインベントリーの構築」（農村計画学会誌，27（1），26-31）
- Yoshioka, A., Fukasawa, K., Mishima, Y., Sasaki, K. and Kadoya, T.　2017 "Ecological dissimilarity among land-use/land-cover types improves a heterogeneity index for predicting biodiversity in agricultural landscapes.（Ambio）
- Rockstrom, J., Steffen, W., Noone, K., Persson, A., Chapin, F. S., Lambin, E. F., … Foley, J. A.　2009 "A safe operating space for humanity"（Nature, 461（7263），472-475）
- 鷲谷いづみ　2007「氾濫原湿地の喪失と再生 – 水田を湿地として活かす取り組み　（自然再生の理念と実践 – 湿地生態系を事例として）」（地球環境，12（1），3-6）

コラム 畦畔の草刈りと植物の保全

長井 拓馬（農家，前 篠山市地域おこし協力隊）

水田畦畔は，営農に伴う草刈りによって維持される草地である。草刈りを始めとした人為的撹乱により維持される草地を半自然草地と呼ぶが，日本が森の国と呼ばれるように，草地は珍しい生態系である。現代日本では森林の面積が多くを占める一方，草地面積は 2005 年には約 43 万 ha と，国土の 1% あまりという数字である。

草地は昔から少なかったのだろうか？ 1884（明治 17）年頃には日本の原野面積が約 1320 万 ha だったらしい。これは国土の 3 分の 1 以上，林野の半分以上が原野であったということを意味する。さらに，日本各地の黒ボク土の研究から，縄文時代より長期にわたる火入れによって草地が維持されてきた可能性が示されている（山野井 1996 など）。半自然草地は，農村では畦や林縁部として必ず目にする。どこの農村にも存在するが，草刈りの手間がかかるとお荷物のように扱われている。しかしその場所は人の生活に密着した長い歴史的背景があるのだ。

農村の半自然草地にはどのような植物が生息しているのだろう？「キキョ

ウ」「オミナエシ」などの秋の七草を始め，漢方などの原料となる「センブリ」や「オトギリソウ」，山菜の「フキ」「ノビル」。代表的な植物なら知っている人も多いだろう。狭い範囲で多くの植物が出現するのも特徴で，場所によっては，1 ㎡ に 40 種以上を記録する。それだけの植物を見られる環境は多くない。多様な植物が生息し，生活に密着した草地だからこそ，私達の先祖は余さず利用していた。

その草原の生物は現在どうなっているのだろうか。農村の生物多様性は土地利用の変化，つまり伝統的な利用方法から圃場整備，もしくは耕作放棄によって減少すると言われている。兵庫県の棚田を事例とした調査でも，希少種は，耕作放棄されやすい伝統的な水田畦畔に生息していること，かつ圃場整備された場所にはあまり生息していないことが確認されている。さらに，棚田という地形的な特徴と人為的な管理が行われている条件下では，土壌水分・栄養分の両方が豊富な棚田下部では種の多様性が高く，逆に土壌水分が豊富だが貧栄養な棚田上部では希少種

の多様性が増加することも確認されている (Uematsu and Ushimaru 2013など)。チョウやバッタなどの植食性昆虫の多様性についても同様で、伝統的な管理が維持された植物の多様性が高い畦畔で、多様性が高くなることも確認されている。このように、近年の土地利用変化により、植物の多様性は低下し、関連して農村の生物全体の多様性も失われつつある。

　低下した植物多様性の再生はどうすれば可能か。生物多様性の保全には、希少生物が生息する場所や、減少メカニズムに加えて、どう再生するのか？という知見も必要と考えている。加えて農村では人手不足の問題が顕著である。生物保全を考えた時、負担を減らすための省力化は必須となる。

　そこで、筆者らが神戸市と篠山市に農地において、耕作放棄された25本の水田畦畔で草刈り頻度と時期を変える実験（耕作放棄維持、6月草刈り、8月草刈り、6月8月の2回草刈り）を実施したところ、種数は希少種も含め再生するが2年間では伝統的な草地の種数には及ばないこと、放棄された際に優占した植生によって適切な草刈り時期が異なることがわかった。また希少種が多く含まれる秋咲植物が、6月草刈りで多く開花することも明らか

になった。

　生物多様性を保全する意義はいろいろあるが、農村の人々へのわかりやすい、入り口としての説明をするなら次のように言っている。「生物多様性を保全することは伝統や文化と呼ばれるものを守ることと同じですよ」と。半自然草地という農業に伴い維持されてきた草地には、先祖が営んできた農業の歴史を反映している。それを何も知らないまま失ってしまうことは忍びない。昔から続く村祭りと同様、そこに息づく多様性にも目を向けてほしい。私は研究の地であった篠山市で就農しているが、農業の"業"としての部分を意識しながらも、これまで見過ごされていた生物たちにスポットを当てていくことで、保全の一端を担いたいと考えている。

《参考文献》

- Uematsu, Y., Ushimaru, A., 2013 "Topography and management medeated resource gradients maintain rare and common plant diversity around paddy terraces"（pdf. Ecol. Appl. 23, 1357-1366）
- 山野井徹　1996「国土の成因に関する地質学的検討」（『地質学雑誌』102, 526-544）

第**4**章

森林の資源利用と保全

黒田 慶子
神戸大学大学院農学研究科

日本の森林面積は国土の67%で，有史以来，建築や燃料等に樹木を活用してきた。温帯モンスーン地帯であるため，欧州の高緯度地域よりも種々の植物の生育が活発で，森林の管理には労力がかかる。スギ・ヒノキなどの針葉樹人工林は建築用木材生産が目的であるが，近年は管理不足による材質低下が進んでいる。農村集落に接する里山では，半世紀前までは燃料や肥料が採取されていた旧薪炭林が無管理で放置されており，巨木化や病害発生による荒廃が起こっている。原生林ではない里山二次林，つまり「人が管理してきた森林」を好ましい状態で持続させるには，継続的な管理が必須である。木質資源利用による収入化を図って，里山林の主たる所有者である農家・農村集落が管理を再開できるような仕組みが必要である。

キーワード

人工林　里山　薪炭林　持続性　病害

第4章　森林の資源利用と保全

1　日本の森林

■ 森林の特徴

　日本の森林面積は国土の 67% で，世界で有数の森林国である。過去 40 年間で面積は減少していない。北海道から沖縄県まで約 3000km の距離に，亜寒帯から亜熱帯までの気候帯を含み，全般に雨量が多く温暖で植物の生育に適しているため，樹木の種類は非常に多様で良く繁茂している。温暖湿潤気候の日本には，シダ植物以上の維管束植物が約 6000 種分布する。面積が同程度の国と比較すると，高緯度地域で森林国のドイツでは 2600 種，フィンランドでは 1100 種程度と少ない。一方，熱帯雨林気候のマレーシアでは 1 万 5000 種である。高緯度地域よりも植物の種の多様性が高いが，その反面，森林の維持管理には除草等の労力がかかることにもなる。古来より樹木は建築材や燃料として生活に不可欠な資源であった。近年では，森林の水土保全機能や CO_2 吸収機能への注目度が高いが，現在も建築・内装材，木材パルプ・紙製品など，資源としての森林・林産物への異存度は高い。

　しかし，約半世紀前から日本国内の森林資源の利用は急激に減少して林業が不振となり，森林の管理がおろそかになった。2000 年ごろから，放置（管理放棄）に問題があることが徐々に見えてきた。国内の森林利用が減少した理由は，1950 年代以降に①薪や炭を燃料とする生活からガスや石油を使うようになった（燃料革命）こと，②落ち葉を農作物の肥料としていたが化学肥料が普及したこと，さらに③ 1980 年代に木材輸入の関税が撤廃され，東南アジアや北米からの建築材やパルプ輸入に全面的に依存したことである。放置された森林（図 1）では，材質の低下や樹木伝染病による枯死木の増加などが深刻化した。

■ 森林のタイプと用途

　森林は大きく 3 つのタイプに分類できる（表 1）。原生林（原始林）は人為の加わっていない森林であるが，日本では昔から人口密度の高い地域がかなり

74

1 日本の森林

図1　農村の里山風景と人工林
　　A：旧薪炭林と小面積人工林（兵庫県篠山市）
　　B：スギの壮齢人工林（京都府福知山市）

表1　森林のタイプと樹種・用途・管理手法

森林の タイプ	代表的な樹種（近畿中国地方）注		用途	管理手法
原始林 原生林	針葉樹 広葉樹	様々な種の針・広葉樹	貴重な環境の保全	人の影響を制限する場合がある。深刻な病虫獣害には対応する
里山二次林 （天然林， 天然生林）	広葉樹 （雑木）	落葉樹：ナラ類，カエデ類，ヤマザクラ，ケヤキなど多種 常緑樹：カシ類，シイ類，ソヨゴ，ヒサカキ，ヤブツバキなど	昔：燃料，炭，緑肥 今：使用せず，一部はシイタケほだ木等	昔：定期的伐採（15～30年周期），萌芽による次世代林の育成 今：放置または公園型管理
	針葉樹	大半はアカマツ その他にネズミサシ，モミ，ツガなど	建築材（アカマツ），燃料，松ヤニ・マツタケ 近年では利用低下	昔：種子による天然更新 今：放置。マツ林は伝染病のため壊滅に近い
人工林	大半は 針葉樹	スギ，ヒノキなど	建築および内装材	丁寧な育林作業：植林，下草刈り，間伐，伐採（皆伐，択伐）

注：中部以北と西日本では植林樹種や森林の構成生物種が大きく異なる

第 4 章　森林の資源利用と保全

多く，周辺の森林は資源として活発に利用されてきたため原生林は極めて少な
い。そのような森林は保全のために国立公園などとして管理されている。原生
林を伐採したあとに形成される森林は二次林と呼ばれる。農村集落の周囲にあ
る「里山」は数百年～千年にわたり，燃料や肥料に利用しつつ再生させて来た
薪炭林で農用林である。本章ではその形成の歴史から，里山二次林と呼ぶこと
にする。日本の森林面積の約3割を占める。現在は資源利用されていないとい
う理由で，林野庁の統計では天然林や天然生林に分類されるが，天然に形成さ
れた林ではない点に注意が必要である。

　人工林は，主に建築材を生産するために針葉樹の苗を植栽し育成した林であ
り，日本の森林面積の4割を占める。西日本ではスギ・ヒノキが造林樹種である。
苗木を密植し，過密になったら間引く（間伐）。計画的に伐採し木材に加工・
販売すると言う点で，収穫までに長年を要する「農作物」である。伐採したあ
とは再造林（植林）を行う。「里山」には集落近くの人工林も含めていること
があるが，広葉樹林と針葉樹人工林は用途や管理手法が全く異なるので，人工
林は里山二次林とは明確に区別して扱う必要がある。なお，田畑の部分は，里
山に対する呼び方として近年は「里地」と呼んでいる。

　樹木（木本植物）には，裸子植物である針葉樹と被子植物双子葉類の広葉樹
がある。その他に単子葉植物のタケ類も樹木として扱うことがある。樹木は伸
長成長と幹の肥大成長を続けることが草本と異なる点で，一般に長寿であるが，
寿命は樹種や生育環境により異なる。屋久島のスギのように千年を超えること
はまれで，大半は数十年～200年程である。樹高により高木～亜高木（中木）
～低木種に区分され，最高樹高は100m級（米国，セコイアメスギ）で，日本
の樹木（高木種）では20～50m程度である。ツツジやクロモジなどの低木種
は樹高数m程度しか大きくならない。樹木はCO_2を吸収して光合成をするた
め，地球温暖化を遅らせるのに有効と捉えられているが，同時に呼吸している
ためCO_2の排出も行う。また，樹木が生育していると山の土砂流出を軽減す
るが，土砂崩れを阻止できるとは限らない。近年は環境保全の面で森林と樹木
への期待が現実の値よりも過大になっている点に課題がある。まず科学データ
に基づいた判断をすると同時に，森林および樹木を観察して理解することが重
要である。

2 「自然」という言葉の落とし穴

　近年は，森林保護・生態系保全のように，森林は保護の対象という捉え方や，自然は触らずに残すべきという考え方が強い。しかし森林生態学や保護学の研究からは，「触らずに残すのが最善」とは必ずしも言えないことが判明している。また，自然（語源は仏教用語の「じねん」）という言葉の意味は，人それぞれにかなり異なっており，森林の保全や管理について議論する場合には，最初に「自然」の概念を明確にしておく必要がある。

　図2に示す4枚の写真を見た場合，どこまでを「自然」と認識するだろうか。自然保護の議論ではAの原生林のみを自然と捉える人が多い。ところが，「日本の自然」をイメージすると，B，Cの民家や田畑と共存する人工林・広葉樹林(旧薪炭林)の景色も自然ととらえることが多い。さらにDの「里山の景色」をコンセプトに作庭された日本庭園も，広義の自然の風景と捉える人がいる。この問いかけに対して，選択を迷う人はかなり多い。「伐採していない原生林だけが自然であると考えていた。しかし自分が好きだと感じる自然の風景は人里と里山だった」という矛盾に気づいた場合である。

　その疑問の背景には「自然」という言葉の概念が関わっている。ヨーロッパや北米では一般に，「自然とは wilderness（原野，荒野），wild であること」というイメージが強い。例えば登山用品メーカーの自然保護活動では「森林をそのまま保つ」ことが目標となる。一方日本では，平安時代から人口の多かった近畿圏では特に森林資源への依存度が高く，千年以上も樹木を伐採して利用しつつ，再生させてきたという長い歴史がある。つまり身近な山林は「人が管理してきた場所」で，それが自然の風景なのである。このような人為の加わり続けた里山二次林は，欧米型の「原野を保つ」という概念に基づく「伐るな，触るな」という保護活動では持続せず，生物多様性の低下や荒廃に向かうことがわかってきた。また，二次林を「自然破壊の結果の劣った林」と捉えるのも妥当ではない。

　自然に関して議論する場合に重要なことは，表1や図2のどのタイプの森林

第4章 森林の資源利用と保全

や風景を対象として検討するのか，まず定義が必要という認識である。表1で分類した森林タイプそれぞれについて管理の手法は全く異なる。さらに，里山では「草地」も重要な資源採取の場所であり，草地は禿げ山（森林破壊の結果）でないという事実がある。生態系や植生の保全は，資源利用の歴史的変遷を含めた森林生態に関する知識を必要とする。最近ボランティア活動などで実施される「植林活動」や「里山整備」のイベントでは，目標とする森林を事前に考

図2 「自然」という言葉から連想する景色はどれでしょうか … 複数回答するなら
　　A：春日山原始林（原生林）（奈良県奈良市）
　　B：祖谷渓の人工林，畑，民家の景色（徳島県三好市）
　　C：ナラ類（落葉）の旧薪炭林と田畑（兵庫県篠山市）
　　D：山県有朋邸「無鄰菴」，里山を模した伝統的日本庭園（京都府京都市）

えていないことが多い。おそらく，「植えて放置すれば自然に森林になる」という思い違いがあると推測される。

3 林業と里山の資源

■ 森林所有と林業

　林業とは，木材生産・販売を目的とする森林経営のことを指し，大半は針葉樹人工林の育林・経営である。日本では，勝手に生えた針葉樹を建築材として利用する例はほとんど無く，苗木を密に植栽した後に，草刈り，間伐（間引き），枝打ちなどの緻密で計画的な育林作業によって良質材を生産してきた。一方，里山林管理では，広葉樹の大半は建築に使用しない（銘木は除く）こと，材生産のための育林を行わないことから，林業とは呼んでいない。森林の所有形態は，国有林，社寺林，企業有林，私有林（共有林含む）などがある。私有林所有者の多くは農家である。奈良県南部や三重県南部など農地の少ない地域には，広大な森林を個人所有し林業を主たる生業（なりわい）とする例もあるが，多くは小面積の私有か集落の共同所有林である。里山は農業用の資材や燃料を得る場所であり，生活のための資源利用であって林業には含めない。歴史的に，里山林は集落単位の共同所有・共同管理で，第二次世界大戦後に一部を各戸に分割したが，現在も集落所有の山林は広く残されている。

　1960 年代から，木材は儲かるという話や国の拡大造林の方針に乗って人工林の植林が推進され，農村では薪炭林の一部を伐って針葉樹苗を植栽した。人工林の部分は育林業務が必要となったが，人工林育成の経験の無い農家では，間伐や枝打ちに関する知識や技術が無く，良質な木材生産は多くの場合困難であった。さらには 1980 年代から木材輸入の関税が撤廃され，大量の木材が輸入されたため材価の低下につながった。林業不振や人工林放置の原因としては，以上のような多面的な事情が絡み合っている。林業が経済活動として成立するかどうかであるが，1 ha 未満の小面積では 30 ～ 50 年に 1 度の伐採・収穫で終わってしまい，大きな収益を期待するのは無理である。現在の日本の木材自

第4章 森林の資源利用と保全

給率は約35％であるが，世界情勢からは今後も木材輸入が続けられるかどうか予測できないので，木材の国内生産は重要である。国策として人工林管理の補助金制度があるので，資源の保全に意識を向ける必要がある。

里山で人工林以外の部分は，アカマツ林やナラ類主体の旧薪炭林である（表2）。アカマツ林は伝染病のマツ材線虫病により壊滅的な枯死が続き，消失しつつある。ナラ林も森林植生としては様々な問題が発生するようになった。次項では里山の成り立ちについて説明する。

■ 自然の植生遷移と資源利用の歴史

森林が自然に形成されるには長い時間がかかる。図3-Aの人手が加わらない森林形成を「自然の遷移」と呼ぶ。草原の次には陽性（陽光が必要な樹種，陽樹）低木が生育し，さらに陽性高木林へと遷移する。樹木が多数育って林床が暗くなってくると，陰性の樹種（陽光が少なくても生育できる，陰樹）が増える。図3は近畿中国地方の例を挙げており，極相林の樹種は地方により異なる。裸地から草原を経て極相林になるまで150〜数百年といわれる。台風による倒木や山火事で樹木がなくなると，また草原から遷移が始まる。なお，極相林とは自然の遷移で最終段階の植生のことであり，原生林という意味ではない。

日本では人が昔から利用してきた森林が多く，原生林はほとんど存在しない。奈良県の春日山は原始林と呼ばれ（図2A），1300年代作の「春日権現験記絵」などに描かれているが，禁伐令の出た841年からの樹木が現存するわけではなく，禁伐後に人手が入らなかったとは言えない。千年以上前の平城京や平安京造成では近畿圏で大量の木材消費があり，その後にアカマツ林が増えたと言われている。それと共に人工林の造成の歴史は古く，約500年前から奈良県の吉野地方で育林技術が発達した。神社等の鎮守の森は「献木」の慣習による植栽木が多く，明治政府により強制伐採された場所もあり，天然の林でないことが多い。

里山林は，日常生活に必要な燃料（薪，柴）や肥料用の落ち葉を採取してきた場所であるが，樹木が勝手に育った場所ではない。資源利用・管理の観点では，極相林の陰樹が適しているとは限らない。遷移の途中段階で伐採すると，陽樹

80

3 林業と里山の資源

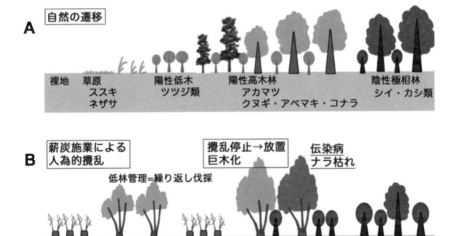

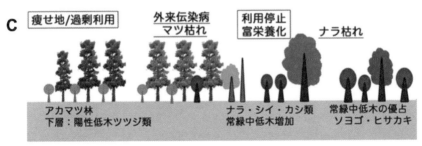

図3 植生の遷移：自然の遷移と里山管理による遷移停止および放置後の遷移（西日本）
　A：人為の加わらない自然の遷移。
　B：薪炭林施業。陽性高木のナラ類（クヌギ，アベマキ，コナラなど）を定期伐採する。
　C：天然更新によるアカマツ林の利用。痩せ地や過剰利用で形成され，現在はマツ枯れ被害が拡大した。

のアカマツ林やナラ林の段階で遷移が止まり（図3B，Cの左側），同じ樹種が繰り返し再生するので利用しやすい。広葉樹の一部，特にナラ・カシ類，シイ類など（ドングリのなる樹種）は伐採後の切株から芽が出て樹木に育ち，萌芽更新（ほうが，ほうがこうしん）が可能である。萌芽は，切株の養分も利用して1年で50〜100cm育つが，ドングリからの芽生えでは数年かかって20cm

第 4 章　森林の資源利用と保全

程しか伸びず，しかも生き残る株が少ないので繁殖効率が悪い。萌芽の性質を経験的に知っていて，薪炭林では萌芽更新により次世代の森林が育てられた。陽樹の生育には日照が必要で，他の樹木が上層に茂った暗い所では育たないため，里山林では小面積をまとめて伐採（皆伐）し，再生した隣接地の林を順々に使うという「資源の循環的利用」を行っていた。人口密度の高い都市部は燃料の需要が多く，農村集落では資源が枯渇しないように規制をかけながら萌芽林をコントロールして，炭を供給したようである。また，製鉄（たたら）や瀬戸内の製塩業の燃料需要も膨大で，江戸時代には近隣の山地だけでは燃料が賄えず，四国から薪炭が運ばれていたとされる。

　森林の伐採や落ち葉採取（肥料用）が過酷な場合は，土壌の肥料分が減るが，その貧栄養土壌でも育つことができる樹木がアカマツである。マツ林も植生遷移の人為的な停止状態で維持される。マツ材（アカマツの梁）やマツヤニなどの資源としても重要であった。治山に適した樹種でもあるので，明治期以降の六甲山の治山事業ではクロマツとアカマツが植林されてきた。

　里山資源が活発に利用されていた頃，近畿中国地方の里山二次林は尾根部のアカマツ林と，太さ十数 cm 程度の若い薪炭林（広葉樹林）で成り立っており，明るい森だったのである。幹の細い樹木ばかりで，森林というよりも収穫期の長い畑ととらえるのが妥当であろう。里山の一部には茅葺きの材料や農耕用牛馬の餌に使う草地があり，禿げ山とは異なる資源採取地も設定されていた。このような理由で，里山林の所有者は昔も今も農家（集落の共同所有も含む）である。山奥で農地が少なく林業（木材生産）主体の地域はあったが，農業が盛んな地域では「農用林」として里山林が最大限に利用され続けてきた。この頃の里山林＝若齢広葉樹林＋アカマツ林＝農用林＋薪炭林である。江戸時代の絵図（図 4）では，このような伝統的な里山植生と，寺院の建築修理用のスギ人工林が描かれている。

図4 江戸時代の絵図に描かれた里山植生と寺院周辺のスギ人工林
　　資料：摂津名所図会（吉野屋為八，1796～98年刊行），再度山大龍寺（神戸市）
　　　　（国際日本文化研究センター所蔵）

4 「里山の放置」が森林荒廃につながった

■ 里山の高齢化と病害増加

　里山植生の変化の始まりは，1950年代からの燃料革命と化学肥料の普及である。プロパンガスや灯油が山間部でも燃料として使われるようになり，里山林では柴や薪の採取が停止した。農水省の統計では1950年代から薪の生産量が急激に低下し，1980年にゼロとなっている。伐採停止によって起こったことは，里山林の巨木化と藪化（樹木類の密生）である。高齢里山林では図5に示すように，アベマキやコナラの大木の下に，ヒサカキやサカキなど常緑中低木が増加し，耐陰性の高い樹種へと交代しつつある。近年多くの人は宮崎駿アニメの「トトロの森」から，里山とは大木があって鬱蒼と茂った森をイメージ

第4章　森林の資源利用と保全

しているが，この作品の時代設定である1950年代ごろの里山は実は「明るく
若い林」であった。しかし1980年代からのアニメーション映画には，図5の
植生のような現在の放置里山の姿が描かれているため，誤解を生むことになっ
た。

　里山の巨木化は2000年頃までは問題視されず，むしろ原生林への回帰のよ
うな良いイメージがあった。しかしその頃から放置里山では「ナラ枯れ」（菌
類による伝染病）が増加した（図3B右側，図6A，B）。病気の媒介者カシノ
ナガキクイムシは大木で繁殖が活発であり，ナラ・カシ類，シイ類の大木から
先に感染して枯れる。この病気は直径10cm以下の若齢木ではほとんど発生せ
ず，薪炭林施業をしていた頃は重大な問題にはならなかった。しかし，伐採さ
れていない現在の里山には若齢林はなく，直径50cm以上の大木も多いことか
ら，集団枯死となりやすい。里山林に経済的価値が認められないため，被害防
止（防除）の対策が困難なまま被害が拡大した。集団枯死後の植生は自然の遷
移とは異なる常緑中低木種の増加が目立ち，予想と異なる方向に遷移（偏向遷
移）する例が目立っている（図3B，C右側）。

　広葉樹の材は針葉樹よりも比重が高く，直径が20cmを超えると伐採時の危
険性が高くなる。直径40cmでは約1トンの重量になる。また，萌芽は高樹齢
になるほど出にくくなるので，現在の高齢里山林はできるだけ早く伐採する必
要がある。小面積の皆伐で林床を明るくすると萌芽が発生するが，間伐（抜き
切り）では林床が充分に明るくならず，萌芽発生は阻害される。人工林の管理
手法と異なるという認識が必要である。

　もう一つの里山の変化はアカマツ林の消失である。アカマツ林は昔から重要
な資源であったが（図3C，図4），1900年代初めに北米から侵入した伝染病「マ
ツ枯れ」（マツ材線虫病，図6C，D）によって，1980年代以降は激しいアカマ
ツ・クロマツ枯死の被害が継続している。枯死木の伐倒駆除や薬剤散布による
被害防止は可能ではあるが，里山のマツ林全域に薬剤散布することは不可能で，
今後もマツ林の減少は阻止できないのが現実である。近畿中国地方では，図7
の環境省植生図に示すようにアカマツ林の範囲が1980年頃から2000年の間に
著しく縮小した。マツタケ生産量も著しく低下している。マツ林の資源利用が
なくなってからは林床には落ち葉が積もり，土壌が富栄養化したため，マツが

84

4 「里山の放置」が森林荒廃につながった

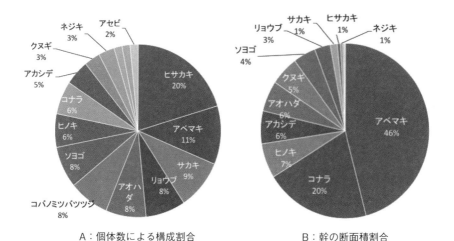

図5　高齢里山林の構成樹種（兵庫県篠山市矢代）
　　A：個体数ではヒサカキ，サカキなど常緑中低木の本数が多い。
　　B：幹の断面積による割合では大木のアベマキとコナラが大半を占める。

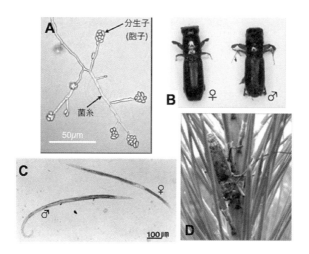

図6　ナラ枯れ（ブナ科樹木萎凋病）とマツ枯れ（マツ材線虫病）の病原体と媒介者
　　A：ナラ枯れ病原菌，*Raffaelea quercivora*（高畑義啓原図）
　　B：カシノナガキクイムシ
　　C：マツ枯れ病原体，マツノザイセンチュウ
　　D：マツノマダラカミキリ

第4章 森林の資源利用と保全

枯れた後は広葉樹が育ちやすい。ただし，偏向遷移が多く，常緑中低木種が優占する林に変化する傾向がある。注意すべき点は，土壌の富栄養化のためにマツが枯れたのではなく，伝染病で枯れた後に広葉樹が増加することである。病害の森林遷移への影響については注目されてこなかったが，実は自然の遷移よりも急速に20年程度で著しく遷移し（図7），森林生態系に大きな影響を与えている。

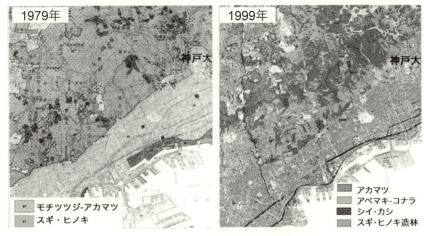

図7　1979年から20年間で進んだ森林植生の遷移（神戸大学周辺）
　　　マツ材線虫病（マツ枯れ）によりアカマツ林が減少し，ナラ・カシ類など広葉樹が増加した。さらに近年はナラ類が枯死（ナラ枯れ）しつつある。
　　　資料：「第2回，第5回自然環境保全基礎調査植生調査」（環生物多様性センター）
　　　（http://gis.biodic.go.jp/webgis/sc-002.html#webgis/523501）より，
　　　1/25,000植生図「神戸」「神戸首部」を一部改変した。

■ 森林に依存する生物の変化

　以上のような里山の変化は，昔から生息していた多種の生物に影響を与えた。若齢薪炭林の林床は陽光が充分に差し込んで明るかったので，エビネやシュンラン，カタクリ，サクラソウなど，陽光が必要な山野草が豊富に見られた。絶滅危惧種の増加は，里山林の植生がこの半世紀で変化し林内が暗くなったことと関連している（図5）。また，里山林周縁部にはフキ，サンショウ，ウド，タラノキなどの山菜が生育し，田畑の畦にかけてはセンブリやクララなどの民

間薬が採れたが，近年はこれらの減少も指摘されている。多種の植物や昆虫類は森林の中では互いに依存しており，林床の光量減少などに伴う生息数の変化が起こっている。「多様性が豊かな里山」は，萌芽更新をさせていた頃の過去の遺産である。現在かろうじて残っている多様性の豊かさは希少種のみを手厚く保護しても持続しないことや，里山林の下草刈りや間伐などで外見を美しく整えても森林の持続性確保にはならないことに注意が必要である。

　里山林荒廃には，野生動物，特にニホンジカによる食害の影響もある。生息密度の高い兵庫県では，林床の樹木の実生や若木が食い尽くされて裸地化した場所が目立ち，そのような林地では土壌が流出しやすくなる。ナラ枯れの発生と重なると，大木が失われたあとに後継樹が育たないので，森林としての持続性自体が危なくなる。被害軽減の対策としては防護柵だけでなく頭数管理（狩猟による頭数制限）と林縁の樹木伐採が不可欠である。畑と里山林の境界に防護柵が設置されと人が山林に入りにくいので，野生動物の行動域を拡大させて農林被害を増やすことがわかっている。また，繁茂した樹木が動物の移動ルートとなって農地に来やすくなるので，野生動物管理と里山管理は総合的に検討する必要がある。

5　持続的な森林保全・管理の手法と担い手

■ 今後の森林管理の考え方

　森林管理・保全の計画は，最初に述べたように原生林，人工林，里山二次林でそれぞれ手法が異なるので，森林タイプ別に検討する必要がある。原生林はその特性を把握して消失しないように管理するが，国定公園化や世界遺産の指定など，近年では様々な方法で保全が進められている。人工林は農作物と同様の観点での継続管理が必要であり，今後の管理が可能な場所と管理できない場所を区分して，伐採と資源利用および再造林を実施する。人工林の間伐や搬出には行政的なサポートや補助金制度があり，社会的な課題としての取り組みが進みつつある。ただし，農家が所有する小面積の人工林については対応が遅れ

第4章　森林の資源利用と保全

ている。林野庁や県庁等では，林家（林業経営者）に対する補助という認識であるため，林業をしていない農家の放置林については盲点となっている。市町村の森林組合が間伐を代行しているが，経営のサポートはほとんどできていない。森林管理技術に関する情報が，所有者の農家に届いていないことが課題である。農家や集落共有の人工林部分は里山林の一角でもあり，里山整備の一部に含めて検討すべき場合もあると考えられる。

　今後重点的に取り組むべきことは，里山二次林の管理再開である。前項で説明したように，このまま里山を放置すると森林としての持続が難しくなる。できるだけ迅速に里山管理を再開させる必要があり，行政のサポートで解決すべき問題点がいくつか挙げられる。里山は整備が必要という意識は近年高まっているが，里山資源を使った世代はすでに高齢で，伝承がほとんど途絶えてしまった。それより若い世代は，行政も里山所有者も持続的管理には無縁で，里山林の生態や管理手法に関する知識が不十分な場合が多い。所有者は里山が収入につながらないため管理意欲が極めて低いという問題がある。所有者自身で管理できないことは行政側でも把握されており，林野庁等による補助金システムが充実しつつある。しかし知識や技術のない団体に委託するようなことも起こっている。実施側に「伐採木は資源」という認識が無く，林内放置や産業廃棄物として税金で焼却されることも多い。さらに危惧されることは，次世代林の再生（萌芽更新）過程を確認していないことである。森林は自然に再生するという誤解や，むやみに広葉樹種を植林する誤った計画が見られる。「伐採－資源利用－森林再生」は森林の持続性を確保するための一連の作業ととらえて，すべてを含めた計画にする必要がある。

　行政主導あるいはNPO等による里山整備の多くは「公園型整備」で，散策向きの林，美しい林が目標となっているが，以下の問題がある。①下草刈りや細い樹木の抜き切りをして大木は伐らないため林床が暗く，次世代の若齢木が成長しない。大木を残すためナラ枯れを促進する。②サクラなどの観賞用品種や植栽場所に自生しない樹種を植栽し，枯死木が多い。③下刈りや植栽などの単発的活動が主体で，数十年先の長期見通しをたてていない。目的が「散策路の整備」「あずまやの設置」のように，森林管理ではない活動が多い。補助金申請は地方自治体を通じて行うため，行政担当者が里山整備に関する知識を持

って指導できることが重要になる。活動団体協議会の設置やセミナーの開催など，知識と技術レベルを上げるための取り組みが必要である。

■ 里山の管理再開と，新感覚の資源化

　里山の管理再開成功の要件は，やはり資源が所有者の収入になることであろう。行政主導で補助金を併用して取り組む場合は，今後放置した場合の災害発生のリスクや，次世代に里山を残したいかどうかなどの所有者の価値観，公的資金の投入効果などの要因をあわせて，総合的に判断して優先順位を決めていく必要がある。最近では老大木（腐朽木）の突然の倒伏により人身事故が発生しているので，まず民家や道路への倒木の危険性を判断して，管理再開場所を決めるのが望ましい。幹の運び出しが容易で，資源の販売で収入が得られることは非常に重要である。整備の担い手は本来は所有者である。整備の必要性の社会的理解や，補助金によって所有者を援助する体制を整える必要がある。ただし，税金を投入して整備しても，15〜30年後に伐採せずに放置するなら現在と同様の問題が起こる。持続的に管理できる体制が作れないのであれば，伐採後は森林に戻さないで，果樹園や花木植栽など，所有者が管理できる形にすることを推奨したい。

　老齢化した里山林には，広葉樹木材の膨大な蓄積がある。現状では広葉樹材として販売するのが最も経済的に有利である。国内の木材産業界では，里山樹木の内装材や家具等への利用に興味を示し始めた。木材輸入が将来も持続できるかどうか，不安材料があるためかも知れない。伐採から製材，乾燥までの業種の連携が切れているという課題はあるが，材としての利用を推進する価値はある。また，薪ストーブ用の燃料としての需要が増えている。薪を供給する仕組みができれば，里山所有者の収入にできる。しかし一方で，近畿・中国地方のマツ枯れ跡地では，現在の木質資源量が貧弱な里山林も広く存在する。そこでは薪などに使える樹木の材積が少なく，一度伐採すると，持続的な管理のための収入が得られなくなる。そのような場所では，森林散策ツアーや農家民宿と農作業を合わせた自然体験型のツアーを設定した方が持続的な収入につながる。有形・無形の資源という見方で，場所ごとに適した里山資源の利用方法を

第4章　森林の資源利用と保全

検討することが今後重要となるであろう。里山の持続性や森林病害に関する解説は，以下のサイトを参照されたい。http://www2.kobe-u.ac.jp/~kurodak/Top.html。

《参考文献》

- 大住克博・奥敬一・黒田慶子編著　2014『里山管理を始めよう～持続的な利用のための手帳～』（森林総合研究所関西支所，40pp）

  https://www.ffpri.affrc.go.jp/fsm/research/pubs/.../satoyamakanri_201402.pdf

- 黒田慶子　2008「ナラ枯れと里山の健康」（『林業改良普及双書157』全国林業改良普及協会，166pp）

- 黒田慶子編著　2010『里山に入る前に考えること』（改訂版）（森林総合研究所関西支所，37pp）

  http://www.ffpri.affrc.go.jp/fsm/research/pubs/documents/satoyama3_201002.pdf

- 黒田慶子　2010「里山資源の積極的利用で，健康な次世代里山を再生する」（『森林と林業』11月号，12-13，日本林業協会）

- 黒田慶子　2011「ナラ枯れの発生原因と対策」（『植物防疫』65：162-165）

- 黒田慶子　2013「マツ枯れはなぜしぶといのか」（『森林技術』857，8月号，2-6）

- コンラッド＝タットマン　1998『日本人はどのように森をつくってきたのか』（熊崎実訳，築地書館，200pp，1998）

- 林野庁　2018『森林林業白書』平成29年度森林及び林業の動向，1-246，

  http://www.rinya.maff.go.jp/j/kikaku/hakusyo/

- 林野庁　2017「猪名川上流域の里山（台場クヌギ林）」（『林－RINYA－』（平成29年12月号）

  http://www.rinya.maff.go.jp/j/kouhou/kouhousitu/jouhoushi/2912.html

第 **5** 章

有機農業と環境

中塚 華奈
大阪商業大学経済学部

農業と環境には密接な関わりがある。環境の中で農業は育まれ，一方で農業のあり方が環境に負荷を与え，逆に環境を創造する場合もある。機械化，化学合成農薬・肥料の開発，品種改良等の農業近代化で，農家は重労働から解放されたが，様々な弊害がもたらされた。経済優先でモノの豊かさ重視の時代から，自然環境や生物多様性に配慮し，ココロの豊かさを追求する時代になった今日，国の政策においても有機農業が推進されるようになった。しかし，グローバルな有機市場における日本のシェアは高くない。国連サミットで採択されたSDGs（持続可能な開発目標）達成にむけて，有機農業の果たす役割は大きい。今後，より一層の普及拡大が求められている。

キーワード

自然循環機能　産消提携　有機JAS　有機農業推進法　SDGs

第5章　有機農業と環境

1　農業と環境の関係性

■ 生態系ピラミッドと生物濃縮

　地球上には，様々な植物，動物，微生物が生息している。46億年前に地球が誕生してから，8億年後に生物が誕生し，地球上の生物は，様々な関係を築きながらバランスをとって生きてきた。全世界の既知の総種数は約175万種で，このうち，哺乳類は約6,000種，鳥類は約9,000種，昆虫は約95万種，維管束植物は約27万種である。まだ知られていない生物も含めた地球上の総種数は，おおよそ500万種とも3,000万種ともいわれている。これらを取り巻くすべてのものが自然環境であり，生物と自然環境が，物質とエネルギーの循環を通して相互に結びついたシステムが生態系である。

　生態系において，捕食と被食の関係を結んだものを食物連鎖（food chain）といい，そのつながりやベクトルの向きは複雑な網目状になっているため，食物網（food web）ともよばれる。複雑な食物網のなかでは，共生関係，寄生関係，競争関係などの関係も成立しており，生態系は「微妙な均衡」（環境基本法第三条）を保っている。

　食物連鎖を生産者である植物から辿ると，植物は，水と二酸化炭素という無機物から太陽エネルギーを利用して光合成を行い，自力で有機物を生産する。次に，植物を食べて生きる昆虫や草食動物などは消費者（一次消費者），さらにこれを食べるヘビや鳥などの肉食動物（二次消費者），さらにこれを食べるタカ，ライオンのような上位肉食動物（三次消費者）がいる。最後に，生物（生産者，消費者）由来の排泄物，死体などを無機化する細菌，土壌微生物などの分解者がいて，再び無機物が植物（生産者）に利用され，連鎖していく。

　人間はこの連鎖の最も高次に位置する高次消費者である。分解者を一番下に据えて，生産者から高次消費者へいたる関係と個体数を表したのが生態系ピラミッドである。

　生態系ピラミッドには一段階上にいくと個体群の総重量が10分の1になる「10%の法則」がある。例えば，体重10キロのワシ（三次消費者）が生きるた

めには，100キロのカエルやヘビ（二次消費者）などが餌として存在する必要
がある。100キロの二次消費者が生きるためには，1,000キロの昆虫や芋虫の
存在が必要であり，さらに1,000キロの一次消費者が生きるためには，10,000
キロの植物が必要となる。つまり消費者は1段階の食物連鎖ごとに10倍量の
餌を食べているということになる。

　生態系ピラミッドの頂点に位置する私たちの食生活が野菜やごはん中心の日
本型食生活から肉食中心の食生活に変化すると，従来よりも多くの穀物とそれ
を生産するための土地が必要となる。そして，土地確保のために森林を伐採す
ると，そこで生活していた生物の多くにマイナスの影響を及ぼす。

　また，環境汚染をもたらす有害物質が生態系にばらまかれると，食物連鎖の
過程で有害物質が濃縮される生物濃縮をひきおこす。1段階の食物連鎖では
10倍量の餌が消費されるため，有害物質は10倍濃縮され，4段階の食物連鎖
においては，1万倍（10^4倍）に濃縮される。

　農業生産における化学合成農薬やホルモン剤等の使用は，生物濃縮によって
私たちの身体に高濃度で残留する可能性がある。有機農業で化学合成物質の使
用が禁止される理由のひとつはここにある。

■ 生態系における物質循環

　生命の維持に欠かせない水，生物のカラダづくりに必要なタンパク質や核酸
などの合成に欠かせない窒素（N）・炭素（C）・リン（P）・イオウ（S）など
の様々な元素は，生態系のなかで形を変えながら繰り返し利用されて循環して
いる。現在の私たちの体を構成している元素は，はるか昔に恐竜の体を構成し
ていた元素かもしれないし，道端で咲いていた草花を構成していた元素かもし
れない。

　図1は光合成の仕組みである。光合成で排出される酸素（O_2）は，植物が
デンプンをつくる際に必要な水素（H_2）を得るために，水（H_2O）から分離さ
れたものである。葉緑体の中のストロマという空間で，明反応で得たNADPH
を還元剤，ATPをエネルギー源として，暗反応で二酸化炭素（CO_2）をブド
ウ糖やデンプンやセルロースに変化させる。つまり，これらが植物体であり，

第5章　有機農業と環境

植物が成長していく過程である。

　生物は，植物が光合成をする際に副産物として放出される酸素がなければ生きていくことができない。また，最終産物であるデンプンやセルロースは，穀物や野菜として，あるいは，それを食べる生物などの肉として直接的・間接的に全ての生物に摂取されている。生物は植物が行う光合成に100％依存している。その際，太陽エネルギーがあっても，植物は水と二酸化炭素なしでは光合成をすることができない。植物は，自ら呼吸をして二酸化炭素を排出する。しかし，消費者である動物が呼吸の際に排出する二酸化炭素も，生産者である植物の光合成には欠かせないものである。つまり，植物と動物には共生の関係もあるといえる。

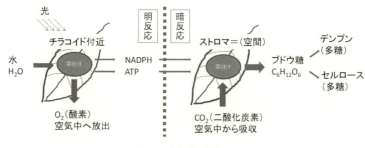

図1　光合成の仕組み

■ 生態系と人との関わり

　生態系と人との関わりから地球環境問題を考えるにあたり，ディープ・エコロジーとシャロー・エコロジーという概念がある。ディープ・エコロジーとは，ノルウェーの哲学者であるアルネ・ネスが提唱した環境思想である。ネスは，先進国における環境保護運動は，現在の先進諸国が享受している豊かで健康的な生活レベル，体制思想，社会制度などを極力変えないことを前提とした「人間中心主義」にもとづいた環境汚染と資源枯渇に対する取り組みであると指摘し，シャロー・エコロジーとよんだ。

　これに対して，生態系のあらゆる存在には固有の内在的価値があり，すべてが相互依存の関係にあることを認識し，平等に扱い，不当にその存在を侵して

はならないとする「生態系平等主義」を，ディープ・エコロジーの理想とした。自然を征服すべき対象にするのではなく，人間と自然とはそもそも一体であるとし，強制的な人口減少政策を求め，資本主義化された生産と消費を批判した。そのため，哲学としてはよくても，具体的な政策に活用しようとすると現実性に乏しいという批判を受ける場合もあった。

　こうした思想の議論が活発になった時代背景には，資源・環境問題や南北問題等の政治経済的状況と，これらをめぐる主に西ドイツ，フランス，イタリアなどで展開された学生運動，女性解放運動，環境運動，アメリカ，イギリスのカウンターカルチャーに影響されて起こった有機農業運動やホリスティックヘルスケア，再生可能エネルギーなどに関するオルタナティブ運動などの社会運動があった（有泉 2006）。

2　農業の環境への負荷と創造

■ 農業生産活動の環境への影響

　農業生産のあり方を自然生態系に極力近づけた方法にすれば，「農業の自然循環機能」の維持増進が可能となり，環境を保全しながらの農業生産が可能となる。一方，自然環境とは異なる人工的な環境で暮らす生き物もいる。

　赤とんぼやオタマジャクシは水田で生まれるし，ドジョウは川から水路を通って水田で暮らす。ビニールハウスに発生するオンシツコナジラミやそれに卵を産み付けるオンシツツヤコバチとよばれる生き物もいる。

　また水田や畑は，食料生産機能のみならず，洪水防止，水資源涵養，土壌浸食防止，土壌浄化，農村景観保健休養，大気浄化などの公益機能を有している。これらは農業が環境に及ぼすプラス効果であり，ある意味，環境を創造しているともいえる。

　しかし，化学合成農薬・肥料をはじめとする多くの投入資材が，資材そのものによる環境汚染や二酸化炭素を排出することで地球温暖化等の環境負荷を及ぼす場合もある。とくに近代農業がもたらした自然循環機能を断絶させてしま

第 5 章　有機農業と環境

う環境負荷は絶大であった。

■ トラクターから始まった農業の近代化

　農業の近代化のなかで，最も従来の農業のありかたを革命的に変化させたのは，トラクターであった。農耕開始時，先の尖った木片や骨片を使用していたものが，鉄の鍬や鋤に代わり，トラクターが発明されるまでは，牛馬に括り付ける犂が使用されていた。

　1892 年に乗用式の鉄車輪のついたトラクターがアメリカで開発され，農機具メーカーのみならず，フィアット，フォード，ダイムラー・ベンツ，ポルシェ，トヨタなどの大手自動車メーカーもトラクターを競って生産した。

　乗用トラクターは，重労働から農民を解放した。家畜はエサを食べるし，休息も必要であり，暑い日には水浴びもさせる必要があった。トラクターはそのような世話をする必要はないが，燃料を外部から購入しなければならなくなった。疲れないが故障することはあり，機械に詳しくないと自分で修理ができない場合もある。糞尿は出ず，排気ガスしか出ないため，外部からの肥料購入が必須となった。また，トラクターの重量が土壌を圧縮し，団粒構造を破壊することもあった。

　トラクターのおかげで重労働から解放された代わりに，肥料の自給が不可能になったことや土壌劣化が，化学合成肥料の開発と普及を後押しすることとなった。

■ 化学合成物質の光と影

　化学合成肥料が開発されるまで，肥料は基本的に家畜の糞尿やし尿，河原や山の草，稲わら，魚粕や菜種粕などの食品残さ等を堆肥として発酵させてから畑へ還元されていた。しかしトラクターの普及に伴い，家畜を手放した農民は，大量で安価な肥料を求め，チリ硝石やカリ鉱石を採掘したり，海鳥の糞化石を採集したりするようになった。また，空気中の窒素を人工的に窒素肥料として化学合成する技術が開発された。

2 農業の環境への負荷と創造

　1909 年に空気中の窒素からアンモニアを合成する方法を発明したのは，ドイツの科学者であるフリッツ・ハーバーとカール・ボッシュであり，大量の化学肥料を合成し，食料増産することに貢献した。しかし，同時にこの研究成果は，戦時中，火薬の原料となる窒素化合物の合成にも貢献することにもなった。

　空気中の窒素固定には，莫大なエネルギーが必要であり，自然界では雷の放電が空気中の窒素をアンモニアに変化させ，雨とともに土壌に固定している。アンモニアは水に溶けて，プラス電荷を帯びたアンモニウムイオンとなり，土壌に含まれる腐植や粘土はマイナス電荷を帯びているため，窒素肥料が土壌中に留まる。

　雷が「稲妻」とよばれるのは，雷がよく鳴る年に稲がよく実ることに由来するといわれている。その他，空気中の窒素を固定するマメ科植物の根に共生する根粒細菌のような微生物も存在する。

　化学合成肥料は軽くて臭いもなく土壌中で水に溶けるとすぐにイオン化し，根から吸収されるが，土壌中のミネラルバランスや微生物に偏りがでたり，合成物質によっては土壌の酸性化をひきおこしたりして，作物が病虫害に侵されることにもつながる。

　古来より日本の病虫害対策としては，祈祷や太鼓を叩いて追い出す虫送りとよばれる慣習があった。江戸時代には油を水田の水面に注ぎ，水面上に油膜をはることで，その上にはらい落とした害虫を窒息させる注油法とよばれる防除法も実施されていた。農薬としては，除虫菊や樟脳，たばこなどを活用した天然由来のものが使用されていた。

　化学合成農薬の研究がすすんだのは第二次大戦後のことである。除草剤の開発により，例えば水田 10 アール当たり約 30 時間を要していた除草時間が 30 分程度に短縮された。米づくりに必要とされていた時間やコストが軽減され，農民の兼業化や規模拡大を可能とした。殺虫剤や殺菌剤は，病害虫による被害を大幅に削減した。

　しかし，農薬は殺虫・殺菌・除草を目的とするものである。戦時中に開発された毒ガスが，戦後，殺虫剤や殺菌剤に生まれ変わったものもあった。現在は使用禁止となっている水銀系や塩素系等，毒性の強いものが多数出回り，殺虫剤による農民の中毒死などもおこった。その後，化学合成農薬の成分が土壌か

第 5 章　有機農業と環境

ら作物に移行し，食物連鎖によって人体に蓄積することが発覚する。食物連鎖
をとおした生物濃縮の問題が社会的不安を高めた。

■ 品種改良の光と影

　現在，出回っている種には「固定種」，「Ｆ１種（First Filial Generation）」，「組
換え DNA 技術を利用した種」の３タイプがある。「固定種」は「在来種」と
よばれ，古来より成熟した作物から種を毎年，自家採種し，その中から長い年
月をかけて地域の土地や風土に適した種を自然淘汰や生産者による選抜によ
って，繰り返し取り続けてきた種である。採種した種を次の年に撒くと，再び
同じ形質の作物を収穫することができる。風味豊かな味の濃い作物である反面，
大きさが不揃い，生育速度に差がある等の理由から規格の揃った作物を大量に
出荷しなければならない市場流通には不向きであった。

　現在，出回っている多くの種は「Ｆ１種」である。「Ｆ１種」とは，性質の
異なる２種類の親品種（原種）を掛け合わせた雑種第一代であり，「交配種」，「一
代雑種」，「ハイブリッド種」ともよばれる。

　Ｆ１種のメリットは，雑種強勢により生育が旺盛で不良環境下においても栽
培性が高く，収量性も向上することである。両親（原種）のもつ優良形質を兼
ね備えることで，「病気に強い」×「味がよい」といった付加価値の高い品種
ができ，形質の揃いもよい。しかし，自家受粉を経た次世代の種子からは，親
世代より前の様々な形質が出現するため，同じ形質のものが収穫できない。そ
のため，市場の規格にあわせて形の揃ったものを大量に出荷したい農家は，「Ｆ
１種」の種を毎年，購入し続けなければならない。

　種は，もともと次世代へ命をつなぐ「持続可能」なものであるが，「Ｆ１種」
は自家採種には不向きなのである。また，「Ｆ１種」を作る際の母親役に雄性
不稔（ミトコンドリア異常など，何らかの理由で花粉がつくれないもの）を利
用していることが多く，そこに「Ｆ１種」の使用を懸念する人もいる。

　「組換え DNA 技術を使用した種」は，日本では商用栽培は禁止されている
が，加工食品の原材料として無意識のうちに口にしている可能性が高い。組換
え DNA 技術とは，「酵素等を用いた切断及び再結合の操作によって，DNA を

98

つなぎ合わせた組換え DNA 分子を作製し，それを生細胞に移入し，かつ，増殖させる技術」のことである。

これにより，特定の除草剤に枯れない作物や作物のどの部位にも殺虫成分のある作物，スギ花粉症の緩和や老化防止等，ユニークな作物が開発されている。しかし，自然界では起こりえない種の壁を越えた遺伝子操作をしたものが環境や人体にどのような影響を及ぼすかは不明確である。

3 日本と兵庫県における有機農業運動の展開

■ 近代農業のアンチテーゼ

有機農業というと「農薬と化学肥料の不使用」という狭義のみがクローズアップされることが多い。しかし，有機農業の定義は，「化学的に合成された肥料及び農薬を使用しないこと並びに遺伝子組換え技術を利用しないことを基本として，農業生産に由来する環境への負荷をできる限り低減した農業生産の方法を用いて行われる農業」である。つまり，有機農業での禁止事項のキーワードには，①化学合成肥料，②化学合成農薬，③遺伝子組み換え技術，④農業生産に由来する環境負荷の4つがある。

有機農業に対する安易な解釈のひとつに，単に過去の農法へ戻ることとされる場合もある。しかし，化学合成肥料も化学合成農薬も農業機械も開発されておらず，畜糞と人糞が主たる地力補給の源泉であった時代の農業は，有機農業ではない。有機農業は生産者と消費者が高度経済成長と農業の近代化を経験した後で，近代農業のアンチテーゼとして派生した農業なのである。

■ 高度経済成長とその影響

わが国における有機農業運動は，1960年代の高度経済成長で顕在化した食品公害や環境汚染問題を背景に広がってきた。表1はその代表的な事件をまとめたものである。これらは，環境汚染が食べもの汚染を引き起こし，最終的に

は人体への健康阻害につながることを多くの人に知らしめる事件であった。

　高度経済成長は国民所得を引き上げたものの，それに応じて物価も高騰した。都市周辺の野菜産地の衰退，都市人口増大による需要の増加，流通機構の未整備などにより野菜価格も高騰した。そこで，野菜供給力強化のために1966年に「野菜生産出荷安定法」が制定され，消費量の多い野菜を指定野菜，その主産地を指定産地とし，大消費地に安定的に野菜を出荷する仕組みがつくられた。野菜価格が異常に低落した場合は，指定産地に交付金が支払われる。これを契機として，既存産地に加え，産地拡大を図るところが相次いで指定産地になった。

　指定産地は面積と指定消費地域への出荷割合および共同出荷率に関する一定要件が設定されており，共同出荷，大規模産地形成への取組が奨励された。高度経済成長以前の零細多数の生産者と小売店による野菜の流通は，大規模産地を目指す共同出荷体制の整備と量販店の出現により大きく変化した。

　農業改良普及センター（当時は，農業改良普及所）や農協では，単一品目の大量生産，共同出荷を目指し，化学合成農薬や化学合成肥料の使用を奨励する防除暦を作成し，大型防除機による一斉防除を行うところもでてきた。共同作業を不可欠とする稲作を基盤として発展してきたわが国特有のムラ社会は，こうした経緯により，生産者が化学合成農薬や化学合成肥料を使用せずにはいられない態勢を形成したといえる。

　1971年には卸売市場法が施行され，全国各地に卸売市場が整備された。大都市にむけての野菜供給は，大量生産と大量販売に傾斜した価格対策に重点がおかれ，都市卸売市場への集中出荷，栄養価や安全性に問題のある農産物の増大，過剰な選別・規格化と外観主義，地方卸売市場における地場ものの減少と

表1　高度経済成長期に勃発した四大公害事件

公害病	発生場所	被害状況	原因・媒体・結果
水俣病	熊本県水俣湾流域	神経系統障害	メチル水銀化合物を含む廃液→水俣病→魚→健康阻害
PCB中毒事件	西日本一帯	皮膚，内臓，神経疾患	ライスオイルの熱媒体（PCB）がオイルに混入→健康阻害
イタイイタイ病	富山県神通川流域	腎性骨軟化症	カドミウムを含む排水や鉱滓→神通川→イネ→健康阻害
四日市喘息	三重県四日市市	喘息	石油コンビナートの廃棄ガス→大気→健康阻害

転送依存などの卸売市場流通における歪みが強まっていった（三国 1990）。

■ 日本有機農業研究会の設立と有機農業運動の展開

　高度経済成長によって，生産者の化学合成農薬や化学合成肥料への依存度が高まるなか，1964 年には学校給食の牛乳から BHC が発見され，DDT やドリン剤など有機塩素系農薬の食べものへの残留，1965 年には米に水銀系農薬が残留していることが報道された。

　また，1971 年は冷害で水稲作況指数が 93％にまで落ち込んだ年であり，その原因のひとつは，化学合成肥料の多投による地力低下であった。そして地力の低下が作物の病虫害多発を招き，農薬の多投につながるという事実も明らかにされ，農業関係者の間でも農薬問題を真剣に考える動きがみられるようになった。

　こうした化学合成農薬の残留問題拡大と化学合成肥料による地力低下の顕在化を憂えて，1971 年 10 月に東京で「有機農業研究会」（1976 年 11 月に日本有機農業研究会に改称）が発足した。当時，協同組合経営研究所理事長をしていた一楽照雄氏の呼びかけで，自然農法実践者，農村医学を創始した医者等によって旗揚げされた。

　発足当初は，アメリカ有機農業運動の先駆者であるロデイルを招いた学習会や食物，医学，農学などに関する研究会を開催していた。日本有機農業研究会が発足してから，研究会の趣旨に賛同する人が次第に増加し，会員は全国的に拡大していった。やがて各地で研究会が組織され，具体的な実践活動が行われるようになった。

　当時の農産物流通は，前述したように卸売市場が整備され，産地としての協同出荷による大量生産，大量流通が主流であった。そのような状況のなかで，一般化し常識化していた農薬や化学肥料の使用を否定することは，生産者にとって勇気のいることであった。しかし，自らの農薬中毒や化学肥料による土壌障害の経験があったり，哲学的な事由，宗教的な理念があったりして，有機農業や有機農業に類似した独自の農法に取り組む生産者は少数ながら存在していた。

第 5 章　有機農業と環境

■ 有機農業等の先駆者たち

　例えば，岡田茂吉（1882 ～ 1959）を教祖とする世界救世教では，宗教活動の柱として「浄霊」「芸術」「自然農法」をあげており，①土を清浄に保つ，②無肥料かつ自然堆肥の使用，③無農薬，④自家採種，⑤輪作することを提唱していた。岡田茂吉の宗教活動の始まりは，大本教であり，大本教の教祖である出口なお（1837 ～ 1919）は「お土を大切にしなさい」と説き，宗教思想には農業が重視されていた。キリスト教系にも全国愛農会の小谷純一（1910 ～ 2004）や協同組合的社会を提唱した賀川豊彦（1888 ～ 1960）などが有機農業を後押ししてきた。福岡正信（1913 ～ 2008）の提唱してきた「自然農法」では，①不耕起，②無肥料，③無農薬，④無除草をすすめてきた。

　こうして，実践方法や宗派は異なるが，近代農業が全盛期にあるなかで，農薬や化学肥料に頼らず，自然や土の力を活用した農法に取り組んでいた生産者の存在があった。

■ 産消提携（TEIKEI）

　一方，食品公害が拡大するなかで，安全な食べものを求める消費者も次第に増加していった。この両者が有機農業研究会の場で出会い，産消提携の活動へとつながった。生産者と消費者は卸売市場を通さずに，直接結びついて有機農産物を流通させるという形態を選択せざるをえなかった。

　当時，巨大化した卸売市場流通が有する中間マージンやエネルギー削減等の課題を解決すべく，朝市や曜市の復活，「産直運動」に取り組む生産者の存在もあった。しかし，有機農業による生産者（団体）と消費者（団体）の直接的な流通は，あえて「産消提携」と呼び，産直運動とも性格を異にしていることを主張してきた。

　それは，従来，農産物という商品を介して売り手と買い手という異なる立場をとってきた生産者と消費者が，単なる農産物の売買ではなく，日頃からお互いに顔をあわせ，信頼関係で結ばれ，連帯する新しい協同組合運動であったからである。一般的な多くの生産者が卸売市場への出荷に際し，外観美化と規格

遵守で1円でも高価格でセリおとされることを目指して農薬と化学肥料依存に陥るなか，産消提携は，生産者と消費者が共に生命を大事にする新しい流通形態として広がっていった。

産消提携は，1980年代にアメリカで広がったCSA（Community Supported Agriculture）の源流として位置づけられ，海外では「TEIKEI」として紹介されることもある。

■ 兵庫県における有機農業運動の展開

わが国で初めて取り組まれた組織的提携は，1973年の東京都内の消費者組織「安全な食べ物を作って食べる会」と千葉県三芳村の生産者組織「安全食糧生産グループ」との活動であった。関西圏では1975年，神戸市内に事務所を置く消費者組織「食品公害を追放し安全な食べ物を求める会」と兵庫県氷上郡市島町の生産者組織「市島町有機農業研究会」とで提携運動が開始された。兵庫県での産消提携への実践経緯は以下のとおりである。

兵庫県での組織提携のきっかけは，神戸市灘区にある神戸学生青年センターで開催された「婦人生活講座」や「食品公害セミナー」という市民向けの講座であった。ケージ飼いではあったが，餌には薬剤を添加せず，人間の健康法と同じ理念で実践していた養鶏家の講演で，①一般の鶏は配合飼料にワクチンや成長剤などが混入していること，②雛の間に嘴を切断されること，③食用鶏肉の飼育期間は，以前は100日近くであったが，今日では60日で出荷されていること，④現代の食生活を根本的に見直す必要があること等が話された。卵の試食時に，参加者から協同購入の申し出があり，明石，神戸，芦屋，西宮，尼崎の各地区に拠点が置かれ，卵の配送が開始された。これをきっかけに「食品公害を追放し安全な食べものを求める会（以下，「求める会」）」が1974年4月に発足した。

その後，卵の協同購入を野菜や米にまで拡大すべく，当時の神戸学生青年センターの館長であった小池基信氏と婦人生活講座に参加していた神戸大学農学部教員の保田茂氏が生産者の開拓に奔走した。丹波や但馬地方の農協を中心に，有機農業運動が紹介されたNHKの「一億人の経済」や「汚れなき土に撒

第5章　有機農業と環境

け」という16ミリフィルムを持参して巡回し，有機農産物を生産している農家，これから生産しようと思っている農家を探し歩いたという。

　この時，手をあげたのが自然農法を実践していた氷上郡市島町の生産者であった。話し合いの結果，1975年3月に生産者団体として「市島町有機農業研究会」（当時は氷上郡，現在は丹波市）が設立され，消費者団体である「求める会」（神戸市）との産消提携が始まった。

　天候や鳥獣害などによって予定収量よりもはるかに低い結果となったり，逆に収穫が予想以上に多くなったりすることもあった。収量が低い場合は，消費者は共に不作を残念がり，収量が多すぎる場合には毎回，同じ野菜が大量に届けられ，悲鳴をあげることもあった。こうした経験を通して，消費者はこれまでの「献立にあわせた野菜購入」という生活の仕方を，「届けられた野菜をみてから献立を考える」という旬に応じたライフスタイルに変化させ，提携運動を継続してきた。

　生産者の作付品目は，数年後には100品目以上となった。有機農業の技術が確立されていない時代に，多品目少量生産は不可欠な耕種的有害動植物防除法であった。農薬や化学肥料に依存しない有機農業では，輪作や混作，田畑輪換が有効な防除対策となる。また，多品目生産は，降雨が少ない場合にはサトイモなどの水分を好む植物は不作，トマトなどの水分を好まない植物は豊作となる。雨の多い場合には，その逆の現象がおこり，平均して生産量と売上収入が安定するという経営上の危険分散の効果も有していた。

　価格は，生産者と消費者とで話し合い，市場価格を参考にしつつも，生産費を下回らず再生産が可能となる水準で決定し，一度決めた価格は一年間固定した。こうした品目および価格決定において，生産者の自主性と継続性が尊重されていることは，一般的な市場流通と異なり，消費者の理解と協力が得られる産消提携だからこそ可能であったといえる。

■ 兵庫県有機農業研究会の発足

　兵庫県ではその後，多くの生産者と消費者による産消提携組織がつくられた。もとは同じ組織だったが，分裂して新たにグループを組むこともあった。分

裂には様々な理由があったが，それらの多くが兵庫県有機農業研究会に所属し，情報交換を行いながら互いに制約を受けることなく活動し，必要に応じて協調する緩やかなネットワークを形成してきた。

1990年時点で兵庫県有機農業研究会に加入していた生産者団体および生産者数は13団体131人，消費者団体および消費者数は23団体約7,000人，研究団体2団体であった。しかし，メンバーの高齢化や阪神・淡路大震災などの影響，有機農産物流通の多様化も影響して，産消提携運動を支えてきた生産者と消費者の数は，年々減少している。

近年，兵庫県有機農業研究会では，会の中から兵庫県有機農業生産出荷組合，有機JASの登録認証機関など新たな団体が派生し，現在の会員は消費者団体や個人会員が中心となり人数も減少しているが，運動体としての活動は継続されている。

4 有機農業をめぐる日本の農業政策

■ 日本は有機農業政策後進国

日本における国レベルでの有機農業の推進や認証制度の策定は，欧米に比べると非常に遅く，日本は有機農業政策後進国であった。その理由は，稲作中心の日本では，土壌劣化や地下水汚染等の近代農業による弊害が欧米ほど逼迫しなかったこと，有機農産物流通が主として産消提携であり，第三者認証の必要がなかったこと等があげられる。

一方，畑作中心の欧米では，比較的早い時期から近代農業の弊害が農業経営や農村社会の存続に支障をきたしていた。1931年から1939年にかけてアメリカ合衆国中部のグレートプレーンズ広域において発生したダストボウルとよばれる砂嵐は歴史に残る近代農業の弊害である。トラクターの開発で大規模化した農地で，化学合成農薬・肥料を多投したことにより，土壌の団粒構造が失われ，干ばつが起こると農地が砂漠化した。農民は新たな土地を開墾し，耕作放棄地が増えるという悪循環が起こった。ダストボウルの黒雲がワシントンD.C.な

第5章　有機農業と環境

どにも広がり，土が雪のように降り積もったため，1935年に米国政府は土壌保全局を新設し，土壌保全や農業のあり方が検討され，有機農業を推進するようになった。

日本では，近代農業による土壌劣化よりも高度経済成長後の公害問題のほうが深刻であり，公害対策基本法や大気汚染防止法等を施行し，公害対策先進国とよばれたほど公害対策に力をいれてきた。食品公害や残留農薬が社会的に問題になると，化学物質による健康阻害を憂い，安心で安全な食べものを求める消費者の要望，生産者自身の農薬による健康被害から，環境よりも健康阻害を回避する目的で有機農業運動が広がってきた。かたや，「残留農薬基準と使用方法を遵守すれば，農薬は安全である」とされ，農水省は有機農業推進に関する施策は一切，講じてこなかった。

また，日本の農業は家族経営が主体であること，産消提携や専門流通事業体などが生産者と消費者の間で生産情報を共有できるよう努力していたため，有機農産物の流通において，第三者による生産方法の認証は，あえて必要ではなかった。これに対し，欧米の一部では移民が低賃金労働者として従事する大規模な農場経営をしていたこと，コーヒーや紅茶，カカオなど，欧米向けの有機農産物を植民地で生産していたこと等があり，生産方法や農産物や加工品の品質を第三者が認証するシステムの必要性があったといえる。

■ 有機農産物の流通多様化に伴う基準策定と認証制度の必要性

1970年代は日本の有機農産物流通のプロトタイプである産消提携が主流であった。消費者と生産者は，常日頃から顔と顔をあわせて信頼関係で結ばれ，学習会や交流会，援農などを通して情報を共有することができており，生産基準の策定や認証制度は必要なかった。

1980年代になると，ポラン広場（関西では，現在ビオマーケットに改称），らでぃっしゅぼーや，大地の会などの専門流通事業体が，宅配を介して有機農産物を消費者に個別に届けるようになった。専門流通事業体は，生産者や有機農産物の情報を通信等で消費者に伝え，生産者と消費者の交流イベントや学習の機会も提供していた。しかし産消提携と異なり，流通を介していることや，

106

多数の生産者との取引があること等から，事業体独自で有機農産物の取扱基準を明確にする動きがみられるようになった。

1990年代以降になると，協同組合間経由，卸売市場経由，契約流通，インターネット市場経由，輸出入，CSAなど，有機農産物の流通は多様化するようになった。生産者と消費者の距離が長くなると，生産者や生産方法の情報は伝わりにくくなる。有機農産物として販売されていた農産物のなかには，紛い物もあり，公正取引委員会が有機農産物の不当表示問題を通達したこともあった。そのため，生産方法を第三者による検査と判定によって担保する有機農産物の認証制度を発足させる民間団体や自治体が現れるようになった。

■ 農業政策の大転換

1992年6月10日，農水省は「新しい食料・農業・農村政策の方向」を公表した。ここで，国として初めて，有機農業を範疇に入れた環境保全型農業を推進する旨が明記された。1994年には環境保全型農業を「農業の持つ物質循環機能を生かし，生産性との調和などに留意しつつ，土づくり等を通じて化学肥料，農薬の使用等による環境負荷の軽減に配慮した持続的な農業」と定義し，有機農業は特別栽培農産物とともに，環境保全型農業の中の一つとして位置づけられた（表2）。

「新しい食料・農業・農村政策の方向」は，「食料」を全面に打ち出したユニークな名称とともに，7年後の1999年に制定された「新基本法」へと受け継がれた。「新基本法」は，食料自給率の低下，農業者の高齢化や農地面積の減少，農村の活力の低下などを鑑み，①食料の安定供給の確保，②多面的機能の発揮，③農業の持続的な発展，④農村の振興を4つの基本理念に掲げており，従来の旧基本法から大転換したといえる。こうした政策の展開方向のなかで，「環境保全に資する農業政策」として，「環境保全型農業」を確立・推進するため，施肥基準や病害虫防除要否の判断基準の見直し，産・学・官が連携した環境保全型農業技術に関する研究開発，地力の維持・増進と未利用有機物資源のリサイクル利用が推進されるようになった。

2018年現在，農水省では，環境に配慮して生産された①有機JAS規格の認

定を受けた有機農産物，②有機JAS規格の認定は受けていないが，化学肥料及び化学合成農薬を使用せずに栽培された農産物，③特別栽培農産物等という3項目に該当する農産物の総称を「オーガニック・エコ農産物」とし，普及拡大にむけて様々な施策が実施されている。

表2　環境保全型農業のイメージと取組状況

区分	タイプⅠ		タイプⅡ・・・N	
			特別栽培	有機農業
内容	土づくり等既存の技術を活用し可能な範囲で化学肥料、農薬を節減（例えば慣行の2割）等により環境負荷を軽減	リサイクルの推進、施肥・防除基準の見直し、新技術・資材の活用の推進により、一層環境負荷を軽減	環境負荷の軽減と同時に消費者ニーズに対応して、化学肥料、農薬を慣行の5割以下〜全く使用しない栽培方法により農産物供給	環境負荷の軽減と同時に消費者ニーズに対応して化学肥料、農薬に基本的に依存しない栽培方法により農産物供給
認定制度	エコファーマー		特別栽培農産物ガイドライン各都道府県のエコ農産物基準	有機JAS
取組農家戸数	約155,000		約44,000	有機JAS　約4,000非JAS　約8,000

資料：農水省「環境保全型農業のタイプのイメージ」『環境保全型農業推進の基本的考え方』（1994年4月18日）を一部加筆修正
注：取組数については，農水省「オーガニック・エコ農業の取組状況」『環境保全型農業の推進について』（2018年1月）より抜粋。

■ 有機農業に関する国の取組経緯

1987年に中西一郎参議院議員のよびかけで，自民党に有機農業研究議員連盟（2年後に有機農業推進議員連盟に改称）が発足した。これを皮切りに，1988年には農業白書で有機農業に関する言及が初めて掲載された。有機農業を今後に向けて関心をもたなければならない分野であるとの位置づけにより，有機農業技術実態調査を開始した。

1989年には，農水省内に有機農業対策室を設置し，関係課室からなる有機農業対策連絡会を置くなど，内外の情報収集，技術実証調査並びに連絡調整することを開始した。その後，1992年に有機農業対策室を環境保全型農業対策室へと衣替えし，有機農業を含めた環境保全型農業の推進に取り組む体制が整った。

農水省が国レベルで初めて有機農産物の表示に関する施策を講じたのは，1992年の「有機農産物等に係る青果物等特別表示ガイドライン」（以下，「農水省ガイドライン」）の策定であった。これは，当時，市場に出回る「有機農産物」の栽培方法や表示方法が生産者によってばらつきがあったこと，中には慣行栽培の農産物であっても虫喰い後があるだけで有機農産物として販売されていたような紛いものもあったこと等をうけての措置であった。

農水省ガイドラインは，1992年当初は6種類（①有機農産物，②転換期間中有機農産物，③無農薬栽培農産物，④無化学肥料栽培農産物，⑤減農薬栽培農産物，⑥減化学肥料栽培農産物）あり，その基準内容は現在の国際基準とは異なる日本独自のものであった。農水省ガイドライン策定までは，各農家が個々に試行錯誤しながら確立してきた有機農業技術を駆使して生産した農産物に，「有機野菜」や「自然野菜」，「清浄野菜」などの独自の表示を付されたものが市場に出回っていたが，農水省ガイドライン策定後は足並みの揃った有機農産物表示を付した有機食品の市場が国内で形成されることとなった。

ただし，指針は法的拘束力をもたないため，紛い物の有機農産物を排除するのには限界があり，農水省への生産量や流通量の報告義務もないため，正確な流通量を把握することも困難であった。ちなみに，農水省ガイドラインはその後，何回か改正を重ねるなかで，現在は「有機農産物」については有機JAS法に移行し，特別栽培農産物としてまとめられていた4種類の基準については，農薬と化学肥料の双方を慣行栽培の2分の1以下にしたものについてのみ「特別栽培農産物」と表示することが指針で定められている。ただし，これはあくまでもガイドラインであり，違反しても罰則規定はない。

1999年に国際規格であるCODEX委員会が有機食品の基準を定めたことを背景として，WTO加盟国は有機食品の輸出入に際し，各国でCODEX規格に準拠した有機食品の基準策定と検査認証制度を確立することが求められた。

そこで，日本でも2000年4月より有機農産物および有機農産物加工食品の日本農林規格を施行し，有機JAS制度をスタートさせた。法的な罰則規定を伴うわが国で初めての有機農産物に関する第三者認証制度であり，「有機農産物」もしくは「有機（加工食品名）」と表示して販売するためには，必ず有機JASの登録認証機関による検査と認証をパスし，有機JASマークを付して表

第 5 章　有機農業と環境

示しなければならなくなった。その後，有機 JAS 制度における日本農林規格は，有機畜産物と有機飼料にも拡充されたが，有機 JAS 表示が義務づけされる指定農林物資として指定されているのは，有機農産物と有機農産物加工食品のみである。

　検査認証コストを有機食品の価格に上乗せせざるをえないことで，結果的に有機食品の価格は慣行栽培の農産物よりも高額になることがしばしばある。そのため，ガイドラインも有機 JAS 制度も有機農業を推進するものではなく，単なる表示規制法だと揶揄されることがあった。とはいえ，紛い物の有機農差物が市場から排除されたことで，表示の信頼性が高まり，一定程度の有機農産物市場が確立できた。

　2006 年になると，超党派による議員立法で，「有機農業の推進に関する法律」が策定された。これにより，これまでの表示規制とは正確を異にした有機農業を推進するための様々な施策が予算化されるようになった。有機農業推進法に基づき，有機農業の推進に関する基本的な方針（平成 26 年 4 月）では，おおむね平成 30 年度までに，我が国の耕地面積に占める有機農業の取組面積割合を倍増（0.4%→1.0%）させるという目標を設定した。この目標達成に向けて，

表 3　日本の国レベルでの有機関連施策

年	農林水産省の有機農業に関する施策の動き
1989	農水省農蚕園芸局農産課内に有機農業対策室を設置
1992	「有機農産物等青果物等特別表示ガイドライン」策定
1994	環境保全型農業推進本部設置
1999	持続性の高い農業生産方式の導入の促進に関する法律施行
2000	有機農産物・有機農産物加工食品の日本農林規格制定
2001	有機 JAS に基づく検査認証制度施行
2005	有機畜産物・有機飼料の日本農林規格制定
2006	有機農業推進法施行
2007	農地・水・環境保全向上対策（地域ぐるみでの環境保全型農業の取組に対する支援）
2011	環境保全型農業直接支援対策 有機農業に対する交付単価　8，000 円/10a（そば等雑穀・飼料作物は 3，000 円）
2014	日本型直接支払制度（多面的機能支払，中山間地域等直接支払，環境保全型農業直接支払）
2015	農業の有する多面的機能の発揮の促進に関する法律施行

資料：各関連資料から作成

110

就農相談，技術・経営の研修，慣行農業からの転換，多様な販路の確保の支援や，技術開発，消費者の理解増進等の取組が実施されるようになった。

2007年より地域ぐるみで化学合成農薬と化学合成肥料を5割以上低減する取組に対して環境支払を実施するようになり，2011年には環境保全型農業直接支払支援対策を創設，2014年には多面的機能支払交付金，中山間地域等直接支払交付金，環境保全型農業直接支払交付金をまとめて日本型直接支払制度として位置づけてきた。2015年からは「農業の有する多面的機能の発揮の促進に関する法律」に基づく制度として実施することとなり，有機農業を実施すると10アールあたり8,000円の交付金が支払われるようにもなった。ただし2018年からは「国際水準GAPの実施」が交付要件として加わるなど，支援対象となる農業者の要件や事業要件は年度によって異なる。

5 有機農業とグローバル化

■ 国際基準および認定システムの策定と有機食品市場の形成

現在の有機食品の国際基準は，コーデックス委員会が1999年に定めた「有機的に生産される食品の生産，加工，表示及び販売に係るガイドライン（CAC/GL 32-1999)」（以下，「コーデックス有機ガイドライン」）である。検査認証に携わる機関は，製品認証機関の国際認定基準であるISO17065（発足当初はISOガイド65）を満たすことも定められている。

米国ではコーデックス委員会が国際基準を策定するよりも早く，1990年農業法において「有機食品生産法」（OFPA：Organic Foods Production Act 1990）を成立させ，施行規則である「全国有機プログラム（NOP：National Organic Program）を発効させていた。EUでも「有機農業の基準と管理措置に関する理事会規則（EEC）No 2092/91」を1991年に制定していた。しかし，WTOに加盟する以上，このコーデックス有機ガイドラインに準じて，加盟国は有機食品の基準を見直し，検査認証制度を施行することとなった。かくしてコーデックス有機ガイドラインに基づいて策定された各国の有機食品の規格を

第 5 章　有機農業と環境

遵守し，ISO17065 の要求事項を満たす機関による検査認証を取得しているという世界共通の基準とシステムに裏付けられた有機食品のグローバルな市場が形成されることになった。

　日本もこれを受けて，2000 年に有機農産物および有機農産物加工食品の日本農林規格を策定し，農林物資の規格化等に関する法律（以下，「JAS 法」）に基づき法的拘束力を有する有機農産物および有機農産物加工食品の検査認証制度（以下，「有機 JAS 制度」）を導入するに至った。検査認証は，製品認証機関の国際認定基準である ISO17065（発足当初は ISO ガイド 65）を満たす登録認証機関が実施している。

　2018 年 11 月現在，有機 JAS の登録認証機関は，国内に 56 団体，海外に 12 団体（オーストラリア 2・ドイツ 2・オランダ 1・イタリア 4・ニュージーランド 1・インド 1・メキシコ 1）あり，いずれかの登録認証機関の検査と認証をパスした認定事業者のみが有機 JAS マークを貼付して有機食品市場に参入する仕組みとなっている。

　有機 JAS 制度では，米国，カナダ，EU 加盟国（28 カ国），スイス連邦，アルゼンチン，オーストラリア，ニュージーランドの合計 34 カ国が同等国として認められている。これにより，日本の認定輸入業者は当該同等国で有機食品の認定を受けたもの（ただし，指定農林物資に限る）は，政府機関の証明書を確認のうえ，輸入時に有機 JAS マークを付して国内で有機食品として流通させることができる。しかし，同等といってもその内容は，表 4 に示すように完

表 4　有機 JAS の同等性を用いた輸出入ルール

同等国	日本の有機食品を同等国の有機食品と同等の扱いで輸出できる条件	日本の認定輸入業者が輸入した有機食品への有機 JAS マーク貼付条件
米国	1．有機 JAS マークの貼付 2．原材料の原産国は問わない	1．当該同等国で生産・製造・格付・包装されたもの 2．当該同等国の政府機関、またはそれに準ずる機関の証明書があること
カナダ		
EU 加盟国	1．有機 JAS マークの貼付 2．原材料の原産国が日本もしくは、日本と同等性のある国内	1．当該同等国で生産・製造・格付されたもの 2．当該同等国の政府機関、またはそれに準ずる機関の証明書があること
スイス連邦		
アルゼンチン	なし（当該国の有機認定を受ける必要がある）	
オーストラリア		
ニュージーランド		

112

全なる同等の扱いではなく，国によって異なっており，どちらかというと海外で認証を受けた有機食品の日本への輸出をスムーズにするための措置としての性格が強い。とはいえ，近年，米国やEU向けの，お茶，こんにゃく，梅や味噌等の有機加工品の輸出は増加している。

■ 世界と日本における有機農業への取組比較

有機農業は世界各国で取り組まれている。FiBLとIFOAMの資料によれば，世界で有機農業を実践している国は2016年の時点で179カ国，そのうち有機農業の基準を明確に策定している国は87カ国ある。表5は世界と日本における有機農業の取組状況であるが，世界の中で日本の取り組み度合いは決して高くない。

世界の有機農業取組面積は1999年時点で1,100万haであったが，2015年には5,090万haにまで増加した。有機農場の面積トップ3は，①オーストラリア（2,270万ha），②アルゼンチン（310万ha），③アメリカ合衆国（200万ha）である。日本での有機JASほ場の面積は，2017年4月時点で，田が2,898ha，畑が7,344ha，その他（きのこ栽培における採種場）124haの合計

表5　世界と日本の有機農業の取組状況

	世界	日本	トップ3
農場面積	1,100万ha（1999年） 5,090万ha（2015年）	有機JAS 10,366ha（2017年） 非JAS 7,300ha（2011年）	①オーストラリア（2,270万ha） ②アルゼンチン（310万ha） ③アメリカ合衆国（200万ha）
対全耕地面積の有機農場面積割合	1.1%（2015年）	有機JAS 0.23%（2017年）	①リヒテンシュタイン（30.2%） ②オーストリア（21.3%） ③スウェーデン（16.9%）
有機農業生産者数	20万人（1999年） 240万人（2015年）	2,269団体＝3,678戸 （2017年）	①インド（58.5万人） ②エチオピア（20.4万人） ③メキシコ（20.0万人）
オーガニック市場	179億USD（2000年） 816億USD（2015年）	約11.5億USD＝1,250億円 （2009年）	①アメリカ合衆国（397億USD） ②ドイツ（95億USD） ③フランス（61億USD）
1人当たり消費額	11.1USD（2015年）	約9.2USドル（1,000円）	①スイス（291USD） ②デンマーク（222USD） ③スウェーデン（196USD）

資料：FiBL& IFOAM "THE WORLD OF ORGANIC AGRICULTURE STATISTICS& EMERGING TRENDS 2017"
　　　農水省「平成24年度輸出拡大リード事業のうち国別マーケティング事業(アジア各国等の有機食品に係る表示制度等調査)報告書」より作成

第5章 有機農業と環境

10,366ha であった。日本の有機農業取組面積には, 有機 JAS を取得せずに有機農業に取り組んでいる面積も加えるべきであるが, 近年, その正確な数値は把握できていない。2011 年 3 月に NPO 法人 MOA 自然農法文化事業団が有機農業基礎データ作成事業で推計, 公表した非 JAS の有機農業ほ場の面積は約 7,300ha であった。

全耕地面積に対する有機農場の割合は, 1999 年時点での 1,100 万 ha は全体の 0.2%であった。2015 年の 5,090 万 ha は全体の 1.1%にまで増加した。全耕地面積に対する有機農場面積の割合トップ 3 は, ①リヒテンシュタイン (30.2%), ②オーストリア (21.3%), ③スウェーデン (16.9%) であった。2017 年 4 月時点での日本の有機農業取組面積 10,366ha は, 国内の耕地面積 447 万 1,000ha の約 0.23%でしかない。

有機農業に取り組む生産者数は, 1999 年では 20 万人であったが, 2015 年には 240 万人へと増加した。トップ 3 は, ①インド(58.5 万人), ②エチオピア(20.4万人), ③メキシコ (20.0 万人) であった。日本の有機 JAS を取得している生産者数は, 2017 年 3 月 31 日時点で 2,269 団体 (3,678 戸) であった。

世界の有機市場は, 2000 年の 179 億 US ドルから 2015 年には 816 億 US ドルまで増加した。トップ 3 は, ①アメリカ合衆国(397 億 US ドル), ②ドイツ(95億 US ドル), ③フランス (61 億 US ドル) であった。日本での年間販売額は 2009 年のデータで約 11.5 億ドル (1,250 億円) と発表されている。

世界の有機食品の一人当たり年間消費額は, 2015 年で 11.1UD ドルであった。トップ 3 は, ①スイス (291US ドル), ②デンマーク (222US ドル), ③スウェーデン (196USB ドル) であった。日本での一人当たり年間消費額は約 9.2US ドル (1,000 円) というデータが公表されている。

■ 有機農業の課題と展望

今や日本において有機農業は市民権を得たといっても良いであろう。農水省の資料では, 環境保全型農業のなかで, 有機農業は「環境保全効果の最も高いレベルの農法」として位置づけられるまでになった (表 6)。一般の市場流通でも有機農産物が取り扱われるようになったし, 流通チャネルは多種多様であ

5 有機農業とグローバル化

表6　環境保全型農業の効果のレベル

効果	環境保全型農業	分類
高 ↑	有機農業（有機 JAS 農家も非 JAS 農家も該当）	A
	地球温暖化の防止に資する取組 ・　たい肥や緑肥の施用，窒素施肥量の削減，中干し期間の延長　等	
	生物多様性の保全に資する取組 ・　IPM の導入による農薬使用量削減，冬期湛水　等	
	水質の保全に資する取組 ・特別栽培の取組　等	
	・　土づくりの励行　　・施肥基準に基づく適正施肥 ・　防除基準に基づく適正防除　・施肥や防除の記録の作成 ・　研修への参加　等	B
↓ 低	・　農薬取締法に基づく農薬使用基準の遵守等 ・　廃掃法に基づく農業用廃ビニール等の適正処理　等	C

資料：農水省生産局農業環境対策課「環境保全型農業の効果のレベルに応じた施策手法」『環
　　　境保全型農業の推進について』（2018 年 1 月）の図を参考に作成
注：分類 A：社会が一定の負担を行いながら推進することが正当化される営農活動
　　分類 B：GAP への取組を満たし，農家自らの責任で推進すべき営農活動
　　分類 C：全ての農業者が義務として実施し，農家自らの責任で推進すべき営農活動

る。以前は，表示規制にとどまっていた国の有機農業施策も，現在では積極的
に推進するようになった。

　しかし，前節での世界の有機農業の取組状況と比較した結果を見ると，日本
の有機農業の農地面積，全耕地面積に対する有機農場の割合，有機農業に取り
組む生産者数，有機市場や有機食品の一人当たり年間消費額等は，おしなべて
低い。有機農業の取組面積は，2000 年から現在までの間に緩やかには増加し
ているが，2018 年度中に 1.0％にする目標が掲げられているものの，2018 年 4
月の時点で，まだ日本の耕地面積の 0.5％でしかない。有機 JAS の認定を取得
している農家数は有機 JAS 制度がスタートした 2001 年から現在までに 3,600
戸前後で横ばい状態である。

　一方で，有機農業者の平均年齢は，国内の農家の平均年齢に比べると 7 歳程
度若く，約半数が 60 歳未満であり，また新規就農者の 30％が有機農業での就
農を希望しているという有機農業の未来が明るいデータもある。

　農水省では，有機農業の普及拡大を阻むものとして，技術的ハードルが高い
こと，販路確保が困難なこと，生産に要するコストや労力に見合う付加価値が
付かないことなどをあげており，有機農業の推進にむけた施策を展開している。

115

第5章　有機農業と環境

　国際的な動きとして地球温暖化防止や生物多様性保全への対応が急務となっている今日，化学合成農薬や化学合成肥料の使用削減をはじめ，農業による環境負荷を低減する有機農業を現在よりも普及拡大させていくことは，理にかなっている。また，2015年9月の国連サミットで採択されたSDGsは，国連加盟193か国が2016年から2030年の15年間で達成するために掲げた全部で17項目ある持続的な開発目標であるが，その中の「12　つくる責任つかう責任」，「13　気候変動に具体的な対策を」，「14　海の豊かさを守ろう」，「15　緑の豊かさも守ろう」という4項目において，有機農業は目標達成に資する農業形態である。

《参考文献》

- 有泉はるひ　2006『ディープ・エコロジー－思想の再検討－社会哲学的射程から－』（ソシオサイエンス Vol.12）
- アルネ・ネス　1997『ディープ・エコロジーとは何か－エコロジー・共同体・ライフスタイル－』（文化書房博文社）
- 伊藤清司　2001『サネモリ起源考』（青土社）
- 宇根豊　2001『百姓仕事が自然をつくる－2400年めの赤とんぼ』（築地書館）
- 大山利男　2004『有機農業と畜産』（筑波書房）
- 小池基信　1998『地震・雷・火事・オヤジ』（神戸学生青年センター出版部）
- 中嶋紀一　2015「日本の有機農業－農と土の復権へ－」（『有機農業がひらく可能性』，ミネルヴァ書房）
- 中村修　2011『やさしい減農薬の話』（北斗出版）
- 野口勲　2011『タネが危ない』（日本経済新聞出版社）
- 波多野豪　1998『有機農業の経済学』（日本経済評論社）
- 福岡正信　2004『自然農法わら一本の革命』（春秋社）
- 藤原辰史　2017『戦争と農業』（インターナショナル新書）
- 藤原辰史　2017『トラクターの世界史』（中公新書）
- 本城昇　2004『日本の有機農業－政策と法制度の課題』（農山漁村文化協会）
- 桝潟俊子　2008『有機農業運動と〈提携〉のネットワーク』（新曜社）
- 三国英実　1990「産業構造調整と卸売市場政策」（『問われる青果物卸売市場　流通環境の激変の中で』，筑波書房）
- 本野一郎　1998『有機農業の可能性』（新泉社）

- 山田明　1993「高度経済から経済大国へ」(『都市生活の経済学』，ミネルヴァ書房)
- 保田茂　1986『日本の有機農業』(ダイヤモンド社)
- 保田茂　1994『有機農業運動の到達点』(スペースゆい)

コラム 農業と農薬

星 信彦(神戸大学大学院農学研究科)

　人口に比べて狭隘で山地と丘陵地が7割を占める国土を持つ日本では，小農家族経営による狭い耕地に肥料や労働を多く投入する「日本型集約農業」が江戸時代中・後期に成立し，他のアジア諸国を大きく上回る生産性を達成してきた。しかしながら，農業従事者の平均年齢が70歳に届こうという未曾有の高齢化を背景とする今日の農業では，殺菌剤，防黴剤，殺虫剤，除草剤，殺鼠剤，植物成長調整剤などのいわゆる農薬を大量に使うことが強いられている。FAOSTAT（国連食糧農業機関運営の食料・農林水産業関連データベース）2013 をみると，日本の耕地面積あたりの農薬使用量は世界トップクラスであり，ドイツ，英国，米国の3.5～7倍，北欧諸国の約15倍という農薬使用大国の顔がみえる。

　一方で，近年ではネオニコチノイド系農薬を代表とする浸透性農薬が主流となってきている。タバコの有害成分ニコチンに似た成分(ニコチノイド)を元にしているためネオニコチノイド（新しいニコチン様物質）と名付けられ，アセタミプリド，イミダクロプリド，クロチアニジン，ジノテフラン，チアクロプリド，チアメトキサム，ニテンピラムの7成分（4種が日本で開発）が登録されている。1980年代の農薬の主役，有機リン系農薬の後を受けて1990年代から市場に出回り始め，現在世界で広く使われている(図1)。

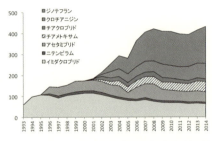

図1　ネオニコチノイド系農薬の国内出荷量(t)

　ネオニコチノイド系農薬は，脳や末梢神経系で情報を伝えるアセチルコリン(神経伝達物質)の働きを攪乱して，昆虫に対して少量で高い殺虫効果を示す。その特徴は，①神経毒性，②浸透性，③残留性である。2000年代以降の急速な使用量増加に伴い，世界各地で発生した蜂群崩壊症候群の有力な原因物質として *Nature*, *Science* 誌に掲載される等，作物生産に影響を与えたこと

から注目を集めている。確かに，従来の毒性検査では，人体や哺乳類・鳥類・爬虫類への安全性が高いとされているが，最近では，ネオニコチノイド系農薬は哺乳類の神経細胞に対しても異常興奮反応を引き起こし，また，動物実験からも行動への影響が示されている（図2）。

現在，農薬は注意欠陥多動性障害（AD/HD），うつ病，学習障害との関連や，抗酸化物質の減少を介して精子や卵母細胞への影響も懸念されている（WHO，米国科学アカデミー，米国小児科学会）。EU（欧州連合）や米国では予防原則に基づき一部のネオニコチノイドの使用を禁止しているものの，日本では逆に農作物中の残留基準値を緩和するなど，浸透性農薬に対するわが国の対応に世界の関心が注がれている。

そのような中，ネオニコチノイド系農薬を排除する自治体や団体も増えており，無農薬／有機農業への期待・需要は高くなっている。それらの生産物を個人が購入し，あるいは学校給食に使うことなどにより，発達期の児童への影響を最小限にできる。また，新鮮な無農薬／有機農業生産物の「地産地消」により，地域農業を振興することで一石二鳥となりうるし，若い人も呼び込める。農薬だけでなく，その他の環境化学物質による健康被害を受けないためにも，食物に関連する情報には常に注意することが肝要であろう。新しい農業の形を考え，農薬との付き合い方を見つめ直すときが来ているのではないだろうか。

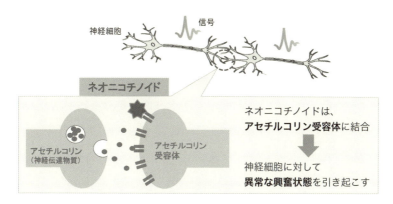

図2 哺乳類の脳神経系に及ぼす影響

第 **6** 章

地域資源の活用による
農山村再生の枠組み

衛藤 彬史
神戸大学大学院農学研究科

農山村地域や農業のおかれる現状は厳しく，これまでに保全，蓄積されてきた地域資源の維持・管理が困難になりつつある。本章では地域資源の活用を通した保全と創造の方向性について，先進事例を通して理解を深めるとともに，今日の社会的潮流をふまえながら今後の農山村地域の再生にむけた枠組みを提示する。前半は，地域資源に関する論点の整理を通じて，地域社会とのかかわりの中でこれまでいかに地域資源が管理されてきたかについて概観する。後半は，地域資源活用の新たな担い手として期待される特に若い世代の地方部への人口流入の増加傾向について触れながら，先進事例の紹介を通して今後の農山村における地域資源活用のあり方を探る。

キーワード

地域資源　持続的発展　集落連携　都市農村共生・対流　協働

第6章　地域資源の活用による農山村再生の枠組み

1　はじめに

　農山村を取り巻く環境は激変している。しかしながら，農山村は地域性に強く規定されているため，環境変化への適応が難しい。そのため，さまざまな歪みや摩擦が生じており，それにより表出した地域課題への対応は急務である。こうした課題は根深く，一朝一夕に解決するものではないが，一つの方法として地域に賦存する資源をいかに有効に活用するかを要点と捉え，地域に眠る資源の活用に挑む実践事例が各地に存在する。

　本章では，そうした動きに目を向け，地域資源の活用により地域経済の活性化や新たな産業や雇用の創出，豊かな農村環境の創造等を目指す先進的な取組み事例の紹介を通じて，地域資源の活用による農山村再生の枠組みを提示することを目指す。

　まず，地域資源の活用と保全を考える上で必要となる農山村の地域資源をめぐる論点について，これまでの地域資源の捉え方や管理の担い手に関する議論を整理する。次に，これまでに保全，蓄積されてきた地域資源の維持・管理が困難になりつつあることへの対応策として大きく2つの方向性，すなわち複数集落の連携による管理と，都市との共生・対流による積極的な活用を取り上げ，関連する事例の紹介を通じて今後の農山村における地域資源活用のあり方を探る。ふまえて後半では，農山村の再生に向けた枠組みを示すとともに，実現に向けた提言につなげることを試みる。

2　農山村の地域資源をめぐる論点の整理

■ 地域資源の種類と特徴

　一般に「地域資源」という場合，土地や水，景観，生態系等を思い浮かべるが，改めて地域資源とは何であろうか。目瀬（1990）は，地域資源について「地

域に固定され，地域開発に利用可能な資源であり，広義には自然資源，文化的資源，人口施設資源，人的資源等を含む。狭義には，自然管理（土地，水，森林，鉱物，地域エネルギー，気候，景観など）を指す場合が多い」とし，地域資源を分類し整理している（表1）。また，内閣府（2013）は，地域資源の活用を検討する有識者会議において地域資源を下記のようにまとめている。

・自然資源：自然（水・森林・海洋・地下資源，土壌，地形等），気候等
・人的・知的資源：人材，大学・研究機関，伝統的知識・慣習等
・経済資源：産業・産物，インフラ・施設，産業技術等
・社会資源：社会システム，伝統文化，景観・観光資源等

表1　目瀬による地域資源の分類

	資 源 区 分	
基礎的地域資源	自然資源	(1)　潜在資源（自然） 　　・気候的条件…降水，光，湿度，風，潮流 　　・地理的条件…地質，地勢，位置，降水，海水 (2)　顕在的自然資源 　　・自然資源…土地，農用地，林地，原生林等，原生園，景観，淡水・海水漁業，鉱山資源，再生可能非鉱物，エネルギー源（太陽熱，潮，風，地勢等），水資源，環境のすべての部分の廃棄物同化能力
	文化的資源	・歴史的資源…遺跡，歴史的文化財，歴史的建造物等 ・社会経済的資源…制度・組織・文化等
	人工施設資源	・巨大構築物および建造物（瀬戸大橋，街並，住宅，ダム・池等）
	人的資源	・高齢者労働および地域固有の技術
準地域資源	地域特産的資源	・地域特産的農林水産加工原料（1.5次産業用）
	地域中間生産物的資源	・中間生産物（農業副産物，家畜糞尿，間伐材，山林原野の草・落葉）

資料：目瀬（1990）より転載

第6章　地域資源の活用による農山村再生の枠組み

　さらに，永田（1988）によれば表2のように，三井情報開発株式会社総合研究所（2003）によれば表3のように整理・分類される。

　共通するのは，地域資源を水や森といった自然資源だけでなく，景観や地域で暮らす人の生活習慣や文化，人そのものといった人的・社会的要素も含めて捉えている点だろう。

　このように「地域資源」という概念は，論者によってさまざまで共通する要素はあるものの一般的な定義はないといってよい。また，分類は厳密に区分できるものではないこと，さらに資源同士はお互いに密接に関連していることを窺い知ることができよう。

　次に，地域資源が資源一般と異なる点として，永田（1988）は，（1）非移転性,（2）地域的に存在する資源相互間の有機的連鎖性,上記2つの特徴から,（3）地域資源は非市場的性格をもつ，としている（表4）。

　「非移転性」とは,地域から切り離して動かすことができないことを意味する。山や川のように，人為により物理的に動かすことができないというだけでなく，地域の伝統的な文化や人々の暮らし，慣習等は「地域固有の生態系の中に位置づけられてはじめて意味を持つ」ため，地域と切り離すことはできない性質をもつとしている。「有機的連鎖性」とは，地域内に存在する諸資源間の「連鎖的つながり（いわば地域的な自然生態系）」を重視するだけではなく，「そこでの農林業を中心とする資源利用の営みが，地域資源の維持・存続に役立ち，ひいてはそれが国民経済的な公益的機能の向上につながるという，いわば人と自然をめぐる綱の目のようなつながりの総体を『地域資源』と呼んで」おり,「この連鎖関係が破壊されたときには，地域資源の有用性が失われる」としている。そのため,「非移転性を持つ地域資源は，どこでも調達可能ではなく，その意味では石油資源のように市場メカニズムになじまない」ため,「非市場性」を有しているとされる。こうした特徴を鑑みると，地域資源の存在そのものがすでに他とは差異化された独自の価値を有することを含意している。では，そうした地域資源のもつ機能や価値をどのように捉えることができるだろうか。

124

2 農山村の地域資源をめぐる論点の整理

表2 永田による地域資源の分類

1 次 区 分	2 次 区 分		内 容
本来的地域資源	(イ)	潜在的地域資源 （天然資源）	地域的条件‐地質，地勢，位置，陸水，海水 気候的条件‐降水，光，湿度，風，潮流，農
	(ロ)	顕在的地域資源	用地，森林，用水，河川
	(ハ)	環境的地域資源	自然景観‐保全された生態系
準地域資源	(ニ)	付随的地域資源	間伐材，家畜糞尿，農業副産物，山林原野の
	(ホ)	特産的地域資源	草山菜等の地域特産物
	(ヘ)	歴史的地域資源	地域の伝統的な技術，情報等

資料：永田（1988）より転載

表3 三井情報開発株式会社総合研究所による地域資源の分類

固 定 資 源			流 動 資 源	
地域条件	自然資源	人文資源	特産物資源	中間生産物
気候的条件	原生的自然資源	歴史的資源	農林水産物	間伐材
地理的条件	二次的自然資源	社会経済的資源	農林水産加工品	家畜糞尿
人間的条件	野生動物	人工施設資源	工業部品	下草や落ち葉
	鉱山資源	人的資源		産業廃棄物
	エネルギー資源	情報資源		
	水資源			
	環境総体			

資料：三井情報開発株式会社総合研究所（2003）より転載

表4 地域資源の特徴

非移転性	地域的存在であり，空間的に移転が困難
有機的連鎖性	地域内の諸地域資源と相互有機的に連鎖
非市場性	非移転性という性格から，どこでも供給できるものではなく，非市場的な 性格を有するもの

資料：永田（1988）より転載

■ 地域資源のもつ機能と価値

　地域資源のもつ機能について，①一定の国内自給を含む国民食料の量的・質的安定供給という食料保障，②土砂崩壊，土壌流失，洪水防止などの国土保全，③水資源の涵養，大気浄化，温暖化抑制などの環境保全，④保健休養や安らぎ空間となる景観形成，⑤生物多様性の保全，⑥社会的・文化的価値の継承等がある。

　地域資源の価値を貨幣換算する上での具体的な評価手法としては，代替法，ヘドニック法，トラベル・コスト法，仮想評価法（CVM）等が用いられるが，本章では紙幅の都合上，手法に関する詳述は割愛する（これら評価手法については栗山（1997，2013）等に詳しい）。

　こうした調査は，理論的次元では，地域資源のもつ社会的便益の存在を考慮に入れて，農業・農村に関する最適な政策のあり方を規範的に検討する上で役に立つ。一方，具体的に政策の立案や，この社会的便益に留意して地域計画を策定するためには，社会的便益の実際の大きさとその帰属性を実証的に明らかにしなければならない，という認識に基づく。

　農林水産省による1998年に公表された試算では農業・農村の1年間の「評価額」は6兆8788億円と示されている（表5）。同様に，日本全国の水田や

表5　農業・農村の多面的機能の計量評価

単位：億円/年

機能	評価額
洪水防止機能	28,789
水源かん養機能	12,887
土壌侵食防止機能	2,851
土砂崩壊防止機能	1,428
有機性廃棄物処理機能	64
大気浄化機能	99
気候緩和機能	105
保険休養機能	22,565
合計	68,788

資料：農林水産省農業総合研究所「農業・農村の公益的機能の
　　　評価検討チーム」による試算（1998年）より転載

畑，農業・農山村がもつ多面的機能の評価について，これまで4兆1000億円，6兆7000億円，11兆8700億円等の経済評価例がある 。

また，浦出ら（1992）は，1985年のセンサスデータを用い，近畿二府四県における試算のみで2兆2千億円におよぶ便益を年間で供給していることを示した。こうした評価額は機能のごく一部分を対象とした試算であることに留意する必要があり，示された評価額に対して「あまりにも過小」とする指摘もあるため，少なくともこの程度はあるという参考値とみるべきだろう。

このように，用いる定義や算出方法，評価時期によって地域資源が1年間にもたらすとされる評価額は異なるが，こうした社会的便益の存在は，保全と活用の重要性を再認識することにつながる。また，地域資源には，存在価値（存在そのものに価値）があり，その価値は利用しなければ減衰していく性質をもっている。この点からも資源活用の必要性を導くことができる。

経済学辞典によれば，「資源」とは「自然によって与えられる有用物で，なんらかの人間労働が加えられることによって，生産力の一要素となり得るもの」と定義されている。また，文部科学省内に設置されている資源調査分科会の前身である資源調査会（1961）においても「資源とは，人間が社会活動を維持向上させる源泉として働きかける対象となりうる事物」という広い定義をしている。このように「人の働きかけ」によって事物が資源に「なる」という点は，この定義の大事な要素である。定義をさらに進めれば，事物を「見る眼」によって資源を「つくる」ということもできよう。資源は身近にある，ないのはそこに目を向ける発想だという観点は，そこに関わる人や社会の問題を併せ考える必要があることを示唆している。

次項では，人の働きかけによって資源化するという認識から，自然資源そのものへの考察のみでなく，活用の現場をめぐる制度，文化，慣習など人の関わる営みへの考察を併せ行う必要があるという視点に立ち，地域資源と人の営み，地域社会との関わりについてみていく。

■ これまでの地域資源管理とその限界

地域資源は，誰によって，どのように管理されてきたのだろうか。地域資源

第6章 地域資源の活用による農山村再生の枠組み

の移動とつながりを捉えた場合，春から秋にかけて山林や畦畔において採取した草は，駄屋に運び込まれ，牛やヤギにエサとして与えられる。家畜（主に牛）の排泄物は，駄屋に敷いてあった稲わらとともに堆肥の原料となる。また，下草は山林で集めた落ち葉とともに，直接的に堆肥の原料となる。これらは田畑の脇に設置した木組みの中で発酵させ，堆肥となった後，雪解け後，田畑の土へ鋤きこまれる。収穫物の米および稲わらは家屋や敷地内に保管され，米は消費され，稲わらは家畜のエサ，そして駄屋にて利用される。人間の排泄物も，液肥となったものは敷地内の畑において利用される。畑の収穫物である野菜は，食料として消費される。里山からの薪炭も同様であり，裏山にある炭小屋にて炭が作られ，母屋の物置に運び込まれる。また薪，スギの落葉落枝については，山から直接的に母屋に運びこまれ，かまど，囲炉裏もしくは風呂炊きに利用される。燃した後に残る灰は敷地内の畑において肥料として利用される。畑にて収穫された野菜は消費され，その一部は人間の排泄物を介し，液肥として畑に戻される。このように，昭和初期までの農山村での生活・暮らしの中では地域資源は循環していた。

　当時の地域資源の管理には，集落や氏子などに関する運営組織が関わっていた。長年の経験や「村方」などによる状況判断に基づき，必要以上に伐採して資源が枯渇したり，災害が引き起こされたりしないよう，利用する資源によって場所や量，頻度などが決められ，きめ細かい土地の所有形態や組織運営が機能した。このような仕組みは，地域の要所をおさえ，適切かつ持続的に地域資源を利用し，管理することにつながっていた。それらの役割は地域資源の位置や規模，重要性などに応じて分担され，共同で管理する仕組みとして機能していた。共同管理の一環として共有地での資源を利用する上での規制もあった。

　共同管理を行う時期は，毎年ほぼ決まっていたが，必要が生じると「村方」などが相談して日を決め臨機応変に行うこともあった。共同管理の内容や規模に応じ，集落全戸の参加が義務付けられているもの，数戸からなる組織が順番に作業する輪番などがあった。管理作業としては，道や水路の維持管理（補修作業や掃除や草刈など），他集落との境界の確認等があった。このように，地域資源は，長い歴史の中で地域住民が共同で組織やルールを作りながら維持保全してきたものであり，公共的な性格を有している。

128

ところが，エネルギー転換や農業の近代化に伴い，農山村における地域資源の活用は放棄され劣化が進んできた。さまざまな社会・経済システムの変化の中で，地域資源は人々の生活から遠ざかったといえるが，その主な要因は，

①エネルギー転換：薪炭から石油・ガスなどの化石燃料への転換

②気象災害：豪雪・豪雨による挙家離村

③1961年の農業基本法：多品目栽培の自給的農業から，専作化と域外販売を中心とした産業的農業へ。農薬や化学肥料の普及も進み，いわゆる農業の「近代化」が起こる

の3点にまとめることができる。

この結果として，地域住民と山林との結びつきが弱くなった。木炭の需要は激減し，製薪炭業は成り立たなくなった。木材輸入の自由化によって木材も売れなくなり，製薪炭業の衰退と合わせて山での生業は失われた。機械化によって牛馬が不要になり，化学肥料の普及によってその厩肥も不要になった。

農山村の有する資源は，農業生産活動や集落活動等を通じて維持されてきているが，適切な保全管理がなされずに，一度その特質や機能が損なわれると，復元に多大な時間と経費が必要となる。このため，適切な保全管理が重要となるが，社会・経済システムが変化し，これまでのやり方で地域資源管理を続けるには限界に達している。

そうした中，持続可能な開発目標（Sustainable Development Goals：SDGs）が2030年までの実現目標として掲げられ，共通課題に取組むための指針として国際的な合意を得たことからも窺い知れるように，持続可能性や循環型社会への関心の高まりと合わせて地域資源の価値は再評価されつつある。地域資源は大量生産・大量消費型の資源とはなり得ず，循環型社会や持続可能な社会といったまさに移行すべき新しい社会・経済システムの下でより積極的に活用されていくべき資源であるといえよう。今後は地域資源の利用価値を地域住民や地域外に住む都市住民が享受できるかたちに，いま一度社会・経済システムの中に位置づけなおす必要がある。

第6章　地域資源の活用による農山村再生の枠組み

3　新たな地域資源管理の仕組み

■ 複数集落の連携による地域資源管理

　農山村地域，中でも特に構成農家数がごく僅かとなり，世帯員の多くを高齢者が占めるようになった小規模・高齢化集落が急増している中山間地域において，農業集落での地域資源管理が困難となりつつある。そうした中，対応策の1つとして，近年，複数集落の連合による新しいコミュニティづくりが全国的に展開されている。たとえば，国土交通省における新たな国土計画の検討の中でも，小学校区等の複数の集落を含むエリアを「小さな拠点」と位置づけ，集落の広域的な連携を促している。同様に，総務省では，過疎地域対策として，複数の集落で構成される地域を「集落ネットワーク圏」と位置づけ，集落の維持・活性化に集落よりも広い範囲で取組むことを支援しており，集落間連携の推進が国家施策の中に明確に位置づけられている。このように，近隣の複数集落による連携の必要性が叫ばれており，政策的にも推進されているが，各集落で文化的・歴史的背景が異なるなどの理由から，連携は思うように進まぬことが多い（農林水産政策研究所 2009）。

　農道や水路，ため池といった地域資源の共同管理の推進を目的とした制度に「多面的機能支払交付金制度（以下，「多面的」と表記）」がある。同制度は「中山間地域等直接支払交付金」および「環境保全型農業直接支払交付金」と並んで，日本型直接支払制度の1つである。同制度に取組む活動組織は 2016 年度には全国で約2万9,000 にのぼり，取組み面積は 225 万 ha と対象農用地の 54% を占める。兵庫県内でも約1,900 の活動組織が取組んでおり，取組み割合（面積カバー率）で約 82% と兵庫県は全国1位となっている。同制度は 2007 年（平成 19 年）度に開始された農地・水・環境保全向上対策および後継の農地・水保全管理支払交付金を引き継ぐ事業であるが，2015 年（平成 27 年）度より法制化されたことも受け，今後ますます制度の効果的な活用が期待される。

　同制度では，地域の実情に合わせた活動組織の設立を促している。活動は集落単位で取組むことが多いが，小学校区（旧村）単位や流水域単位等で取組む

地域も存在する。交付金を受けるには，市町村と協定を結ぶ必要がある。導入時に比べて簡略化されたとはいえ，事務作業の煩雑さなどの理由から制度に取組んでいない集落や事務担当者の不在により取組みをやめてしまう集落もあり，支援を必要としている集落が交付対象から漏れてしまう例も散見される。複数集落が連携して取組むことは，管理作業の効率化や集落どうしの協働につながることはもとより，交付金の業務窓口となる市町村にとって，また地域の申請団体にとっても事務手続きの一本化により負担が軽減される点でメリットとなる。しかし，実際に地域資源の管理や営農面での共同作業を集落単位から複数集落へと移行させた例は多くない。そうした中，集落単位を越えた広域での連携に移行した兵庫県養父市高柳地区を例に，その経緯をみていく。

高柳地区は，16集落からなる人口約2,000人の地域である。「多面的」に取組む集落数は2015年度まで8集落だったが，2016年に地区内の全16集落が加わり広域組織を設立した。同制度において集落単位の取組みを広域単位に移行させた事例としては県内初である。同地区では，集落単位の取組みから広域化した他事例への視察を機に，半年間にわたる勉強会と役員会に加えて，未実施集落へ出向いての説明を実施した。各区の代表者を対象とした勉強会は月に1回ほどのペースで計5回，そのあいだ役員会は計9回に及んだ。その後は準備委員会として計10回にわたり具体的な内容について話し合った。なお，すべての活動において連携するのではなく，集落をまたぐ農道や農業用水の管理作業や高齢化の著しい集落への管理作業の手伝い等は連携して進めるが，継続可能な維持活動は引き続き集落単位で，一方でこれまで取組んでいなかった新たな価値の創出に向けた積極的な地域資源の活用に関する取組みは広域地区単位で，というように，内容別に連携すべき取組みとそのやり方を決めている。こうしたことも，同様に時間をかけて地区内で合意をはかりながら進めてきている。牽引役の存在に加え，地域住民への度重なる説明と徹底的な話し合いを通じて，地区内での合意形成に多くの時間をかけたことが広域での連携につながっている。

この事例では，これまで集落単位で取組んできた地域資源管理活動を広域化していくプロセスをみてきた。一方で，集落での自発的な活動が，結果として複数集落による連携につながった例もある。

第6章　地域資源の活用による農山村再生の枠組み

　兵庫県篠山市にある桑原集落では，地域行事の一環として毎年8月に夏祭り
が開催される。中央にやぐらを組み，焼きそば屋やかき氷屋といった出店が並
び，その日は地元住民で賑わう。夕方からやぐらを囲んで盆踊りがあり，夜に
は花火があがる。いわゆる地域の盆踊りだが，この夏祭りは地元の若いメンバ
ーを中心に構成される地域活動団体が取り仕切っており，毎年準備から当日の
運営，後片付けまで同団体がほぼすべてを担う。草山地区は桑原集落のほかに
3集落と合わせて4つの集落からなる小学校区であり，昔は校区内の各集落で
夏祭りが開催されていた。しかしながら，桑原集落以外は人手不足や集落内で
子どもの数が減っていること等を理由に内容を短縮していき，ついには開催を
やめてしまっている。

　今ではこの桑原集落の夏祭りに校区内の近隣3集落から子ども連れで人が集
まる。また，行政による後押しもあり草山地区を活動エリアとする広域の自治
協議会が設立した後には，同協議会から運営に対して協賛金が出るようになっ
た。そのため，現在の夏祭りの運営体制は集落連携の取組みとみることができ
きる。しかしながら，今の体制は初めから企図したものではなく，桑原集落で
継続的に取組んできた結果としてできたものである。運営上の特徴として，自
治会役員はようすを見に来ても口を出さず，若い者に任せてくれているという。
さらに，自分たちが必要だと思い，やりたいと思うことをしているので，予算
を付けるからこれもしてくれないか，あれもしてくれないか，といった団体へ
の要望はこれまで極力断ってきたという。続けている一番の動機は，子どもた
ちの楽しむ顔がみたいからということであり，メンバー同士，ときにふざけ合
いながら準備から後片付けまで楽しんでいる姿が印象的であった。子育て世代
の若いメンバーが楽しみながら運営に積極的に関わる理由も頷ける。自治は押
し付けではなく，自発性に基づいてこそ継続するということを同事例から改め
て確認できよう。

　集落間の連携に関する施策に限らず，今後「集落」を単位に地域政策を展開
していく場合，支援を必要としている「集落（地区）」が，可能なかぎり施策
対象から漏れることのないように，実態に即した地区選定のあり方を工夫する
必要がある。その上で，両事例における広域化に至るまでのプロセスに関する
知見は，制度をより良く設計する上で意義深いといえる。

132

■ 都市との共生・対流による地域資源活用

地域の歴史を遡れば，未利用な地域資源はかつて活用されていたものばかりである。それが放棄されてきたのは，地域資源が変わったのではなく，それを活用していた社会・経済システムが変わったためである。このように考えると，近代化以前の生活と地域資源の結びつきから改めて学ぶべきことは多いと気づかされるが，当時の農山村をそのまま保全・復元する事は現実には不可能であるし望ましくない。いま求められているのは，現代社会と整合した新しい農山村であり，その再生は同時に現在の都会生活についての反省をも伴う。こうした認識から，地域資源管理における問題を農山村だけの問題として捉えるのではなく，広く都市農村の関わりから社会的課題として捉える視点が求められている。

本章で取り上げる都市との共生・対流には，大きくモノとヒトの２つの側面，すなわち，地域特産物やグリーンツーリズムといったモノやサービスを農山村が都市商圏や都市住民に提供し対価を得るという視点と，都市部の主体に地域資源の管理活動に関与してもらう，ないしは都市住民の移住も視野に積極的な活用の担い手を外部から新たに獲得するという視点がある。ここでは，商品やサービスの購入から農作業体験や農家民宿への宿泊，棚田オーナーといった都市農村交流，さらには都市部から農村部への移住・定住までを幅広く捉える概念として都市との「共生・対流」としている。

現代社会において農村が「消費される存在」であることは不可避として，それに対するどのような対応があり得るかについて，地域社会の主体性という観点から考察することが重要である。農山村の人々が持続的で安定した生活および地域社会の維持・再生をはかる方法の１つとして都市との交流をはかる際，いかに「消費されるだけの存在」で終わることなく，新たな社会関係構築等を掴み取ることができるか，が農山村の再生のあり方を考える上で鍵となる。移住者を巻き込みながら多角的農業経営を展開する「田舎暮らし倶楽部」の取組みは，都市との共生・対流を通じて新たな社会関係を構築している一例である。

兵庫県養父市を拠点に活動する「田舎暮らし倶楽部」は，2014年より新たに「八鹿浅黄プロジェクト」に乗り出した。同プロジェクトは，①在来品種の

維持・継承，②耕作放棄地の解消，③農業関連雇用の創出を目標に，地域在来品種の青大豆である八鹿浅黄を地域内に存在する耕作放棄地で育て，収穫から味噌やゆばへの加工，販売まで取組むことを通じて，収穫作業や豆の選別作業に加え，加工作業といった農業関連での雇用創出を目指している。本格的な取組み開始から2年目を迎える現在，味噌加工所の整備やアンテナショップの開設等，体制が整備されつつある。こうした取組みは，農業者を中心とした団体で取組まれることが多いが，同団体は田舎暮らしの支援を担う市民活動団体である。代表である西垣氏は，2007年から10年間にわたり移住・定住促進業務に関わっており，2012年から市の協働事業として移住希望者への相談業務などの業務委託を受けている。経緯としては，移住希望者からの相談として多い仕事の紹介に関して，要望に応えきれないことの歯痒さから，移住者への就農支援を目的の1つに事業を開始させている。

　団体の構成メンバーは地元住民を中心に，活動を通じて関わりのできた他地域住民や新規移住者等幅広い人材を巻き込みながら展開している。取組み内容を仔細にみていくと，下記の点で「移住・定住促進」と「農業経営の多角化推進」に一体的に取組むことが相乗的な効果を生み出しているとみることができる。

(1) 移住者コミュニティの形成による交流機会の創出

　1点目は，同プロジェクトに取組むことで移住者同士の交流機会が自然に生まれている点である。移住希望者にとって先輩移住者との交流は有意義であることは既往研究からも明らかだが，先輩移住者にとって移住希望者との交流は毎回自分たちの時間を割くほどのメリットを持たない。そのため，移住者コミュニティの形成において先輩移住者が集まるための動機づけが重要となる。移住者を巻き込みながらプロジェクトに一体的に取組むことは，移住者が役割と収入を得ながら関わり続ける仕組みを構築している点で動機づけに成功している。

(2) 事業継続性への寄与

　2点目は，一体的に取組むことによる事業継続性への寄与である。継続性を考える際に，主に課題となる2つの側面，すなわち人材面と資金面に分けて考察する。

①資金面でのメリット

　各地で展開される移住・定住促進事業のほとんどは活動自体が収益をもたらすことはなく，公的資金に依存している。活動の性質からいって公的資金への依存自体は問題とはならないが，これまでの地域振興事業を概観しても予算の削減や仕分けにより継続できなくなる例は散見され，公的資金への依存度の高さが活動の継続性に影響を与えると考えている。ある時点で公的資金が途絶えても，規模を縮小しながら活動を継続させるには別の財布，すなわち公的資金に依存しない資金を得ながら活動を展開していく必要がある。その点で，移住希望者向けのセミナーにおける農業体験の提供等による収益は事業の安定化につながる。また，農作業体験や味噌づくり体験等の体験メニューの提供は加工品の販売以上に収益性の高い事業モデルに発展させやすい点でも有益である。

②人材面でのメリット

　継続性において後継者を含む人材の確保がもう一つの主な課題となるが，新規移住者との接点が多く，かつすでに移住者コミュニティができているため，プロジェクトへの巻き込みが図りやすく，人材確保が容易になりやすい点がメリットとしてあげられる。

　新規移住者がプロジェクトに関わることで新たな担い手としての役割を補うだけでなく，移住希望者や新規移住者との交流においてプロジェクトの担い手となった移住者が先輩の役割を補いながらさらなる移住者を呼び込む効果も得られる（図1）。

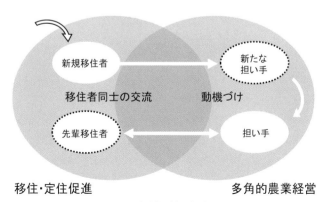

図1　相補関係の概念図

第6章　地域資源の活用による農山村再生の枠組み

　以上より，移住・定住の促進にあたり課題となる要因（移住者コミュニティ
の形成，公的資金への依存度の高さ）と多角化の推進にあたり課題となる要因
（担い手不足，収益性の向上）は，両取組みに一体的に取組むことで補い合う
可能性を示している。2015年3月に閣議決定された食料・農業・農村基本計
画の中には，「就農と住居をパッケージ化した総合的支援プランの策定等の取
組を推進」することが新たに盛り込まれているが，職と住の一体的な支援は移
住希望者にとって有益なだけでなく，支援提供側にとってもメリットがあるこ
とを示しており，今後具体的な推進施策を検討する上で示唆に富む。同事例に
関する詳細は，衛藤（2017）を参照されたい。

4　地域資源の積極的な活用を促す　インターミディアリーの機能と役割

　これまで，人口減少や高齢化の進んだ集落では，地域在住者だけでなく，地
域で活動している各種団体や地元出身者，大学生を始めとする外部人材等，多
様な主体による管理が期待されていること，また，若い世代を中心に都市部か
ら農山村へ移住しようとする新しい潮流が生まれつつあり，地域資源管理の新
たな担い手として期待されていることをみてきた。しかし，これらの多様な主
体は個別に活動しているため，その活動範囲は限られている。そうした主体を
地域や地域資源とつなぎ，コーディネートする役割として，インターミディア
リー（仲介者／中間支援組織とも）がある。ここでは，地域内の人材同士ある
いは団体間のコーディネートや，地域外部の専門家の紹介等，人や情報のつな
ぎ役を果たしながら地域資源の活用を促すインターミディアリーに注目し，求
められる機能と役割について考察する。

　まず，働きかけの対象として（1）潜在的資源，（2）外部人材等，（3）地域
社会の3つがある。地域資源活用の新たな担い手と目される（2）外部人材に
ついては，地域資源とかけ合わせるスキルが求められると同時に，個人の自己
実現と収入の確保を同時に達成させるといった能力開発的な視点も必要となる。
（3）地域社会への働きかけには，窓口となる一部の担当者間での話し合いにと

どまらず，人材の受け入れや地域資源活用に関する地域内での全体的な合意を得ることが肝要である。また，求められる受け入れ体制づくりには貸出可能な空き家や空き農地，継ぎ手のいない事業等に関する情報の集約化や所有者との調整等も含まれる。同時に，地域社会でのこうした体制整備が，受け身ではなく自発的であることが求められる。

　求められる機能と役割を整理すると以下のようになる。

1　（潜在的）移住希望者を実践型人材に育てる役割／機能
2　埋もれる地域資源に光をあて，掘り起こし顕在化させる役割／機能
3　実践型人材を自主的に受け入れる体制づくりを地域に促す役割／機能
4　実践型人材と地域資源をつなぎ，一定の収入と地域資源の活用機会を創出する役割／機能
5　実践型人材を地域とつなぐ役割／機能

　これらすべての役割を個人や1つの団体で担うのは難しい。地域資源の積極的な活用に向けて全体を牽引する役割は一部の個人や団体でも良いが，地元住民や行政，地元企業，NPOや大学等の多様な主体が協働で役割を分担しながら進めていく必要がある。その際，全体像を共有しながら各機能を果たしていくことが望ましい。

　牽引役に求められるものとして，全体の流れを理解しコーディネートする視点と，各役割／機能を果たすためのノウハウがある（図2）。

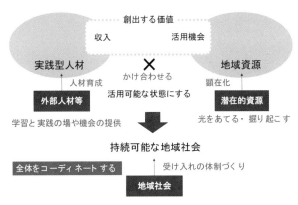

図2　地域資源を活用した農山村再生に向けた枠組み

第 6 章　地域資源の活用による農山村再生の枠組み

　各コーディネータが分担しながらであっても，全体として上記の役割／機能を満たすことがインターミディアリーに求められる条件である。各役割／機能は先輩移住者や実践型人材自身，すでに地域に存在しているローカルビジネスの実践者が担うこともあり得る。むしろ長い目で見れば，より自立的にこうした仕組みが地域社会で構築されていれば成熟した段階であるといえる。同時に課題として，継続的な運営において，特に初期の段階で推進役を担うコーディネータが地域内でのネットワークづくりや地域調整といったコーディネート業務により収入を得るための仕組みが求められる。

5　おわりに

　本章では，先進事例の紹介を通して今後の農山村における地域資源活用のあり方を探ることを目指した。

　これからの地域資源管理の方向性について，(1) 集落を越えた広域での管理体制づくりと (2) 積極的な活用による維持・保全の 2 つを取り上げたが，両者は互いに背反ではなく，地域社会においてはむしろ両輪で取組むべきものと考えている。

　その際，国民生活審議会報告書（1969）の提言を受けるかたちで自治省（現総務省）が 1971 年からスタートさせたコミュニティ政策を批判的に受け止める必要がある。具体的には，全国各地におおむね小学校区程度の地域を 1 つのコミュニティの単位として設定し，コミュニティづくりの拠点となるコミュニティセンターを建設するとともに，当該地区における住民の交流や協働を促進しようとしたが，現実にはコミュニティセンターを拠点とする地域活動が自治会活動に代わるものとして定着した自治体は一部にすぎず，概括的にみれば，コミュニティ政策は，自治会との一体化や役割分業へと帰着することになった（菊池 2003；竹中 1998）。やがて 1990 年代以降になると，コミュニティ政策は，その策定に関与していた研究者自身によって「ハードな施設建設に重点が置かれ，社会的なシステムとしてのコミュニティへの追求が不十分なまま，次

第に風化しつつある（倉沢 1998)」と評されるほど低調になっていった。それ
は，地域住民の自主性・主体性に基づいて内発的に形成されるはずのコミュニ
ティが，「上」から外発的に水路づけられていくという矛盾，そして新たにつ
くり出されるべきものとして捉えられていたコミュニティの概念が，かつて存
在したものとして捉えられるようになっていくという矛盾をはらみながら展開
してきたことに起因する。現在，政策的に推進されている近隣の複数集落によ
る広域的な連携を現場で進めていくにあたっても，こうした歴史的経験から学
ぶべきことは大いにあるだろう。

《参考文献》

- 今村奈良臣　1995「地域資源を創造する」(今村奈良臣・向井清史・千賀裕太郎・佐藤常雄『地
域資源の保全と創造』農山漁村文化協会)
- 衛藤彬史　2017「移住・定住促進と 6 次産業化推進の相補関係」(『農村計画学会誌』36
論文特集号，217-222)
- NPO 法人ふるさと回帰支援センター　2017「中期ビジョン：目標と実行計画」
- 大阪市立大学経済研究所編　1992『経済学辞典（第 3 版)』
- 小田切徳美　2014『農山村は消滅しない』(岩波新書)
- 科学技術庁資源調査会　1961『第 19 号 日本の資源問題，科学技術庁資源調査会』
- 菊池美代志　2003「コミュニティづくりの展開に関する考察 – 社会学の領域から」(『コミ
ュニティ政策』1)
- 倉沢進　1998「社会目標としてのコミュニティと今日的問題」(『都市問題』89（6))
- 栗山浩一　1997『公共事業と環境の価値』(築地書館)
- 栗山浩一　2013（栗山・柘植・庄子著『初心者のための環境評価入門』勁草書房)
- 坂本誠　2014『人口減少対策を考える – 真の「田園回帰」時代を実現するためにできること』
(JC 総研レポート，32)
- 竹中英紀　1998「コミュニティ行政と自治会・町内会」(『都市問題』89（6))
- 地域資源を活かした地域活性化策に関する調査研究会　2008『地域資源を活かした地域活
性化に関する調査研究報告書』(北海道市町村振興協会)
- 筒井一伸・嵩和雄・佐久間康富　2014『移住者の地域起業による農山村再生』(筑波書房)
- 内閣府　2013「地域の ‘強み’ となる地域資源を活かして」(平成 25 年度総合科学技術会
議（第 109 回）配布資料)

第 6 章　地域資源の活用による農山村再生の枠組み

- 永田恵十郎　1988『地域資源の国民的利用』（農山漁村文化協会）
- 農林水産省　2017「六次産業化・地産地消法に基づく認定事業者に対するフォローアップ調査の結果」（平成 28 年度）
- 農林水産省農村振興局　2010『農村環境保全を活用した地域活性化に関する方策検討調査報告書』
- 農林水産政策研究所　2009「中山間地域における集落間連携の現状と課題 – 中山間地域等直接支払での複数集落 1 協定に着目して –」（行政対応特別研究（集落間連携）研究資料）
- 三井情報開発株式会社総合研究所　2003『いちから見直そう！地域資源 – 資源の付加価値を高める地域づくり –』（ぎょうせい）
- 目瀬守男　1990『地域資源管理学』（明文書房）

第 **7** 章

地域固有性を活かした
特産農産物の開発

國吉 賢吾
神戸大学大学院農学研究科

農村地域における重要な主産業の一つである農業を通して，各地域で様々な特色ある農産物が生産されてきた。ここでは，農村地域で生産される特産品，とくに特産農産物の開発に着目する。最初に，特産農産物の定義について確認し，続いて農産物の特産品開発の代表例として，大分県における一村一品運動を紹介する。次に，近年の消費者がもつ消費に対する価値観の多様化と，それに対応する農産物のもつ地域固有性の活用方法として，地方野菜・伝統野菜を考える。最後に，兵庫県における特産農産物として「ひょうごのふるさと野菜」を紹介し，地域固有性を活かした特産農産物の開発における要点を示す。

キーワード

特産品　農産物　地域固有性　伝統野菜　ひょうごのふるさと野菜

第 7 章　地域固有性を活かした特産農産物の開発

1　特産農産物とは

　日本には多くの農山村地域が存在し，それぞれの地域で農業が営まれ，農産物が生産されている。各地域では，その地域の風土に合った農産物が生産され，流通・販売されている。地域で多く生産される農産物は特産品として扱われ，それは消費者によって特徴ある産物として認識されている。現在，多くの地域で特産品としての農産物が生産されているが，特産品についての定義は曖昧なものであり，明確に定義されているわけではない。広辞苑第六版によると，特産とは特にその地に産すること，またはその産物を意味し，一般的な意味としての特産品とは，ある地域に特に産する物であろう。特産品については，それぞれの地域の風土に育まれた特産的農林産物とそれらの加工品（河野 1986）ように農産物を中心に取り上げるものもあるが，通常は陶磁器や漆器といった工芸品（運輸省観光局 1956）をも含めて考えられるものであろう。本章では，工芸品を除いた農産物を中心に特産品に関して考える。従来，狭義には特産農産物とは，加工原料に用いられる作物であり，広義には食用も含めた地域で特化して生産される作物（農林水産省養蚕園芸局畑作振興課 1987）として考えられてきた。本章では，後者と同様に広義に捉え，特産農産物を地域の風土に合わせて，特にある地域で生産される農産物として捉える。

2　一村一品運動の展開

　ここでは地域振興，特に農山村地域での特産品開発の成功例として語られることの多い大分県の一村一品運動について取り上げる。大分県の一村一品運動の背景と理念を図 1 に示す。

　一村一品運動は，大分県内のすべての市町村が全国的にも通用する産品を開発することを目標に，地域に産業を興し，農業所得やその他の産業による所得

142

2 一村一品運動の展開

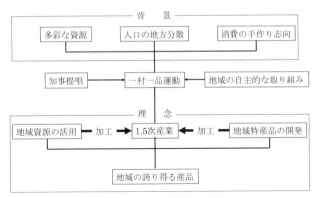

図1　大分県の一村一品運動の背景と理念
資料：中村（1982）を基に筆者作成

を増大させ，若者の就業を促し，定住をめざすものである。大分県は1970年代には全国でも有数の過疎化が進んだ都道府県であり，1975年には大分県内の全58市町村中で44団体が過疎市町村であった。そのため，早急に若者の地域からの流出を食い止め，就業場所を確保するために新たな産業を創出する必要性があった。1970年代には大分県の山間部で特産品づくりへの動きが自主的に始まり，少しずつ他の地域にも草の根運動として広がりを見せていた。そうした下で，1979年に当時の大分県知事が正式に「一村一品運動」として提唱し，運動が開始され，大分県下に順次拡大した。

一村一品運動は，山間僻地が多く，産物の乏しい大分県において農山村の余剰労働力を生かして産業を興し，農家の所得を増すことを目的とした特産品づくりの実践活動（大野1987）である。大分県は山間部が多く，多様な資源のある地形であり，また当時の一般消費者の価値観は少しずつ変化し，消費者は手作りのモノを志向するようになっていた。一村一品運動では，地域の農林水産物をつくると共に，地域で生産される産品を加工する1.5次産業が同時に目指されていた。表1に示すように，1980年代から一村一品運動における品目数とともに販売額も順調に増加し，1999年にはその販売額は約1400億円にまで達した。品目数は300を超え，表2に示すように10億円を超える販売額をもつものも存在する。かぼすや豊後牛，大分麦焼酎などが一村一品運動によって生み出された産品として有名であるが，農産物としては日田市の梨，杵築市

第 7 章　地域固有性を活かした特産農産物の開発

の早生ハウスみかん，安心院町のぶどうなどが 10 億円を超える販売額に至っ
ている。大分県の一村一品運動は全国的にも大きな影響を及ぼした。大分県の
成功事例を参考に，北海道の北海道一村一品運動や鹿児島県のふるさと特産運
動と，日本列島の北から南まで全国的に 24 もの都道府県が一村一品運動を採
用した活動を展開している（中小企業基盤整備機構国際化支援センター 2013）。

表 1　大分県の一村一品の販売額と品目数の推移

区分		1980 年	1985 年	1990 年	1996 年	1997 年	1998 年	1999 年
販売額（百万円）		35,853	73,359	117,745	130,827	137,270	136,288	141,602
品目数		143	247	272	295	306	312	319
規模別品目数	1 億円未満	74	148	136	169	170	173	187
	1〜5 億円	50	67	89	91	98	103	98
	5〜10 億円	15	17	27	20	21	18	15
	10 億円以上	4	15	20	15	17	18	19

資料：大森（2001）を基に筆者作成

表 2　大分県の一村一品販売額 10 億円を超える品目（1985 年度）

市町村	品目名	市町村	品目名
別府市	竹細工	米水津村	丸干し，養殖ブリ
日田市	梨，牛乳	蒲江町	養殖ブリ，豚
豊後高田市	豊後牛	野津町	たばこ
杵築市	早生ハウスみかん	大山町	エノキ茸
宇佐市	豊後牛，麦焼酎	安心院町	ぶどう
鶴見町	活魚		

資料：大野（1987）を基に筆者作成

144

3 消費の多様化と地域固有性を活かす開発

■ 消費の多様化

近年,消費者のもつ価値観は多様化している(図2)。1950〜70年代の高度経済成長期は,社会の人々の間の意識の差異は比較的小さく,社会や経済の目標は揃っており,ビジネスの照準は合わせやすかった。1990年代半ばのバブル崩壊期前後までは,それまでよりも消費者の価値観が多様化することで消費の選択肢が増加し,また食品に対する消費者の支出額も増加を続けた。

図2 選択肢と支出額による消費類型
資料:中嶋(2012)を基に筆者作成

20世紀終盤からは,消費者の消費に対する価値観は多様であることを保ちながらも,同時に支出額が減少し,消費に対する意図が成熟したネオポストモダン消費に移行している(中嶋 2012)。ネオポストモダン期の特徴として,消費者の食品に対する関心は,味や外観などの品質だけではなく,安全性や栄養面の健康要件,環境や人権,地域振興といった倫理的な要件までも広がっている。具体的な例として,発展途上国とのフェアトレードや地産地消といった地域振興への関心が高まっている。

■ 地域固有性を活かした農産特産物の開発

高度経済成長期における大量生産・大量消費型の社会では,食品の地域性や歴史性などは顧みられず,モノは生産地や生産方法が異なっても,成分が同じであれば機能面からみると同じであるという考え方であった。しかし,ポストモダンもしくはネオポストモダン期における地域資源の付加価値としては,これまで捨てられていた地域性・歴史性を取り戻し,情報として付加価値をつけ

第 7 章　地域固有性を活かした特産農産物の開発

て地域内外に発信していくことが有効である（西川 2006）。現在は，同質のものの大量消費ではなく，少量多品種の消費が志向されつつあり，大分県の一村一品運動における消費者が手作りを志向するような面が現実化していると考えられる。

　広辞苑第二版では固有とは，もとからあること，もしくは特有，そのものだけにあることである。農産物の場合には元からあるということはないため，農産物の地域固有性とは，その地域特有のものであると捉えられる。ここでいう地域特有さというのは，農産物では品質などの製品としての特性と共に，先に記した地域性や歴史性といった面も，農産物の地域固有性として考えてよいだろう。では，地域固有性を活かした特産農産物の開発とはどのようなものだろうか。元々，各地域の特産農産物は，地域固有の風土に合わせて生産されてきたものである。その意味では，すべての農産物は，地域の固有性を活かして生産が行われてきたといえる。しかし，風土などのもつ地域性や農産物がもつ歴史性といった面については，大量消費時代のモダン型消費においてはほとんど考慮されてこなかったと考えられる。近年では消費者の価値観が多様化し，消費の意図が成熟した今，地域性や歴史性といった農産物の地域固有性が評価されつつある。

■ 伝統野菜の全国的な展開

　近年の地域性や歴史性を活かした農産物の開発として，代表的なものに伝統野菜が挙げられる。伝統野菜とは，各地で古くから作られている地方野菜（草間 2014）であり，こうした地方野菜をその地の伝統野菜として活用する動きが，全国的に展開している（表3）。伝統野菜に関する動きは1970年代の京都府での京野菜に関する検討が始まりだと考えられ，続いて大阪や北陸地方などで少しずつ調査や検討が続けられてきた。その後，2000年代に入り，山形県の「山形在来作物研究会」や兵庫県の「ひょうごの在来種保存会」などを皮切りに各地で研究会が数多く発足し，同時に伝統野菜の認証制度や具体的な品目指定などが実施されている。東京都や東北地方と近年に至るまで，こうした動きは全国的に展開を持続している。

146

3 消費の多様化と地域固有性を活かす開発

表3 地方野菜・地方品種に関する主な動き

年	都道府県	事柄
1975	京都府	「京の伝統野菜振興方針検討会」発足
1986	大阪府	大阪府の野菜遺伝子資源調査・種子保管
1991	石川県	「加賀野菜懇話会」設立
2003	山形県	「山形在来作物研究会」発足
	兵庫県	「ひょうごの在来種保存会」発足
2005	奈良県	「大和野菜」指定開始
	東京都	「江戸東京・伝統野菜研究会」結成
	大阪府	「なにわ伝統野菜認証制度」開始
	福岡県	「博多の野菜を育てる会」発足
2006	熊本県	「ひご野菜」15品目指定
2007	岡山県	「吉備やさい発掘・再生研究会」発足
2010	東京都	「江戸東京野菜推進委員会」設立
2011	福井県	「伝統の福井野菜振興協議会」発足
2013	宮城県	「みやぎ在来作物研究会」発足
	静岡県	「静岡在来作物研究会」発足

資料：草間（2014）を基に筆者作成

　各地で推進される伝統野菜は，それぞれ定義が統一されているわけではなく，推進する主体によってその定義は異なっている。伝統野菜の草分けとしての京都府における京の伝統野菜は，以下のように定義されている。
① 明治以前の導入の歴史を有する。
② 京都市域のみならず，府内全域を対象とする。
③ たけのこを含む。
④ キノコ類，シダ類（ぜんまい，わらび等）を除く。
⑤ 栽培または保存されているもの及び絶滅した品目を含む。
京の伝統野菜においては，明治以前の導入という点で歴史に関する言及がなされている。

第 7 章　地域固有性を活かした特産農産物の開発

4　ひょうごのふるさと野菜

　兵庫県には，歴史的に形成されてきた特色ある風土，文化を有する摂津・播磨・但馬・丹波・淡路などの地域があり，それぞれの地域に適応して定着した，個性的な野菜が栽培されてきた。食の安全や安心に対する関心が高まるとともに，身近で生産されたものを身近で消費する地産地消の機運が高まる中，表 4 に示す 25 種類の野菜が「ひょうごのふるさと野菜」として認定されている。ひょうごのふるさと野菜としての条件は，1．地域の人々が自らの手で種取りから生産のサイクルを続けていること，2．全国流通品種とは異なる地域に根ざした個性ある野菜であることである。以下，「ひょうごのふるさと野菜」の代表例として丹波黒枝豆及び岩津ねぎについて，その取り組みの内容を記す。

表 4　ひょうごのふるさと野菜

作物名	野菜名	生産地	作物名	野菜名	生産地
ソラマメ	武庫一寸そらまめ	尼崎市	漬け菜	姫路若菜	姫路市
エダマメ	丹波黒枝豆	篠山市		網干水菜	姫路市
なす	大市茄子	西宮市		あざみ菜	丹波市
とまと	阪神のオランダトマト	伊丹市		平家かぶら	香美町
シロウリ	御津の青うり	たつの市	サンショウ	朝倉山椒	養父市
	ペッチン瓜	明石市	ネギ	岩津ねぎ	朝来市
マクワウリ	加古川メロン	加古川市	さつまいも	尼いも	尼崎市
	網干メロン	姫路市	ヤマノイモ	山の芋	篠山市
	妻鹿メロン	姫路市		山の芋	丹波市
	深志野メロン	姫路市	サトイモ	海老芋	姫路市
キュウリ	しそう三尺	宍粟市	ゴボウ	住山ごぼう	篠山市
タケノコ	太市のたけのこ	姫路市	うど	三田うど	三田市
レンコン	姫路のれんこん	姫路市			

資料：兵庫県（2016）を基に筆者作成

■ 丹波黒枝豆

●生産地：篠山市

・特性

　熟期が十分にあり，うま味，食品の芳香感，もちもち感が絶妙と言われ，百粒重はおよそ80gと大粒である。丹波黒は，煮ても軟らかく皮が破れにくく，色も真っ黒に煮上がることから，正月料理の煮豆用に用いられる黒大豆として，全国的な知名度がある。

・取り組み

　丹波地方では，丹波黒を未成熟の時に収穫し，「えだまめ」で食する習慣があり，限られた地域で食されていた。1988年，食と緑の博覧会で枝豆が紹介され，全国から注目されるようになり，丹波黒の枝豆としての味の良さが広く世間に知れ渡ることになった。

　篠山市では，黒大豆は古くから生産されており，1799年の「丹波国大絵図」には，丹波国名産として記されている。篠山町百年誌によると，川北黒大豆と波部黒大豆という名称で黒大豆が栽培されていたが，1934年に丹波黒大豆生産出荷組合が組織され，この2系統が丹波黒大豆という名称に統一された。これにより，それまで町村単位で取り組まれていたものが，より広域の郡としての銘柄へと移行した。兵庫県農事試験場は，古くから丹波地方で栽培されていた黒大豆の在来種を取り寄せて比較試験を行い，1941年に丹波黒と命名し，奨励品種とした。1987年には，大粒で粒揃いのよい系統として兵系黒3号を選抜した。兵庫県では現在，波部黒大豆，川北黒大豆，兵系黒3号を丹波黒という名称で呼んでいる。

　篠山市の丹波黒が生産拡大するにおいて，生産者をはじめ，商店や農協，篠山市などの多くの主体がそれぞれに大きな役割を果たしてきた（加古2008）。1970年頃には米の生産調整が本格化し，篠山町農協は丹波黒を転作作物として奨励した。これに伴って生産が拡大すると，1980年代に入り，丹波黒は供給過剰となり，篠山町農協は新たな市場開拓に取り組むこととなった。また，1868年創業の小田垣商店は，農家に丹波黒の種を配布し，栽培技術の指導や買取・販売までを一貫して行い，篠山市での高品質な丹

第 7 章　地域固有性を活かした特産農産物の開発

波黒生産技術を普及する上で重要な役割を果たしてきたとされる。

　現在，兵庫県は県下における丹波黒の生産振興を図るため，機械化体系の確立による栽培管理労働の軽減に向けた省力化の取り組みを進めている。また，篠山市役所は地域特産物を軸としたまちづくりを推進しており，1999 年に農協と共同で作成した冊子には，丹波黒や丹波大納言小豆，丹波山の芋が丹波篠山の逸品に位置づけられている。さらに，篠山市は 2006 年に策定した丹波ささやま特産物振興ビジョン 2010 において，丹波黒の生産拡大を目指すとしている。

■ 岩津ねぎ

●生産地：朝来市

・特性

　根深ねぎと葉ねぎの兼用種であり，葉は濃緑で，寒さにあうと葉身内部に粘質物を生じ，葉，葉鞘部（軟白部）の肉質は柔軟で香気高く，品質が優れ，耐寒性が強い。全長 100cm 前後，軟白部が 25 ～ 30cm，茎の太さ2 ～ 3 cm くらいが良品とされている。葉，軟白部とも食べられるおいしいねぎと定評がある。

・取り組み

　生野銀山の役人が京都より九条ネギの種子をもち帰り，現在の朝来市岩津周辺の農家に鉱山労働者に対する冬季野菜の供給を目的に，江戸時代以前から栽培させていたことが始まりとされている。朝来誌によると，1803 年頃「津村子（現在の岩津）にねぎを産す，佳品を以て称せられる」と記され，このネギが高く評価されていたことがうかがえる。最盛期には，40ha も栽培されていたが栽培者の老齢化などに伴い，栽培面積の減少が目立ってきた。最近では，このネギの良さが見直され，品種の選抜，栽培方法の改善などで 25ha 程度まで面積が増加している。品種は，地元で栽培されていた岩津ねぎと 1927 年から 1935 年にかけて兵庫農試但馬分場（現，兵庫県立農林水産技術総合センター）で岩津ねぎと千住系ねぎを交雑育種した改良岩津ねぎの二系統があり，現在の栽培種は改良岩津ねぎが

中心である。

岩津ねぎの産地育成においては，生産者や普及センター，農協，行政などの関係機関の役割が重要であるとされる（加藤 2008）。岩津ねぎの産地として 1923 年，岩津葱出荷組合が山口地区に設立されたが，山口地区では原産地への意識が強く，他の地域への波及が困難であった。1980 年代に入り，栽培面積が 2 ha 程度まで減少していたことが危惧され，生産者，普及センター，朝来町，農協を交えた岩津ねぎの振興対策検討がなされた。これを踏まえ，1991 年には岩津ねぎが朝来町全体の特産物として認識されるようになり，生産出荷組織も朝来町岩津ネギ生産組合に統一された。

1992 年からは地域ぐるみの産地展開がおこなわれ，岩津ネギ活性化推進委員会（生産組合役員，婦人生産者，町，農協，普及センター）が中心となって，栽培等の実態把握調査が行われた。さらに，1997 年から普及センターが生産の拡大と安定を目的に，農協，町，生産組合と共に栽培規模に応じた機械化一貫体系に関する実証実験を行っている。こうした取り組みのもと，需要増加に伴う供給量を確保できないという状況から，朝来町生産組合は朝来町から朝来郡全体に生産拡大を容認した。2002 年の農協の広域合併を契機に，JA たじま朝来郡岩津ネギ部会が設立され，岩津ねぎの生産は拡大してきた。

■ 地域固有性を活かした農産物開発

丹波黒枝豆及び岩津ねぎの二つの事例における取り組みを取り上げた。どちらの農産物も，江戸時代といった数百年前の記録や伝承が残っていることから，それぞれの地域における歴史と何らかの関係を持っていることが共通点として挙げられる。また，丹波黒は元々町村単位で取り組まれていたものであり，岩津ねぎも同様に一地区で取り組まれていたが，生産量の拡大を目的に生産地域が拡大した。どちらも一個人や一地区の資源としてではなく，市町村単位での特産品としての位置づけや部会の設置などを通して，地域の資源であるという認識が存在した上で，取り組みが行われている。また，そうした共通の認識のもと，生産者や農協，地域行政やその出先機関などの多様な主体が連携し，取

り組みを進めていることが特徴である。どのような地域にも歴史は存在している。そうした地域の歴史を改めて見直し，そこから見出した資源を地域の資源として捉え，様々な主体が連携しつつ，発展させていくことが地域固有性を活かした農産物開発においては必要なことであろう。

《参考文献》

- 運輸省観光局　1956『観光資源要覧 第三編 観光土産品・特産品』（運輸省観光局）
- 大野公義　1987「大分県一村一品運動の経過とその成果」（『大分県一村一品流通システムと地域の活性化』大分県地域経済情報センター）
- 大森彌監修　2001「一村一品運動 20 年の記録」（大分県一村一品 21 推進協議会）
- 加古敏之・羽田幸代・宇野雄一・中塚雅也　2008「篠山市における丹波黒産地の形成過程と現段階における課題」（『農林業問題研究』44（1），36-41）
- 加藤雅宣　2003「岩津ネギ産地育成の経過と今後の課題」（『近畿中国四国農研農業経営研究』3，94-104）
- 河野敏明　1986「過疎農山村の特産品開発とマーケティング」（『農村研究』63，14-26）
- 中小企業基盤整備機構国際化支援センター　2013「女性の潜在能力を活用した一村一品運動にかかる調査最終報告書」（中小企業基盤整備機構）
- 中嶋康博　2012「新しい時代の食と農を考える―ネオポストモダン型食料消費とオルタナティブフードシステム」（『JC 総研レポート』21，2-8）
- 中村正道　1982「大分県における「一村一品運動」」（『大分県の「一村一品運動」と地域産業政策』大分県地域経済情報センター）
- 西川芳昭　2006「地域づくりにおける地域資源の活用」（『一村一品運動と開発途上国：日本の地域振興はどう伝えられたか』日本貿易振興機構アジア経済研究所，121-141）
- 農林水産省養蚕園芸局畑作振興課　1987「日本の特産農作物」（地球社）
- 林真希・十代田朗・津々見崇　2004「一村一品にみる特産品づくりの特徴と振興策に関する研究」（『都市計画論文集』39，7-12）
- 兵庫県　2016「ひょうごのふるさと野菜」
  （https://web.pref.hyogo.lg.jp/nk12/af11_000000014.html）［2017 年 12 月 23 日参照］

コラム マルシェを通した都市・農村の共生

豊嶋 尚子（京都大学大学院農学研究科）

最近，まちなかでお洒落なディスプレイを施し色とりどりの野菜を並べて売っているテントをよく目にする。マルシェと呼ばれるこういった仮設の直売市は，2009 年に農林水産省の補助事業「マルシェ・ジャポン・プロジェクト」による 11 の都市部での実施が，その後の全国的な流行の契機となった。その当時，都市近郊に開設された多くの農産物直売所が，右肩上がりに売り上げを伸ばす一方で，都心部ではスーパーとの競合と家賃の高さといった理由から，直売所はほとんどみられなかった。そこで政府は，パリやニューヨークで日常の買い物の場として定着しているような朝市を導入し，生産者と都市消費者を直接つなぐことにより，生産者の所得向上や新規販売チャネルの獲得の場となることを目指す政策を打ち立てた。この行政主導で始まったマルシェは，東京の青山国連大学，赤坂アークヒルズ，大阪の淀屋橋 odona において現在でも開催を続けている。

これらの先進的な取組みが引き金となり，全国各地にマルシェブームが拡がっていった。都市部におけるマルシェは，会場の属性から大きく 3 つに類別できる。一つは商業施設の付帯空間，二つめは都市公園，三つめは社寺境内地である。

商業施設の付帯空間の利用として代表的なものは，三菱地所の取組みである。東京でいちはやく"食育丸の内"というプロジェクトを 2008 年からスタートさせ，「丸の内　行幸マルシェ×青空市場」や「交通会館マルシェ」を，大阪では「グランフロント大阪 Umekiki 木曜マルシェ」の開催をサポートしている。食を通じて心身ともに健康になれるサポートこそが，日本全体の活性化へも寄与するのではないかという考えのもと，社会貢献活動のひとつとして実施している。

次に，都市公園を会場とするマルシェの代表といえば，代々木公園で 10 年以上開催を続ける「アースデイマーケット」であるが，現在，定期的な開催が困難な状況にあるという。その要因の一つは，民間団体が運営していることによる。都市公園は誰もが多目的に利用できる場であるため，特定

団体が独占して利用することはできない。この課題を解決するには，行政主催，共催もしくは後援など，自治体と連携した取組みとすることが望ましい。その例としては，民間団体が神戸市と連携して実施するマルシェがある。2015年6月より市役所横の国有公園を会場とし，"神戸に暮らしローカルを食べる"をコンセプトに，土曜日の午前に開催されている。また東京都墨田区と観光協会の主催により，2016年秋から区役所前広場及び隅田川緑道公園において，"水都すみだの再生"にむけたマルシェも，毎月第1土・日の2日間実施され賑わいをみせている。

最後に社寺境内地であるが，昔から人々が集い，市（いち）が立っていた場所である。大阪の難波神社では，参拝者に限らず，多様な人が来訪し境内が賑わいのある場となるよう，農産物による交流や地域活性化を目的としたマルシェが2014年より月1回開催されている。社寺境内地では，有志が集い実行委員会といった形式で主催する場合が多く，この事例もその一つである。

このように農林水産省主導で都市部から広がったマルシェであるが，地方都市での開催も増えてきている。東京，大阪といった大都市部では直売所も少なく，食にこだわりをもつ消費者も多い。さらにこれらのマルシェ出店には審査があり，運営者は1年を通して出店する生産者と出店品目を都市住民のニーズに合うようデザインしている。いわば，マルシェは目利き運営者による農産物のセレクトショップであり，これがリピーターを獲得している最大の要因である。一方，地方都市では直売所が比較的近くにあり，顔の見える安価な野菜に消費者が慣れている。直売所における価格競争に疲れた生産者が，直売所と同じ商品をマルシェで販売しても，消費者は値段を見て素通りするだけである。かといって目新しい品種やこだわりの栽培方法による農産物を好んで購入する消費者は，そう多くない。そのため周辺から集まる農産物と消費者のニーズが上手く合う売り場づくりが課題となっている。

マルシェの役割は，農産物販売の場だけでなく，農家同士の交流の場でもあり，地域で孤立しがちな新規就農者が，日々の悩みを相談する場としても大いに機能している。どこでマルシェを開催するにせよ，何を目的として誰のために開催するのか，地域課題を解決する手法となっているかなど，常に問いかけながら運営することが大切である。

第8章

市民協働によるため池保全

森脇 馨

兵庫県加古川流域土地改良事務所

水田は急激な社会情勢の変化により年々減少し，役目を終えたため池は潰廃されてきた。また混住化の進行に伴う排水の流入やゴミ投棄から，ため池の環境悪化が進むとともに，管理者である農家の高齢化や減少により管理が粗放化するなど，その保全に係る問題が顕在化してきた。一方，近年ため池周辺に居住する住民（以下：地域住民という）や自然環境保護団体などからは，ため池やその周辺を親水公園や地域防災拠点にまた生態系保全空間として，利活用や保全整備を求める声が挙がっている。そこで兵庫県内では，ため池を地域財産として位置づけ，地域住民などがため池保全に係る計画づくりやその展開に参加する機会の提供と，制度の構築が図られてきた。このことで農家のみが行ってきた保全活動に地域住民などの参画が始まり，これらの取り組みがさらに発展し市民協働につながることが期待されている。

キーワード

ため池保全　ため池協議会　住民参加　多様な主体の参画協働　地域住民

第8章 市民協働によるため池保全

1 ため池とは何か

■ ため池の役割

　水田は，湧水や小河川などから比較的容易に用水を取水できる地域で開発されてきた。そして次第に用水の安定的な確保に支障がある，地形（台地，山間部）や期間においても，水田の開発や稲作が進められた。そこで本格的な水田農業を営むために造成した貯水施設が，ため池である。

　水田農業にとって，必要な時に必要な場所に必要な量の降雨があれば，水利用は容易であるが，その様に降雨を調節することは不可能である。そこで降雨を農業用水として利用するには，必要な時に取水し利用しない時には貯えておくなど，地表面の流出水となった降雨のコントロールが必要である。

　ため池は，この時間的にも地域的にも量的にも偏ってもたらされる降雨を，利用し易い農業用水に変換する施設である。

　その多くは，明治時代以前に築造されたといわれ，長い年月を経てあたかも自然の一部であるかのようなたたずまいを見せている（写真1）。これらのため池は，農家のたゆまぬ努力により守られ，その営みが農業用水を確保し水田農業の発展を支え，集落内の連帯感を形成してきた。

　一方でため池は，農業用水の確保のみでなく洪水抑制や生活用水の確保，景観形成や生態系の保全空間を提供するなど，多様な機能を有している。その維持保全や利活用で得たつながりが，今日では地域社会の強い絆を育て地域振興を支えている。

写真1　景観に溶け込むため池

1 ため池とは何か

■ ため池の仕組み

　降雨を貯水し，農業用水として取水するため池の仕組みは，以下のとおりである（図1）。

　上流域の降雨が次第に地表面の流出水となり，谷間や窪地などに流れ込み，その水を築堤により堰止め貯水する。この堤を「堤体」という。

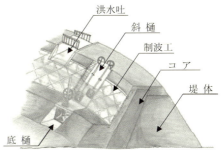

図1　ため池の仕組み

　堤体は土を締め固めて造られており，貯水により決壊につながる恐れもある。その主な原因には，①貯水位が上昇し堤頂を越え流下する際に発生する堤体の浸食，②貯水の波浪による堤体の上流側法面の浸食や洗掘，③貯水に伴う堤内への浸透水が堤体土粒子の細粒分を押し流し，経年の流失により空隙が次第に拡大するパイピングの3点がある。

　現在一般的な決壊防止対策として，①の越流に対しては堤体の一部を切り下げ，貯水を下流へ放水する「洪水吐」の設置，②の波打ち際の浸食などに対しては法面をコンクリートブロックなどで被覆する「制波工」の設置，③のパイピングに対しては単に土を盛り上げるだけではなく，粘性土を締め固めた不透水層（コア）を形成するとともに，浸透水の速やかな排除を図る排水施設の設置を行っている。

　次に，必要な量の貯水を必要な時期に下流へ流すための管路やゲートなど，一連の施設を取水施設という。

　取水施設は，堤体底部にあってその上流端から下流端まで横断する「底樋」と，その上流端と接続し堤体上流法面に沿って堤頂に向かい配管する「斜樋」などからなり，斜樋は堤高によって複数の孔口を設け，その開閉によって取水や貯水を行う。

　また，ため池の密集地域では限られた貯水を有効利用するため，上流側にある規模の大きなため池を親池とし下流側の小規模のため池と水路で結び，子池

や孫池として配水の合理化や，上流農地の排水を集水し反復利用するなどの工夫を凝らしている。

■ ため池の管理

　特定のため池からかんがいされる水田（受益）区域のことを，そのため池の池掛り（水掛り）という。特定と限定するのは，貯えられた用水は有限であり，かんがいされる区域が特定されるからである。そのために，用水源であるため池とかんがい区域である池掛りの関係は1対1で対応し，池掛り内部では用水配分において公平であるのが原則である。

　ため池は基本的に用水不足の地域にあり，池掛りには潜在的に異なる二つの意識が働いている。一つは水管理の面から，池掛りは狭ければ狭いほど単位面積当たりの用水量が大きくなり有利である。一方施設の維持管理における負担の面から，池掛りは広ければ広いほど単位面積当たりの負担が軽減される。

　今日形成されている池掛りの背後には，この異なる2つの要因が均衡するように水田と用水開発（ため池築造）が繰り返され，複雑な歴史的経緯が秘められていると考えるべきである。

　ため池の保全作業やそれに伴う費用負担などの施設管理と，用水の水管理は，農家にとって重大な関心事である。そこで受益農家は水利組合や土地改良区などを組織し安定した生産を得るため，日常の点検や補修と，老朽箇所の改修工事などの施設管理と，限られた貯水を池掛り内部において公平に配分する水管理を，今日まで途絶えることなく営々と続けてきた。

　水利組合などが行う施設管理には，利水と防災の両面から，点検やゴミの除去，堤体の草刈り，水路の泥さらいなどの日常作業と，豪雨時における貯水の事前放流や漏水箇所の巡視などの警戒行動がある。中でも堤体の草刈りは，漏

写真2　堤体草刈り

水の発生をいち早く発見し決壊の未然防止を図るとともに，樹木の成長も防ぐ，極めて基本的かつ重要な管理作業である（写真2）。さらに，老朽化による補修や改修工事などを行う場合には，それに伴う費用の負担が生じる。

貯水を公平に配分する水管理の方法は，地域の実情によって様々であり，長い年月を経て定着した方式が今日まで水利慣行として継承されている。水利慣行には，降雨がため池に貯留されるまでの承水慣行，ため池から取水した後の分水慣行，そして一筆毎の水田に給水する配水慣行などがある。分水慣行や配水慣行は，開水路や管水路などの施設形態によって異なり，また分水施設依存型，配水人依存型，番水制（配水時間を定め順にブロックローテーション）などの形式の違いによっても多様である。

水管理技術は，水路施設などの整備水準が未熟な段階が長く続いたため，総じて労働集約的な水管理が続いた。取水操作は最も重要な作業で，かつてはそれに携わる者は「池守」や「水入れ役」と呼ばれ，世襲で固定されている地域もあった。近年では用水のパイプライン化が進み施設依存型の配水方式に変化し，水管理は関係農家の輪番制となっているところが多い。また，ほ場整備事業を契機として，農家が個々の水田でバルブ操作により随時取水することになり，水利組織の水管理形態が大きく変化している。

■ ため池の多面的機能

ため池は農業用水を安定的に供給する目的で設置されたものであるが，同時に適正な管理によって多くの機能が発揮されている。実例を挙げれば，ため池は豪雨時に降雨を一時的に貯留することで下流域での洪水を抑制し，その豊かな水辺環境は多くの水棲動植物に生息環境を提供している。また，ため池が形作る水辺のある景観は，ため池周辺に居住する住民（以下：地域住民という）の生活にゆとりと安らぎをもたらす空間となっている。

しかしゴミの不法投棄や汚水の流入による水質汚濁，外来生物の進入による環境悪化などが，従来その地域が享受してきたため池の多面的機能を阻害している（写真3）。

一方近年の社会状況やため池周辺の土地利用形態の変化から，多面的機能に

第8章　市民協働によるため池保全

対する地域住民のニーズが高まり，その発揮を更に促す整備や取り組みが求められている。

例えば，護岸や安全柵の設置により新たに釣りや水遊びなどの親水空間が創設され，周回道路や休憩施設の整備により散歩やジョギングなどレクリエーション活動の場が創出される（写真4）。

また古い歴史のあるため池では，言い伝えや祭りなどを明らかにすることで地域文化の拠点となり，サークル活動やイベント会場としての活用がコミュニティ形成の場となる。このようにその特性に応じた働きかけを積極的に行うことで，個々のため池において様々な機能の発揮につながる可能性がある。

写真3　浮遊するため池のゴミ

写真4　ウォーキング大会

2　兵庫のため池

■ ため池の特徴

現在，全国には約20万箇所のため池があり，そのうち半数以上が瀬戸内海沿岸の府県に集中している。なかでも兵庫県は約3万8千箇所と抜きん出て多く，全国一のため池保有県である。また兵庫県内の分布状況も，阪神地域，播磨地域や淡路地域といった瀬戸内地域に集中し，特に淡路地域には狭い島内に県内の半数がある。

瀬戸内地域にため池が多い理由の一つは，瀬戸内海式気候で年間を通じて降

水量が少ないこと，二つにはこの地域の地勢により水利の便が悪いことである。播磨地域を流れる加古川流域には，両岸に広大な丘陵が広がっているが，台地であるため河川からの取水が困難である。また淡路地域の河川は流域が狭く，河川流量が乏しいため農業用水源として直接使いづらい。

しかし，ため池に農業用水を貯水することで，このように利水面で恵まれない地域においても，稲作を営む特異な農業が展開されてきた。

兵庫県内の水田を水源別に比較すると，ため池によりかんがいされる面積は約50％で，全国のそれが約10％であるのと比べると，ため池への依存度が極めて高い。兵庫県内の農地の9割以上が水田であることから，ため池が本県農業にとっていかに重要な利水施設であるかが分かる（図2）。

多くのため池は，明治時代以前に造成され築造後相当の年数を経過し，老朽化の進むものも見られるが，今日なお水田農業を支える重要な農業水利施設である。

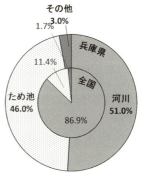

図2　県内のため池の依存度

ため池の保全管理に係る取り組み

ため池は，一旦破堤すると下流へ甚大な被害を及ぼす（写真5）。そのため兵庫県では，全国に先駆けその保全管理に係る「ため池の保全に関する条例（1951年4月施行）」（以下：旧条例という）を制定した。旧条例では，ため池管理者（以下：管理者という）をそのため池の利水者（農家）並びに受益農地の所有者と特定し，ため池の保全に努めるよう強く求めるとともに危険な行為に警鐘を鳴らすなど，その設置や管理を規制してきた。

しかし管理者の高齢化や減少にともない日常管理が粗放化し，ため池は重要な農業用水源であるに

写真5　ため池の決壊

もかかわらず，充分な管理が行き届かないものが増えつつある。また老朽化の進行，局地的な豪雨や大規模地震の発生などによる被災リスクが高まっている。

管理者は，災害の未然防止を図るため日常管理の徹底や，それを可能とする管理体制の維持構築のため，自らの意識向上が求められ

写真6　ため池パトロール

ている。そこで管理者は，行政が主催する講習会への参加に努めるとともに，毎年管理強化月間には，警察，消防，自治会関係者，行政らと現地点検やパトロールを行い，関係者間で危険な箇所の情報を共有している（写真6）。

兵庫県内ではこれまで防災上の観点から，補助事業を活用し約1,600箇所以上の老朽化したため池で改修工事が実施された。また近年風水害による被災が増加したことから，一定規模以上のため池において点検と耐震調査がなされた。その結果，整備を進める必要があると判定されたため池は約1,100箇所にも及ぶ。管理者と行政の間では，この情報を共有し災害の未然防止を図るとともに，早急に整備する必要があるため池については，兵庫県が策定した「ため池整備5箇年計画（2014年2月）」により，2015年度から計画的な改修整備が進んでいる。

3　多様な主体の協働を促す取り組み

■ 多様な主体の意識

近年地域住民が，ため池の多面的機能のさらなる発揮に寄せる期待は高まっている。しかしその恵みを受けるには，地域住民がため池保全活動に参加することはもちろん，その前提として管理者が彼らを受け入れる必要がある。

地域住民の参加が想定される地区では，総じて彼らがため池の周辺に，管理

者がため池の下流域に居住することが多く，両者は異なる自治会に属するなど日常的な交流が乏しい。同じ自治会に属していても，管理者は地域で共有する財産などを継承してきた旧住民であり，移り住んで来た新住民である地域住民とは，必ずしも同じ視点でため池を捉えている訳ではない。例えばため池の水辺環境の悪化に対して，管理者は地域住民をその原因者とし，地域住民は管理者にその責任を問うという，相互に反目しあう構図になり易い。

さらに管理者は水難事故など不測の事態に責任を問われることがあり，地域住民の利便性を向上するための施設整備やその活用は，管理者に不公平感を生じさせ，容易に受け入れられるものではない。

ただ一般的に，管理者は地域住民との摩擦を将来に引き継ぐことを好ましいと考えておらず，ため池が地域財産として有効に利活用されることを望んでいる。近年，地域住民がため池周辺の利活用施設の整備やその保全活動に参画する例が現れ始めたことで，管理者は彼らとの協働に対する理解をより一層求められている。

併せてため池に関心のない地域住民にも，その多様な価値や可能性を啓発するとともに，保全体制を構築し参画し易い活動機会を提供することで，ため池保全に関する理解や意識醸成を図る必要がある。

■ 住民参加の取り組み

ため池へのゴミ投棄や水質汚濁など環境悪化が進む一方で，地域社会では多面的機能を有する地域財産としてため池を位置づけその保全を求め始めた。

そこで，週末などを利用しその清掃を行う「ため池クリーンキャンペーン」（以下：ため池 CC という）の取り組みが，兵庫県や市町の働きかけで 1992 年度から始まった。これはため池を地域の公園などと同様に扱い，地域住民も参加する清掃活動である。これまでのため池保全作業は，管理者である農家のみで行ってきたが，ため池 CC によって初めて地域住民がその一部を担うこととなり，施設の保全管理上画期的な取り組みといえる。地域において四半世紀に渡りこの活動が継続していることは，ため池が地域財産とし徐々に認知され始めたことの現れであり意義深い（写真 7）。

第8章 市民協働によるため池保全

　昨今のため池 CC は，地域の行事として定着し，行政の支援を必要とせずに管理者らが自主的に開催するところも増えている。地域的な偏りがあるものの年間200箇所以上のため池で，参加者数のべ1万人を越える規模にまで広がっている。

　明石市内では，ため池 CC が順次開催され，その数が年間約30回にのぼる。この明石市の取り組みに共感した市民が，ボランティアグループ「明石ため池清掃志隊」を組織し，居住地域以外のため池の清掃にも自主的に参加するなど活動の輪を広げている。

　ため池 CC が地域で定着する理由は，清掃活動自体を否定する者

写真7　ため池クリーンキャンペーン活動

写真8　ため池清掃によるゴミの山

はなく，作業内容がゴミを拾い集める簡単なものであり，老若男女を問わず参加が可能であること。また準備も主催者がゴミ袋などの用意をするだけで負担は軽く，参加者は集めたゴミにより成果を実感できる，わかりやすい活動であることが挙げられる（写真8）。

　加えてこの取り組みは，地域住民がため池へ実際に足を運び，その空間を体感し管理者と接する貴重な機会と考えられ，多様な主体が気軽に協働し交流が図られる行事である。

■ ため池協議会の設置

　兵庫県内のため池保全の取り組みは，旧条例に基づき管理者に対して設置や管理の規制と，老朽化した施設の改修などを進めてきた。近年はそれに加え，

社会の成熟とともにため池を地域の財産として認識し，地域住民がため池の保全活動に参画するなど変化が見えはじめた。

そこで兵庫県は，ため池の保全・整備に関する理念やその実施手法などを示す「兵庫県ため池整備構想（1998年3月）」（以下：整備構想という）を策定した。

整備構想では，21世紀のため池像を「わたしたちが支え楽しむかがやきの水辺」とした。ここでいうわたしたちとは県民を指し，これまで管理者である農家のみで行ってきた保全活動に，ため池が有する多面的機能の恵みを受ける全ての主体が，その保全・整備に取り組むことを初めて明文化している。整備構想では，管理者のほか，地域住民，ため池を活動の場とする団体や個人，周辺の学校や企業などを参画する主体として想定し，その多様な主体をため池保全体系の一部に位置づけた。

多様な主体が参画するため池の保全活動は，単なる清掃や啓発に止まらず，各主体が課題を持ち寄り相互に共有し，解決に向けた方策について合意形成を図り，その方策を展開することが求められる。また課題を共有し解決に向けた取り組みは，一過性ではなく継続されることが望ましい。

そこで整備構想では，主体間の合意に基づく保全活動などを継続的に実施する組織としてため池ごとに「ため池協議会」（以下：協議会という）を設置することとした（図3）。

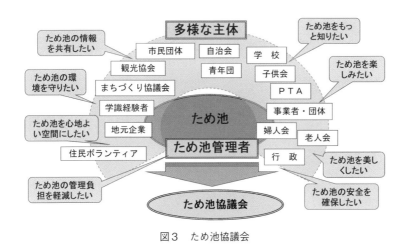

図3　ため池協議会

第8章 市民協働によるため池保全

　多様な主体の参画を得て協議会を設立し活動を継続するには，改修工事の着手時期が協議結果を具体化しやすく適期とされている。この時期は，行政も加わり，先進地の事例や地域住民意向などの調査を行い，改修工事と併せ必要に応じて利活用施設の検討や，その保全計画づくりなどに取り組みやすい。

　協議会活動を通じて管理者は，地域住民がため池に関する知識を持ち合わせていないことや，その利活用に対し様々な期待があることを直接知る機会になる。また参加する地域住民は，ため池が管理者のたゆまぬ取り組みにより今日まで守られてきたことや，農業を支える重要な水利施設であることを知る好機となる。参画する多様な主体は，その活動を通じて参加者相互の理解と信頼関係を構築し，それぞれの課題を協議会での協働により解決を図っていく（写真9）。

　整備構想は全県を対象として策定しており，地域特性や各市町施策を必ずしも反映していない。そこで地域の実情を踏まえた，ため池保全のあり方を検討する動きが北播磨地域や東播磨地域で見られ，市町毎にため池保全整備方針を示した。このことが，協議会の活動目標や取り組みのイメージをより明確にし，これら地域ではその設立が相次ぎ現在約80組織が設立され活動している。

　また兵庫県内では，2007年度から農林水産省の交付金（多面的機能支払交付金）制度を活用し，農業用排水路，農道やため池などの適切な保全管理活動や農村環境を保全する地域活動（以下：多面的機能支払交付金活動という）が始まっている。この活動は農家だけでなく地域住民の参加を求めており，地域の多様な主体の参加による活動という意味では協議会と同質の組織であり，約9,200箇所のため池が農地とともに本制度を活用して保全されている。

写真9　ワークショップ風景

3 多様な主体の協働を促す取り組み

■ 多様な主体の参画

　協議会が内包する課題はそれぞれ異なるものの，テーマや解決手法に共通性が見られることから，近隣の協議会と課題の共有を図り，連携や協力による課題解決の可能性も広がった。そこで協議会の主体的な活動や，課題解決に向けた取り組みを包括的に支援する枠組みが必要となってきた。

　兵庫県東播磨県民局と管内の関係市町（明石市・加古川市・高砂市・稲美町・播磨町）は，ため池を核とした地域課題の解決やため池の保全整備を支援する，「いなみ野ため池ミュージアム」（以下：ミュージアムという）を平成14年度に創設した。これは地域に点在するため池を展示物とするエコミュージアムで，個々の協議会を会員として，自然保護団体，学識経験者や教育機関などが参画する運営協議会を組織し，ため池の保全と併せ地域共通の課題である組織づくりや地域の魅力づくりの実現を図っている（写真10）。

　ミュージアムの取り組みが各種団体と協働することで，各協議会は課題解決の方策を検討する際にそれらの助言指導を得やすくなるとともに，参画する主体も個々のため池や協議会の活動状況を把握することが容易となり，適切な提案や自らの効果的な活動を可能とする。例えば，ある自然保護団体は，ため池協議会と連携し，毎年地域住民を対象に水草の観察会を実施している（写真11）。

　また人工的な水域であるため池には，長い年月の間に様々な動植物が棲息し豊かな生態系を形成している。そこで兵庫県内ではため池の改修工事を実施する際には，

写真10　いなみ野台地のため池群

写真11　水草観察会

167

第 8 章　市民協働によるため池保全

水辺の環境保全に取り組む自然保護団体らの協力を得て，事前にその環境調査を実施し，生態系に配慮した工法選定について助言を受けてきた。

動植物を保護した後や施設整備後も，環境との調和を継続していくためには，管理者や地域住民らは調査や提案を行った自然保護団体などと協働することが望ましく，協議会の要請を受け支援を継続する団体もある。

写真 12　ため池出前授業

またため池の保全活動を将来に渡り地域で継続するには，その取り組みを担う人材確保や組織づくりが不可欠であるため，地域においてその価値や可能性を共有するきっかけづくりが重要である。特に身近な地域課題の解決や具体的なため池保全の取り組みなどの継承には，子供時代から地域活動への参加やフィールド学習での体験が何より必要と考え，出前教室や現地見学会などの機会には講師役として，管理者，郷土史家，学識経験者や農村環境保全啓発団体などの協働を得ている（写真 12）。

4　市民協働によるため池保全活動への期待

■ 多様な主体の参画と協働

社会が成長から成熟の時代へ移行する中，兵庫県では 21 世紀兵庫長期ビジョン（2001 年 2 月策定）において，県民の参画と協働によって地域主導で当該地域の将来像を描いてきた。さらに「県民の参画と協働の推進に関する条例（2003 年 4 月施行）」（以下：参画協働条例という）を制定し，21 世紀の成熟社会にふさわしい地域づくりを進めるため，参画と協働のあり方や基本理念などを明らかにした。

その背景には、人々の価値観が、ものの豊かさから心の豊かさに質の充実を求める方向へ、経済面では生活者の立場に立った生産活動へ、人と社会の関わり方では権利とともに積極的な役割や責任を分担する方向へ大きく変化していることがある。参画協働条例は、県民一人ひとりをはじめ多様な主体が自ら積極的に地域社会に関わることを強く求め、その主体的な取り組みにより地域課題を解決し、生活の質的向上の実現を目指している。

参画協働条例制定以前から続くため池CCを始め、整備構想が示す協議会の活動など、ため池保全の取り組みは、その理念を先取りしたものといえる。

■ 市民協働の拠りどころ

ため池は、成熟社会において地域住民からその多様な価値や可能性を認められ、地域財産としての有用性が求められても、彼らが一方的にその恵みを受けることは許されない。それは個々のため池が農業利水のために造成され、営々と管理者が守ってきたことを思慮すれば明らかである。多面的機能の発揮促進による恵みを地域住民が享受するためには、ある一定のルールによって設定された枠内でという制約が伴う。あるため池（加古大池）ではウインドサーフィンをする人達の姿を見かけるが、これも管理者の理解があって初めて楽しむことができる（写真13）。

整備構想では21世紀のため池像として、ため池の保全活動に係る多様な主体の参画を実現するために協議会などを活用するとした。管理者も参画する協議会の全主体が、ため池の保全や活用に係る課題を共有し、その解決に向けた方策の実施が協議会の活動そのものとなる。

協議会は、徐々にその数を増やし、個々のため池の課題解決に有効に機能している。また多面的機能支払交付金活動に取り組む多くの活動組織も同様に地域住民の参加を得たため池保全活動を行い、

写真13　ため池でのウインドサーフィン

第 8 章　市民協働によるため池保全

多様な主体が取り組むため池保全活動は広がりを見せている。

　これまで兵庫県は，旧条例に基づきため池の設置や管理に関して規制し，安定した農業生産と地域防災安全度の向上に努めてきた。加えて，旧条例の施行から半世紀以上が経過し，社会情勢の変化に応じ多面的機能の発揮促進に係る施策などは，整備構想をその拠りどころとしながら実施してきた。

　今日，地域住民が参加するため池保全活動に対し，管理者の意識が変化するとともに，その活動はため池が有する多面的機能の発揮を一層促進し，安全安心な生活の確保や豊かな自然環境の保全，良好な地域社会の維持に寄与するなど成果を現し始めている。

　そこで，この取り組みを恒久的な施策として規定することが求められるようになり，近年のため池保全活動の実績を踏まえ実現可能な将来像として，広く県民が参画する施設保全の協働や多面的機能の発揮促進に係る取り組みを，ため池保全の基本姿勢に規定する新たな条例が制定されることとなった。

　制定された「ため池の保全等に関する条例（2015 年 4 月施行）」（以下：新条例という）は，旧条例で定めていた堤体の設置や洪水吐における流水阻害行為に関する規制に加え，点検や管理体制の維持について明記することで，適正な管理を徹底し災害の未然防止の強化を図った。併せて，適正な管理によって発揮される多面的機能を，より促進させるために必要な事項を定めた。

　新条例は，理念として地域の貴重な財産であるため池が，次の世代に継承されるよう，管理者による適正な管理と，多様な主体の協働による多面的機能の発揮促進を，さらにその実現のため各主体（県，市町，管理者，県民）の責務を明文化した，全国初のため池総合条例である。

　新条例の施行に併せ，施策実施の基本的な方向や項目，各主体の行動指針などを示すため，有識者による検討会での意見を踏まえ「兵庫県ため池保全等に関する推進方針（2016 年 3 月）」（以下：推進方針という）を策定した。これは 3 つの方針「まもる」「いかす」「つなぐ」に基づくため池保全推進方策と推進体制などを示すものである。

　ただ推進方針は，県内全域を対象として策定していることから，地域特性に応じた施策展開のためには，各市町の特性を活かした推進方針が求められている。兵庫県ではそれを策定した市町と順次推進方針の情報を共有し，地域特性

170

に応じたきめ細やかな保全活動を実施することとしている。

　推進方針では，新条例に基づくため池のめざす姿を実現するため，その適正な管理と多面的機能の発揮の促進に向けた取り組みを，県民一人ひとりがそれぞれの立場で実践する「ため池保全県民運動」（以下：県民運動という）と位置付け，県民の参画や協働に基づき施策の展開をすることとしている。

　既に述べたとおり，旧条例や整備構想に基づき，ため池の管理強化が図られるとともに，その多面的機能の発揮促進に向け地域でのため池保全活動が展開されてきた。これら従来の取り組みも県民運動として包括し，今後は，参画する多様な主体間で合意形成がなされた取り組みを実現する具体の施策が必要である。

■ 市民協働によるため池保全のあり方

　地域社会には数多くの課題があり，その解決に向けて住民は従来自治会などを組織し，身近な公共的活動（防犯，防火，環境美化等）や情報伝達を行政と協働してきた。

　行政は，これまでの平等の原理に基づくサービスは引き続き対応するが，ため池の多面的機能の発揮や活用など，多様化する地域社会のニーズに起因する様々な課題に対して，行政のみできめ細やかな対応を的確に実施することは容易でなく，地域住民もその一部を担うことが求められている。しかしどこからどこまでが行政の役割で，どこからが住民の役割かと問われても明確にしがたい。そこで行政は，地域住民と連携を図り協働することで，地域課題を解決する領域を彼らと共有していくことが必要である（写真14）。

　兵庫県内では，ため池保全にかかわる課題解決の手法として協議会が示され設置してきたが，行政

写真14　地域の協働によるかいぼり

第8章　市民協働によるため池保全

主導による住民参加の誘導や，協議内容が事業計画のお知らせなどにとどまっているとの意見もある。

　一方地域住民の側も行政任せではなく，地域が抱える課題に対して住民が生活の中から見出した解決手法を提案し，参画する多様な主体と役割を分担しながら協働することが求められている。

　ため池は地域財産であると同時に，利水者にとって営農を支えるかけがえのない水利施設である。従ってその保全活動への参画には一定の責任を持って取り組むことが求められる。その責任を果たす自立した主体を協働社会における市民と定義すると，協議会活動はこの市民が参画するため池保全活動になることが望ましい。

　地域住民が，この市民として自ら地域の課題を考え提案し行動していこうとする動きは，まだまだ少ないのが現状である。しかし協議会に参加した主体の多くから，「自分が提案し議論を尽くした合意事項には責任を負いたい。」という声を聞く。行政も，発案者や議論に参加した主体こそ熱意を持って合意事項を実行できるとして，その取り組みを任せたいと考えている。参加者主導の協議は，一般的に行政がリードするよりも時間を要するが，参加者が納得して合意した方策は，主体的な取り組みにつながりやすいことも事実である。

　近年のまちづくりや環境問題の解決には，地域社会や環境に対する意識に根ざす市民の実践活動が不可欠とされるようになってきた。特に活動に取り組む市民の力が生かされる参加形態を実現することが，ため池保全などの地域課題解決においても重要である。

　協議会の主催者や行政は，参画する主体の構成や合意形成の過程をいかにコーディネートするか，参加者に責任を果たす自立した主体へいかに意識付けを図っていくか，さらに合意事項について地域社会と役割を分担しながら実際に取り組めるような工夫が必要である。

　このことは行政等が，扱いやすい下請け的な組織を手に入れようとしているのではなく，協働を実現する新たな担い手として協議会などを位置づけ，相互に自立した関係を築くことを念頭に置いている。

　兵庫県内には地域特性に応じ，これからも利水者のみが管理者としてたゆまぬ努力により守り続けるため池があれば，管理者と市民が協働により保全する

172

ため池もある。今後農地が担い手農家に集積され，いわゆる土地持ち非農家の増加に伴いため池が身近な施設ではなくなり，農村部においても管理者意識の低下が想定される。

　ため池を取巻く状況は様々であり，画一的な手法での保全活動は困難と考える。しかしため池の適正な管理と多面的機能の発揮の促進を図るには，管理者の保全活動にその恵みを受ける多様な主体の協働を位置づけ，その参画を促し実践することも重要である。ため池の保全活動に市民として一定の責任を持って取り組む多様な主体の参画と協働が期待される。

《参考文献》
- 明石市教育委員会　2008『明石のため池』
- いなみ野ため池ミュージアム運営協議　2012『いなみ野ため池ミュージアム－10年の歩み－』
- 内田和子　2003『日本のため池』（海青社）
- 寺田池協議会　2011『寺田池のてびき－寺田池保全管理運営活動のすすめ－』
- 浜島繁隆　2001『ため池の自然－生き物たちと風景』（株）大学図書
- 兵庫県農政環境部農村環境室　2015「ため池の保全とその県民運動の展開～ため池の保全等に関する条例の制定を受けて～」（『ひょうご自治』平成27年8月号）
- 兵庫県農政環境部農村環境室　2016『兵庫県ため池の保全等に関する推進方針』
- 兵庫県農林水産部農地整備課　1984『兵庫のため池誌』
- 兵庫県農林水産部農地整備課　1998『兵庫県ため池整備構想』
- 三輪顕　2015「「里」と「海」の協働によるため池保全と新たな地域づくり～豊かな海の再生プロジェクトを通じて～」（『農村計画』Vol.33 No.4）
- 森脇馨・三輪顕　2014「兵庫県ため池整備構想とその実現に向けて」（『環境技術』Vol.43 No.8）
- 森脇馨　2017「兵庫県ため池保全県民運動の展開」（『武庫川市民学会誌』Vol.5 No.1）

コラム ため池協議会の設立と活動
　　　～寺田池協議会の事例～

森脇 馨（兵庫県加古川流域土地改良事務所）

寺田池は，約1100年の歴史を持つ加古川市内で最も広い水面積を持つため池である。しかしその周辺は年々市街化が進み，受益地は10ha足らずに減少している。

写真1　寺田池全景

寺田池の所有者であり管理者である新在家町内会等は，堤体の老朽化に伴う改修工事に併せ，周囲の貴重な緑地帯や水辺空間の保全，その将来的な活用について2001年から具体の議論を始めた。防災や環境保全の課題が明らかになるのと時期を同じくして，寺田池周辺に居住する住民（以下：地域住民という），隣接する兵庫大学や寺田池の受益者でもある県立農業高校生などが一堂に集まり，まずは寺田池に対する想いを話し合う「寺田池の集い」も始まった。

様々な場面で話し合いを重ね，寺田池のあり方や活用について議論が深まり，参加者が共有する想いを実現するためには，組織づくりが必要との機運が醸成された。話し合いに加えミニコミ紙の発行や寺田池を会場とするイベントの開催などにより，関係者の相互理解が図られ，地域住民の寺田池への関心は一層高まった。2003年度には，新在家町内会と寺田池周辺の16町内会（全体約5500世帯）に関係農会・水利組合が参画する，寺田池協議会（以下：協議会という）が設立された。

協議会での議論はワークショップ形式で行われ，利活用施設の整備内容について意見を出し合い，現地で整備後

写真2　ワークショップ

をイメージするとともに，管理面での負担や環境への影響などを点数評価した。特に施設管理や維持費用の負担については議論を重ね，協議会自らの力量に応じた施設規模や水準に絞り込み，そのデザインや管理のルールを協議し参加者の合意形成を図った。

作成した利活用施設計画案を具体化するため，設計や施工方法については専門家が加わり施設の整備を実現した。また貴重な水棲動植物を改修工事期間中に保全するため，地域住民は里親としてシードバンクとなる池底の土を採取するとともに，魚類については捕獲し他のため池に一時避難を行うなど協働した。

協議会では施設整備にあわせ策定した規程により，活動の内容や計画，経費負担などを定め，細則によって町内会，農会・水利組合，行政の各主体が維持管理する対象施設や役割を示した。特に，周回道路の清掃や，転落防止柵とベンチなどの施設点検は，各町内会が当番制で毎月行うとし，協議会の運営費は各町内会の世帯数に基づき応分の負担をすることとなった。

また後年転居してきた地域住民に協議会活動への参画を促すため，協議会の設置までの経緯や設立趣旨，施設の利用ルールや担うべき点検内容などを

写真3　寺田池のてびき

「寺田池のてびき」に協議会がまとめ全戸に配付している。

寺田池の保全に関し多様な主体が参画する話合いが始まり，協議会の設立を経て利活用施設の整備，そして保全活動が始まるまでに約10年もの時間を要した。しかし毎年恒例となった四季折々の行事（花見，水棲動植物観察会，芋ほり，観月会等）や，各町内会による当番制の清掃活動などが定着している。

寺田池のほとりでは，早朝からラジオ体操をする住民，周囲をランニングする学生や散歩する人達など，その姿が一日中絶えないことに鑑みると，それは決して長い時間ではなかったと考える。

第 8 章　市民協働によるため池保全

コラム ため池保全県民運動の展開
〜かいぼり復活とため池マン参上〜

森脇 馨（兵庫県加古川流域土地改良事務所）

　兵庫県では，ため池の適正な管理と，多面的機能の発揮の促進に向けた取り組みを，県民一人ひとりがそれぞれの立場で実践していく「ため池保全県民運動」として展開している。

　兵庫県内各地で多様な主体の一人ひとりが，ため池の保全に向けた活動を実践し始め連携の輪を広げている。
＜里と海の連携交流：漁業者の参画＞
　今日のようにため池の施工技術体系が確立する以前は，堤体盛土の締め固め不足による漏水や，波浪による法面の浸食などを完全に防止することが困難であった。

　そこで稲作終了後には落水し，漏水箇所の盛土を締め固め，浸食された堤体を補修するとともに，水没していた取水施設の点検や補修を行っていた。また水路を伝って流れ込みため池の底に堆積した耕作土を農地へ還元したり，池底に残った水に集まる魚類が農家の冬場の食材になったり，その捕獲は雑魚取りとして一種の娯楽であった。このように貯水を全て落水し池干しする一連の行事を「かいぼり（掻い掘り）」と称している。

　近年では築堤技術の高度化や取水施設の整備水準が向上し，施設点検や補修を毎年する必要性が低下した。また市販肥料の活用，食生活や娯楽の嗜好の変化など，管理者を取巻く情況が以前とは大きく異なり，貴重な貯水をあえて池底まで放流することがなくなった。

　ため池管理者は，底泥土を掻き出す作業が重労働で大きな負担であるうえ，下流水路沿いの住民や沿岸の漁業関係者からは，底泥土の悪臭や水質悪化に対する苦情を招きかねず，その放流に対して年々消極的になっていた。

　一方，瀬戸内海は高度経済成長の時代に工業排水や生活排水などによる海洋汚染が進み，赤潮が大量に発生する

写真 1　　漁業者等が参画するかいぼり

などの危機に直面した。そこで工場排水の規制や下水処理などが進み、その水質は大きく改善したが、貧栄養の海に変化したことから漁獲量や養殖ノリの色落ちなど沿岸漁業への影響が深刻化した。

しかし近年、台風や豪雨が続いた年は養殖ノリの色落ちが抑えられたことから、漁業者は河川から流入する栄養塩が、豊かな生態系を育む海の再生につながると考え、ため池の底泥土の放流に期待を寄せるようになっていた。

これらの背景から、一旦は行われなくなっていたかいぼりが、漁業者の積極的な参画により次々と復活している。東播磨地域ではため池管理者らが連携し同じ日に複数のため池から底泥土を一斉に放流したり、淡路地域では若い漁業者が中心となりポンプ放水やジョレンなどの道具を使い、手作業で丁寧に底泥土を掻き流したりするなど、各主体が協働することでその効果を高めようとしている。

復活したかいぼりは底泥土の放流だけでなく、水棲動植物の観察会や雑魚取りなどの行事も同時に行われ、参加する地域住民とため池管理者や漁業者の相互交流が深まる機会になっている。また漁業者はため池管理者が主催する清掃活動や様々な行事などへも主体的に参画し、ため池での里と海の多様な主体の協働が広がっている。

＜ため池マン5万人プロジェクト：NPO法人の参画＞

NPO法人メダカのコタロー劇団（以下：劇団という）は、「アニメ紙芝居」というスクリーンに投影したアニメに、その配役に扮した声優達がスクリーン横から生の声をあてる手法を用い、農村環境やため池の保全が学べる演目を、各種イベントや兵庫県内の小学校などで公演している。

劇団は、自然保護団体や行政職員などを講師に招き、農業や農村環境の、現状や課題を学習するとともに、農村での農作業体験などから知見を得て、農業や農村が直面する課題を的確にとらえたシナリオ作りや多彩なオリジナルキャラクターの創作を実現している。

これまでも農業の有用性や外来種駆

写真2　かいぼりに併せた雑魚取り

除をはじめとする農村環境保全を訴える内容から，里山里海連携，災害から森林を守るなど，多くの演目を創作しその絵本も発行してきた。またアニメ紙芝居のテレビ番組を毎日放映するなど，活発な活動を展開している。

劇団は兵庫県内で進めるため池保全県民運動の理念に共感し，農村環境やため池保全の大切さを伝えるキャラクターとして「ため池マン」を誕生させた。2015年度から劇団は「子供ため池マン5万人プロジェクト」を企画し，主体的に公演活動を展開している。これまでに300箇所を上回る会場でのイベントとのべ360校以上の小学校で公演し，約2万3千人の子供達が劇団員とともに変身グッズで子供ため池マンに変身している。

この小学校公演では，その内容を理解しやすくするため，公演前にはテレビ番組を視聴，当日はアニメ紙芝居を観劇し，公演後には検定試験を受け，更に後日公演の様子を伝えるテレビ番組を観て学習内容の理解を深めるという流れで実施している。また次世代を担う子供達はもとより，彼らが家庭に持ち帰った変身グッズを手にした保護者に，ため池保全県民運動が広がることも期待される。

劇団が，学校関係機関，農業者，農業団体，環境保護団体，マスコミ，行政などと連携し，積極的な啓発や広報活動に取り組むことで，それら多様な主体のため池保全意識の向上に寄与している。

写真4　小学校公演

写真3　子供ため池マン舞台公演

第 **9** 章

農山漁村における
伝統文化の継承

木原 弘恵
関西学院大学大学院社会学研究科

人口減少が進む農山漁村では，担い手の不在状況を案じて，地域の祭礼や芸能の継承を危ぶむ声を耳にする機会は少なくない。そうしたなか，人びとがそれらを継承することの困難を乗り越えて，自分たちの伝統文化として，観光や地域づくりに役立てようと動きだす姿もみられる。

本章では，戦後の農山漁村をとりまく環境の変化のなかで，価値あるものとしてあらためて見いだされるようになった伝統文化の継承について考える。人びとの実践を紹介しながら，継承に必要な方法や考え方について検討する。

キーワード

むら　伝統文化　文化財　観光　生活の場

1 高度成長と農山漁村の変化

　第一次産業の後継者の不在，農地の荒廃，獣害の深刻化など，農山漁村に足を運んでみると，ネガティブな印象を与えがちなこうした話題に遭遇することがある。一方で，農業体験，農家民宿，祭礼や芸能といった伝統文化など，農山漁村の自然や暮らしぶりに対する，都市に暮らす人びとの評価の高さを実感する機会も多い。

　戦後，農山漁村は大きく変化したといわれている。その背景には，高度成長期に日本社会の産業構造が転換し，それに伴い就業構造を変化させてきたことがある。多くの農山漁村社会では，若者を中心とした住民の都市への転出や通勤などによって，次第に第一次産業従事者が減少した。地域社会に対する人びとの意識もまた変化を余儀なくされ，地域社会の繋がり方を変容させてきた。

　また，高度成長によって，一定の経済的豊かさを享受することが可能になった都市生活者は農山漁村に求めるものを少しずつ変化させてきた。後にも述べるが，高度成長期以降は，農山漁村が生産の場としてだけではなく，消費の場として認知されていくプロセスでもあった。そのことは，現在の農山漁村における観光事業の展開などに確認することができる。

　こうして各地で起こった過疎化という社会現象は，第一次産業の担い手の不在状況をもたらし，そこで継承されてきた祭礼や芸能といった伝統文化をも消滅へとおいやってしまうのではないかと危惧されてきた。古川彰は，明治以降，村落の生活環境保全領域のなかに，行政によって自分たちが働きかけることのできない土地ができ，圃場整備事業等によって農業経営が個別化することで，「むらごと」として行われてきた領土・作物・生活保全の多くが「いえごと」に変わっていったと述べている（古川 2004：296）。高度成長期以降の農山漁村から都市への人の流れもまた，むらの生活に大きな変化をもたらすとともに，「むらごと」としての伝統文化にも少なからず影響を与えてきた。そうした変化に対して，人びとは，簡素化という形をとりながら伝統文化を継承したり，場合によっては休止したりもしながら，その時々の状況を受け止めてき

たのである。

　ただ，今日，観光の対象となっている各地の伝統文化には，個人や個別の組織というより，「むらごと」として続けられているものも多い。

　ここで「むら」という用語について簡単に説明しておく。この用語は，行政的単位を，あるいは生産や生活の共同体というまとまりある小さな単位を示すときに使用される。前者の場合は「村」という表現が，後者の場合は「むら」（「ムラ」とする場合もある）という表現が用いられることが多い。福田アジオは「その地域の人々によって一つの自律的な単位として認識されている範囲」を出発点とする後者のむらに目を向け，人びとが意識するむらの範囲や内容を明確にし，その基礎となる社会関係や構造を析出することによって，むらとは何かが判明するのではないかと述べている（福田 1982：323-324）。

　1960 年代にはすでにこうした「むら」の解体が，経済史学や社会学をはじめとする各分野の研究者によって言及されている（岩本 1965，島崎 1966，中野 1966 など）。そのなかで，中野卓は「いまあるムラは以前のムラがまだ『生きている』のではなく，いまのムラが生きている」からこそ，「各時代に各時代の特質を備えたムラをとらえうる」のだとする。また，このように述べた後，「絶対的に自立的，自律的なムラなどは歴史のなかには見出しえないが，全く他律的なムラも同様見出しえない」のであり，「ムラは各時代の全体社会の政治的・経済的な構造により規制されながらも，ムラとしての立場で，その外的規制をムラなりの立場で受け止め」てきたと論じている（中野 1966：258-260）。

　中野らの議論から 50 年以上経た現在，日本社会では，人口減少に端を発した地域社会の存続をめぐる議論が盛んになされている。むらは常に変化し続けているとする中野によるむらの捉え方を手がかりとしつつ，各地で「むらごと」として続けられる伝統文化の継承について考える。

2 資源としての伝統文化への注目

　農村では、都市生活者が消費する農作物が日々生産されている。一方、今日の農村が提供しているものは、それだけにとどまらない。自然とのふれあい、癒しや交流体験の機会の提供など、農村への期待や関心はさらなる高まりをみせている。この動きを「ポスト生産主義」的状況としてとらえ、農村の場の再定義を試みる研究も現れている（立川 2005）。農産物以外にも農村の資源を見出そうとする状況は、さきに見たように、就業構造の転換やそれに伴う人口移動と関連しながら展開してきた。各地で継承されている祭礼や芸能といった伝統文化も、その資源のうちに含まれるだろう。

　たとえば、よく知られるお祭りを写真に収めようと、多くの人びとが農山漁村を訪れる場面に出会うことがある。これはめずらしい光景ではなく、伝統文化が資源として対象化されている状況を示すものである（写真1）。ここでは、人びとは、メディアなどを介して構築された非日常といえる文化のイメージを体験しようとしているともいえる。こうした現象を支える「観光のまなざし」に着目したジョン・アーリは、このまなざしが「日常から離れた異なる形式、風景、町並み」などに対して投げかけられ、「社会的に構造化され組織化される」ものであるという。また、それは「社会の中にある非観光的社会行為との対比、とりわけ家庭と賃労働のなかに見られる慣行との対比」によって定まることにも言及している（アーリ 1995：2-3）。近代社会において、マスツーリズムの展開とともに拡大・浸透してきたこのまなざしは、各地の伝統文化そのものや、それが継承されている農山漁村という場への関心の増大に少なからず影響を及ぼしている。

写真1　農村の伝統行事の撮影に集まる人びと
　　　（兵庫県篠山市）

こうしたまなざしの対象とされる祭礼や芸能のなかには，文化的価値を有す
るとして，文化財保護法によって指定され，保護されるべき対象とされている
ものもある。才津祐美子は「文化財に選ばれたからこそ価値あるものとして見
なされるようになるのであって，決してその逆ではない」（才津 1997：26）と
して，文化財の「価値」を自明なものとして取り扱うことに疑問を呈するとと
もに，法制度が人びとの意識に与える影響の大きさを指摘している。

　この文化財保護法が制定されたのは，1950（昭和 25）年のことである。改
正を経た現在，この法令で対象とされる各地の祭礼や芸能は，民俗文化財とい
うカテゴリーに位置づけられている。

　才津は，文化財保護法の制定から，1954（昭和 29）年度の改正を経て，1975（昭
和 50）年に再び改正されるまでに，無形の民俗文化財の対象となるものの「性
質」に対する見解が変化していることを衆議院文教委員会文化財保護に関する
小委員会の会議録などを用いて示している。また，地域の伝統文化が無形の民
俗文化財として選ばれていくこうしたプロセスを考察するなかで，敗戦や高度
成長といった急激な社会変化がもたらした「失われゆくものへの危機意識」の
昂揚とともに，「地域文化」を「国民文化」へと再編する視点を見出し，その
ナショナリズム的傾向を指摘している（才津 1997：30-32）。文化財保護法の
第 4 条 2 項には「文化財の所有者その他の関係者は，文化財が貴重な国民的財
産であることを自覚し，これを公共のために大切に保存するとともに，できる
だけこれを公開する等その文化的活用に努めなければならない」との記載があ
り，文化財が「貴重な国民的財産である」ことが示されている。すなわち，各
地の祭礼や芸能をはじめとする伝統文化が，地域の担い手である人びとのみな
らず，それを超えた領域においても価値あるものとされ，保存や活用を求めら
れているのである。

　1990 年代に入ると，文化財に指定されたものも含め，各地で継承されてい
る祭礼や芸能といった伝統文化の活用はますます期待され，そのことは政策の
なかにも見いだすことができる（岩本 2007）。

　たとえば，1992（平成 4）年には「地域伝統芸能等を活用した行事の実施に
よる観光及び特定地域商工業の振興に関する法律（通称：お祭り法）」が制定
され，伝統文化を観光の資源として活用することが促された。

183

第9章　農山漁村における伝統文化の継承

　1999（平成11）年には，新たな農業基本法である「食料・農業・農村基本法」が制定されたが，その第三条では「国土の保全，水源のかん養，自然環境の保全，良好な景観の形成，文化の伝承等農村で農業生産活動が行われることにより生ずる食料その他の農産物の供給の機能以外の多面にわたる機能については，国民生活及び国民経済の安定に果たす役割にかんがみ，将来にわたって，適切かつ十分に発揮されなければならない」と定められている。すなわち，農業・農村においては，食料の提供以外にも，国民が享受できる「多面的機能」を発揮することが期待されており，そのうちひとつが地域文化の伝承ということであった。

　また，その前年の1998（平成10）年に策定された「21世紀の国土グランドデザイン」と称する新たな全国総合開発計画のなかでは，農村地域における多自然居住地域の創造が掲げられ，地域で育まれた文化や自然を活かした地域づくりが課題とされている。その具体例の一つがグリーン・ツーリズムであるといえよう。青木辰司は，グリーン・ツーリズムを「農山漁村の有する歴史・自然・社会・文化など，多元的な資源を活用した，都市住民と農村住民による，対等かつ継続的な交流活動」と規定しているが，こうした取り組みが促されてきた（青木2004：64）。地域の自然や食といった資源を活用しながら展開している，農業体験，農家民宿，農家レストラン，農産物直売所などはグリーン・ツーリズムの一環であり，地域の伝統文化もこうした取り組みに組み込まれていることは想像に難くない。

　このように，現代社会においては，各地の自然や文化が価値ある資源としてまなざしが向けられている。では，地域資源として見いだされ，活用が期待されてきた伝統文化は，たとえば観光の場面において，担い手たちにどのように実践されてきたのだろうか。

3　伝統文化の真正性をめぐって

　これまで見てきたように，農山漁村の自然や文化に対する都市生活者の関心

は高く，文化財とされた祭礼や芸能を一目見ようと，その土地へ足を運ぶ観光客も多い。私たちが，農山漁村で古くから続けられている祭礼や芸能に出会うとき，その由緒の説明や写真などが掲載された記録を用いてその輪郭をつかもうとすることがある。しかしながら，それらがたとえ文化財指定されていたとしても，過去から変わることなく，同じかたちで，連綿と続けられてきたかというと，そうとも言い切れない。こうした伝統文化は，経済的政治的条件の影響を受けつつ，社会や生活の状況に応じて変化していくものであり，その変化は避けられないためである。それにもかかわらず，私たちは，伝統文化に対してなんらかの本質があると考え，そこに本物らしさを想定することがある。

　学術的な議論の場では，この本物らしさは「真正性」という用語で表現されてきた。人びとは祭礼や芸能のなかに「素朴」や「古風」といったものを探して固定化し，そこに真正性を見出そうとすることがある。しかし，その「古風」を備えた祭礼や芸能それ自体の歴史を遡ってみると，近代以降に創られたものであったり，変化を経験していたり，最近になって再創造されたものであったりすることはめずらしくはない。各地の祭礼や芸能といった伝統文化は，こうした変化や断絶を伴いながら今日に至っていることが多い（橋本 1996，山下 2007 など）。「伝統」が近代化プロセスの権力作用のなかで構築されてきたことは，人文社会科学の領域においてこれまでしばしば言及されてきた。歴史家のエリック・ホブズボウムは伝統文化のそうした側面に着目し，「創られた伝統」と称している（ホブズボウム＆レンジャー 1992）。

　こうした議論を経て，伝統文化の真正性の疑わしさではなく，地域生活の結節点である小さな共同体の「社会に埋め込まれた諸要素を切断せずに対処する技法」に目を向ける視座も開かれてきた（松田・古川 2003：227）。それは，担い手である人びとがどのように伝統文化を実践しているのかを，生活の場から理解しようとするものである。ただし，こうした実践における人びとの選択とは，マクロな構造に規定されたものであるがゆえ，その権力関係には慎重な姿勢でなければならない（松田・古川 2003：231）とも言われている。

　ここでは，事例として，岡山県笠岡市白石島の伝統文化を取り上げる。かつては漁業や海運業といった海に関連する仕事に従事する住民が多かったこの島には，島外にも広く知られた「白石踊」と呼ばれる盆踊りが存在している。源

第9章　農山漁村における伝統文化の継承

平合戦の戦死者の霊を弔うために始まったとも言われるこの踊りは、現在、島の住民やゆかりのある人びとによって構成される「白石踊会」を中心として継承されている。この踊りは、一つの太鼓と一つの音頭に合わせ、男女ともに、複数の踊りが同時に展開されるところに、その特徴があると言われる。島の子どもたちは、学校や踊り場などで、大人たちからこの踊りを習い、複数ある踊りを徐々に覚えていく。なかには難しい踊りもあるが、学校を卒業する頃には、男女それぞれの基本的な踊りを踊ることができるようになっている。盆踊りの場はその成果を披露する場の一つである。また、島外に居住する元住民にとっても、この場は、友人たちと再会し、踊りを楽しむ場となっている。

　1920年代後半から1930年代にかけて、白石島の人びとは、各地で開催される郷土芸能大会などに参加した。踊りを披露した記録がいくつか残されており、それによると競演大会などで踊りを披露しながら、白石踊の名は広まっていったことがわかる。1970（昭和45）年には、大阪で開催された万国博覧会にも参加している。こうした取り組みを経て、1976（昭和51）年には国から重要無形民俗文化財として指定された。その後も、盆の時期以外に行われる島内や島外のイベントに出向いて踊りを披露する機会も多く、現在は、岡山県を代表する盆踊りとして紹介されるまでになった。

　文化財に指定された後の1979（昭和54）年、白石踊会メンバーと有識者によって、白石島の歴史や白石踊の起源、特徴、唄、それぞれの踊り方をまとめたマニュアルともいえるテキストが作成された。ただし、こうしたテキストが存在していても、実際の踊り手の「手の上げる高さ」や「所作」など踊り方は、その時々で微妙な違いがある。しかしながら、担い手たちはそうした違いに直面したとしても、「白石踊は個性のある踊り」であることを強調し、その「正しさ」については厳密には追求しない。白石踊の真正性は保ちながらも、その運営においては、それを固定化しない柔軟な対応がなされているのである。

4 担い手による実践の創造性

　先述したとおり，1990年代後半以降，様々な政策のなかで，各地の祭礼や芸能といった伝統文化はその活用が期待されてきた。また，そうした期待のもと，担い手である人びとは創意工夫をしながら，伝統文化を継承してきた。ここでは伝統文化の担い手の実践を紹介しながら，伝統文化が形骸化することなく継承していくためにどのようなことが行われているのかをみていく。

　再び白石踊の事例を紹介しよう。担い手たちは，郷土芸能への関心の高まり，民俗へのノスタルジアなど，各時代における社会からの要請に対応しながら，踊りを継承してきた。この踊りの継承プロセスにおいて注目すべきは，外部との折衝が重ねられてきた点である。

　白石踊は盆踊りであり，毎年盆の時期になると，住民は公民館前の広場に集まり，白石踊を踊る。この場では，島内や島外での踊りの披露に参加していない住民の姿もみられる。また，住民以外にも，観光客，地域づくりに関わる都市生活者，住民の子や孫など，多くの人が踊り場に集まる。

　1990年代後半，白石踊会は，行政や地元の地域づくり組織とともに，この盆踊りの場において，島外の披露の場で着用される衣装を纏った白石踊を鑑賞したり，踊りの体験ができる観光イベントを実施し始めた。これに伴い，地域行事である盆踊りの場は，会場をそれまでに恒例となっていた公民館から別の場所へと移すこととなった。そうしたことも影響したのか，住民からは，「外に向きすぎているのでは」といった意見や，公民館から別の場所に移動した盆踊りの場について「お盆は公民館広場に返してはどうか」という意見があがるようになった。それを受けて，盆踊りと観光イベントを別の日に実施するようになった（写真2，3）。

　ただ，こうした意見が住民から示されたものの，人びとが観光イベントの実施を拒んでいるわけではないことに留意する必要がある。白石踊会は，盆の時期以外にも，観光客が多く集まる海水浴場において，踊りの衣装を纏い，踊りを披露することがある。その会場に足を運ぶ住民のなかには，いつもの盆踊り

の場である公民館が「中心」あるいは「本元」の場所であると認識しつつも,「便利がいい」からここの踊りの場で,「何回見ても楽しい」思い入れの深い白石踊を友人たちと観て楽しむという者もいる。いっけん盆踊りの場としての公民館に,本物らしさを見出そうとするような発言にもとらえられるが,このように話してくれた住民の踊り場への参加の仕方は,固定化された「伝統」に拘ることなく柔軟なものであり,「便利さ」や「楽しさ」といった基準を参照したものでもあった。

写真2　観光イベントの白石踊（海水浴場）
　　　　（岡山県笠岡市白石島）

先述したとおり,白石踊会は観光イベントを一旦取り入れ,踊り場の変更,イベント日程の変更といったように柔軟な対応をしてきた。それは,踊り場をめぐる分断

写真3　公民館前広場での盆踊り（白石踊）
　　　　（岡山県笠岡市白石島）

を防ぎ,より多くの人がこの踊りへ関わることができるためのあり方を模索した結果といえよう。このようにして,白石島では盆踊りや観光イベントの踊り場のにぎわいが保たれている。

「むらごと」としての踊りの場を,柔軟に受け止めるようなこうした各々の実践には,地域生活の保全という視点から理解しようとすることの重要さが示されている。

5 おわりに

　本章では，農山漁村の伝統文化の継承について検討するために，まずは，戦後から高度成長期にかけて，農山漁村のむらを取り巻く環境の変容と，そのプロセスで生成した農山漁村への，あるいは伝統文化へのまなざしを確認してきた。急激な社会変化のなかで，各地で継承されてきた祭礼や芸能といった伝統文化は，文化財制度によって保護の対象とされるだけでなく，観光事業などで活用されることが促されてきたのであった。

　そうした伝統文化の担い手の人びとは，経済的政治的条件の変化のもと，どのように祭礼や芸能を継承しているのか，文化財に指定され，「むらごと」として取り組まれる伝統文化の担い手の人びとの実践を事例として検討してきた。事例地である白石島は人口500人弱の小さな島だが，日常生活のなかで，住民同士が話し合う場が，地域組織の会合をはじめ様々なかたちで設けられている。その際に，白石踊が話題にのぼることもある。また，島外に居住しながらも白石踊の継承活動に関わる島の出身者や，島の地域づくりに取り組む都市生活者と住民との間においても，踊りの継承を目指して組織された白石踊会を媒介しながら，踊りに関するやりとりがなされることがある。

　今日，伝統文化の担い手の不在状況は「課題」として捉えられがちである。ただし，第4節でも見てきたとおり，人びとの生活の場からそれを考えていく必要があるといえるだろう。こうした伝統文化は個人的なことというより，「むらごと」として実践されていることが多いと先に述べたが，その実践のあり方や方法についての知見を蓄積していくことで，これからのむらやコミュニティの可能性についての議論へとつなげることも期待できるだろう。

　また，生活の場を起点として，担い手の人びとの実践を考察するという視点は，各地の祭礼や芸能に限らず，様々な伝統文化の継承についても敷衍できるだろう。近年の，食の「安心・安全」に対する意識の高まり，農業体験や農家民宿などへの関心の高まりといった動向から，食や農を通じた都市と農村間の交流が今後も活発に行われるように思われる。2013（平成25）年には，「和食」

第9章　農山漁村における伝統文化の継承

がユネスコ無形文化遺産に登録された。各地の食が，こうした制度に組み込まれることで，食への関心はさらに高まることが予想される。ただし，ここで大切なことは，たとえば「和食」という言葉で日本の食を括って固定化することでそれぞれの地域にある食の多様性をないがしろにしてしまわないよう注意を払うことや，各々の地域生活において人びとがどのように食に関する実践を行っているのか，生活の場に寄り添いながら理解することなどがあげられよう。伝統文化の継承について考えるとき，わたしたちはその文化をそれぞれの伝承の場とそこで営まれる生活のコンテクストに埋め戻して検討することが肝要である。

《参考文献》

- 青木辰司　2004『グリーン・ツーリズム実践の社会学』（丸善）
- アーリ・ジョン　1995『観光のまなざし−現代社会におけるレジャーと旅行』（法政大学出版局）
- 岩本通弥　2007「『ふるさと文化再興事業』政策立案過程とその後」（岩本通弥編『ふるさと資源化と民俗学』吉川弘文館，37-61）
- 岩本由輝　1965「『むら』の解体−商品経済の進展と村落共同体」（村落社会研究会編『村落社会研究　第一集』塙書房，5-40）
- 植田今日子　2007「過疎集落における民俗舞踊の『保存』をめぐる一考察−熊本県五木村梶原集落の『太鼓踊り』の事例から−」（『村落社会研究ジャーナル』14（1），13-22）
- 木原弘恵　2015「地域伝統文化をめぐる再編過程の一考察−岡山県笠岡市白石島・踊会の対応を事例に」（『生活文化史』（67），45-57）
- 才津祐美子　1997「そして民俗芸能は文化財になった」（『たいころじい』15，26-32）
- 島崎稔　1966「『〈むら〉の解体』（共通課題）の論点をめぐって Ｉ」（村落社会研究会編『村落社会研究　第二集』塙書房，249-255）
- 立川雅司　2005「ポスト生産主義への移行と農村に対する『まなざし』の変容」（日本村落研究学会編『年報　村落社会研究　第四一集　消費される農村−ポスト生産主義下の「新たな農村問題」』農山漁村文化協会，7-40）
- 中野卓　1966「『〈むら〉の解体』（共通課題）の論点をめぐって Ⅱ」（村落社会研究会編『村落社会研究　第二集』塙書房，255-282）
- 橋本裕之　1996「保存と観光のはざまで−民俗芸能の現在」（山下晋司編『観光人類学』

新曜社, 178-188)

- 福田アジオ　1982『日本村落の民俗的構造』（弘文堂）
- 古川彰　2004『村の生活環境史』（世界思想社）
- ホブズボウム・エリック＆レンジャー・テレンス編　1992『創られた伝統』（紀伊國屋書店）
- 松田素二・古川彰　2003「観光と環境の社会理論－新コミュナリズムへ」（古川彰・松田素二編『観光と環境の社会学』新曜社, 211-239）
- 山下晋司　2007「〈楽園〉の創造－バリにおける観光と伝統の再構築」（山下晋司編『観光文化学』新曜社, 92-97）
- 農林水産省ウェブページ（2018年2月1日閲覧）http://www.maff.go.jp/index.html

第 **10** 章

農村の内発的発展の仕組み

小田切 徳美
明治大学農学部

「内発的発展」は，古くから先進国でも途上国でも，都市でも農村でも使われる概念である。本章では，この内発的発展論を現代の農村を対象に具体化する。それは，以前より論じられている「地域づくり論」の議論とほぼ重なる。つまり，わが国の農村における，内発的発展は，地域づくりという形を取り，人材，コミュニティ，経済の3つの領域が重要である。そこでは，様々な形での交流活動がエネルギーとなっており，「内発的」といえども，人的な要素をはじめとする外部アクターの存在がポイントとなる。それはいわば「新しい内発的発展論」であり，今後も予想される「農村たたみ」の議論の強まりのなかで，この新しい理論の進化が求められている。

キーワード
内発的発展　地域づくり　外来型発展　農村たたみ

1 内発的発展論

　農村地域の展望として，「内発的発展」がしばしば語られる。

　この議論は，古くからあるように思われるが，それが登場したのは意外に新しく 1975 年である。国連経済特別総会報告『何をなすべきか』の場であり，そこでは，途上国の社会発展には，欧米型近代化路線とは異なる内発的発展という「もうひとつの発展」があること主張された。

　わが国でも，この議論から直接，間接に影響を受けながら，経済学，社会学，歴史学等の多分野の論者により，「もうひとつの発展」として内発的発展が活発に論じられた（守友 2000）。特に，その中心的論者の宮本憲一は，地域の内発的発展原則を次のように定式化した（宮本 1989）。

① 地域開発が大企業や政府の事業としてでなく，地元の技術・産業・文化を土台にして，地域内の市場を主な対象として地域の住民が学習し計画し経営するものであること。

② 環境保全の枠内で開発を考え，自然の保全や美しい街並みをつくるというアメニティを中心の目的として，福祉や文化が向上するように総合化され，なによりも地元住民の人権の確立をもとめる総合目的をもっているということ。

③ 産業開発を特定業種に限定せず，複雑な産業部門にわたるようにして，付加価値があらゆる段階で地元に帰属するような地域産業連関をはかること。

④ 住民参加の制度をつくり，自治体が住民の意志を体して，その計画にのるように資本や土地利用を規制しうる自治権をもつこと。

　第 1 の点は，内発的発展の「内発性」を定義したものであり，地域発展の主体が地域住民であることを強調している。第 2 点は，その地域発展は，人権，福祉，文化，環境，景観等にわたる「総合的」なものであるべきことが示されている。そして，そのための具体的プロセスを，第 3 の点では産業構造のあり

方について説明し，第4点では住民参加制度のあり方について論じている。

　こうした内発的発展論は，地域内およびその周辺に経済的疲弊，政治的対立，さらに地方自治の空洞化や公害までももたらした外来型の巨大コンビナート開発，あるいは同様の問題をもつ途上国への多国籍企業が主導する開発の批判にも通じる，広くかつ深い射程を持つものである。まさに，地域発展の「一般原則」と言えよう。

　したがって，我が国における農村に適用するには，一層の具体化が必要である。この宮本の議論の発展を試みた保母武彦は，「内発的発展を進める上で，いくつのチェックポイントがある」として，①完成度の高いグラウンドデザイン，②地域住民の理解，③リーダーの存在，④運営資金（の確保）を指摘したが（保母 1996），これも地域を超えた一般性が強いものであろう。

　そして，これ以降も，「内発的発展」を名のる議論は少なくないが，日本の農村を対象として，その次元で具体化しようとしたものは，管見の範囲では見られない。それは，内発的という誰もが共鳴できる言葉であるがゆえの「総論賛成各論不在」という状況を示しているのではないだろうか。つまり，この議論の農村への具体性を持った適用が求められている。

2　外来型発展の現実

　前述の宮本が意識したように我が国の地方振興，特に農村振興の基本的路線はそもそも外来型開発だった。その淵源は全国総合開発計画（一全総，1962年閣議決定）の拠点開発方式にある。それは，宮本によって，図1のように定式化されていることはよく知られている 。

　要約的に言えば，次のようなプロセスである。まず，当時の基軸的産業であった素材供給型重化学工業を，産業基盤の公共投資を集中した国内の複数の地域拠点（新産業都市および工業整備特別地域）に誘致する。それにより重化学工業とその関連産業の発展を促進する。そして，この拠点地域での食料需要の増大や雇用機会の拡大を媒介として，その後背地に位置付く農（山漁）村に，

195

第10章　農村の内発的発展の仕組み

その開発成果を波及させる，産業としての近代化や所得増大を図るというものであった。

　農村から見れば，それは地域内の発展ではなく，また地域の主要産業である農林水産業の成長によるものではなく，あくまでも外部の経済的活性化に依存し，期待するという立場におかれることとなったのである。つまり〈非農林業の発展に誘発される発展〉，そして〈地域外の拠点に依存する発展〉という，2重に外来型開発であった。

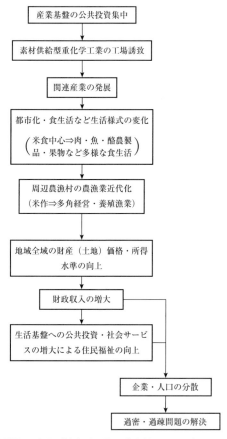

図1　拠点開発の論理（外来型開発の基本的イメージ）
　　　資料：宮本憲一『経済大国（昭和の歴史10）』（小学館，1983）より転載

そして，この拠点開発は期待された通りの効果を生まなかった。この点についても早くから宮本により指摘されているように，「拠点」であるコンビナートおよびその周辺の工業団地に企業誘致自体が成功しなかったケースやあるいは成功しても，産業の集中立地に起因する公害により地域が被害を受けることもあった。このように拠点開発方式という，いわばトリクルダウンに依存する農村開発方式は，否定的に総括されることが少なくなかったのである。

しかし，その後，オイルショックによる低成長期を経て，農村では同じことが繰り返された。1980年代後半からのバブル経済期のリゾート開発である。バブル経済下では，「世界都市TOKYO」が喧伝される一方で，1987年にリゾート法（総合保養地域整備法）が制定され，農村ではリゾートブームが発生した。それは，拠点開発のように「地域外の拠点に依存する発展」ではなく，むしろ農村の地域内における開発であった。またこの地域では，過去に誘致した工場が，プラザ合意（1985年）に導かれた円高ドル安化による製造業の海外直接投資により，「海外に逃げてしまう」という状況が本格化していた。こうしたなかで，地域の期待はこの新しい開発に一挙に集中した。リゾート開発の嵐が吹き荒れたのはこのためである。

そこでは，ホテル，ゴルフ場，スキー場（またはマリーナ）の「3点セット」と言われる民間資本による大規模リゾート施設の誘致が，地域活性化のあたかも「切り札」として，競うように行われた。これも典型的な外来型発展だったと言えよう。しかし，当時は，地域サイドにとっては，このリゾートブームに乗れるか否かが，地域の将来の大きな「クロスロード」（分かれ道）と考えられていたのである。

ところがこの路線も，バブル経済の崩壊に伴い，多くが頓挫した。その状況は，政府内からさえ，「本政策の実施による効果等の把握結果からは，本政策をこれまでと同じように実施することは妥当でなく，社会経済情勢の変化も踏まえ，政策の抜本的な見直しを行う必要がある」（総務省「リゾート地域の開発・整備に関する政策評価書」，2003年）と指摘されるほどの状況にあった。さらにリゾート法により国立公園や森林，農地における土地利用転換の規制緩和が図られたため，開発予定地が未利用地として荒廃化し，それが国土の大きな爪痕として，いまも残されている。

3 地域づくりの登場

■ 地域づくりの意味

　こうしたなかで，バブル経済の崩壊以降に農村で登場した「地域づくり」である。それは，バブル経済下盛んに論じられた「地域活性化」という言葉に代わる新しい動きとして，意識的に使われ始めたものであった。

　そこには，次の3つの含意があると理解できる（小田切 2013）。第1に，バブル期のリゾート開発批判という時代的文脈の中での，「内発性」の強調である。大規模リゾート開発では，資金も意思も外部から注入されたものであり，地域の住民は土地や労働力の提供者，さらには開発の陳情者に過ぎなかった。そうではなく，自らの意思で地域住民が立ち上がるというプロセスを持つ取り組みこそが，重要であることがこの言葉では強調されている。

　第2に，「地域活性化」には，当時は経済的な活況を目指す意味合いがあったが，そうした単一目的を批判し，文化，福祉，景観等も含めた総合的目的がここに含意されている。また，そのような総合性は，地域の特性に応じた多様な地域の姿に連動する。実際に，リゾートブーム下では，経済的振興ばかりが各地で語られ，またどの地域でも同じような開発計画が並ぶ「金太郎アメ」型の地域振興が特徴であった。その反省の上に立つ地域づくりには「総合性・多様性」が意識されている。

　そして，第3に地域づくりの「つくる」という言葉が持つ含意であり，そこには「革新性」が意識されている。いうまでもなく，地域振興を内発的エネルギーにより対応していくとなれば，従来とは異なる状況や新たな仕組みを内部に作り出すことが必然的に必要となる。地域における意識決定の仕組みや行政との関係等を含めた地域革新のニュアンスがここには含まれている。

　つまり，リゾート開発の終焉という時代的文脈のなかで，多様な総合的目的を持ち，地域の仕組みを革新しながら，地域を内発的に新たな地域をつくりあげていくことが，地域づくりとして意識されたのである。そのため農村をめぐる議論は，この地域づくりという言葉を中心にその後展開されることとなる。

こうした地域づくりの実践は散発的には以前より行われていたが、それを自治体による支援制度を含めて体系化したのは、1990年代後半の鳥取県智頭町だと思われる。その取り組みは「ゼロ分のイチ村おこし運動」というユニークなネーミングを含めて、今も注目されている（小田切 2014）。

それ以降、各地で同様の取り組みが積み重ねられているが、自治体レベルでの体系的政策の到達点を示したのが長野県飯田市の地域づくり政策であろう。飯田市では、市の独自の取り組みとして「人材サイクル」の構築を掲げられている。それは、4年制大学が市内にないこの地域では、高校卒業時の域外への他出者は約80%に達し、最終的に戻るのはその約4割程度に留まるという現状に関係している。そのため、飯田市では「持続可能な地域づくりを進めていく上では、若い人たちが一旦は飯田を離れても、ここに戻って安心して子育てができる、いわゆる『人材サイクルの構築』が必要不可欠である」という考えによる地域づくりに取り組んでいる。

具体的には、①帰ってこられる産業づくり、②帰ってくる人材づくり、③住み続けたいと感じる地域づくりが、地域のテーマとして認識されている。そして、①に対しては、「外貨獲得・財貨循環」（地域外からの収入を拡大し、その地域外への流出を抑える）をスローガンに地域経済活性化プログラムが実施されている。また、②では「飯田の資源を活かして、飯田の価値と独自性に自信と誇りを持つ人を育む力」を「地育力」として、家庭－学校－地域が連携する「体験」や「キャリア教育」を主軸とする教育活動を展開している。そして、③に関しては、地域づくりの「憲法」である自治基本条例を策定し、また従来から当地の地域活動の基本単位となっている公民館毎に新たに自治組織を立ち上げ、その運営を市の職員がサポートする体制を作り出した。

■ 地域づくりの戦略

このように、地域づくりは各地で、実践的に鍛えられて今にいたっている。そこで、智頭町や飯田市の取り組みをはじめとする各地の事例から一般化して、「地域づくりのフレームワーク」を作成したのが図2である。ここにあるように地域づくりは、3つの柱の組み合わせによって成り立っていると考えられる。

第10章　農村の内発的発展の仕組み

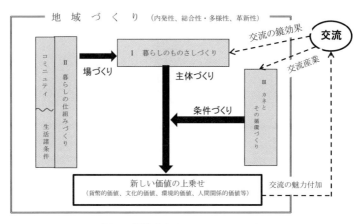

図２　地域づくりのフレームワーク

　第1は，「暮らしのものさしづくり」であり，地域づくりの＜主体形成＞を意味する。先の飯田市の取り組みでは，「帰ってくる人材づくり」と呼ばれている取り組みである。第2は，「暮らしの仕組みづくり」で，地域づくりの＜場の形成＞である。「住み続けたいと感じる地域づくり」と飯田市で言われているものであり，自治基本条例や自治組織の創設が具体策である。そして第3は「カネとその循環づくり」であり，地域づくりの＜条件形成＞に相当する。飯田市では，「帰ってこられる産業づくり」の取り組みであり，「外貨獲得・財貨循環」という言葉はそのままこの内容を意味している。

　つまり，「主体」「場」「条件」の3要素の意識的な組み立てにより，地域が「つくられる」のである。そして，その目的は「新しい価値の上乗せ」と表現した。これは，「（地域づくりとは）時代にふさわしい新しい価値を，地域それぞれの特性のなかで見出し，地域に上乗せすること」という地理学者の宮口侗廸の主張を援用している（宮口 1998）。その「新しい価値」とは，貨幣的な価値に限定されるものではなく，環境，文化，あるいは「社会関係資本」（ソーシャル・キャピタル）なども，重要な地域価値であろう。また，「上乗せ」とは，単にこれらの新しい価値を創りだすだけではなく，それを今までの地域社会が持つ価値とつなぐことを意味している。そして，人口増加や地域内ＧＤＰの増大等が目標ではないことも確認しておきたい。

以上をまとめれば，地域の新しい価値の上乗せを目標としながら，「主体」「場」「条件」の3要素を地域の状況に応じて，巧みに組み合わせる営みが地域づくりである。

なお，この3要素は，より具体的には①人材育成，②コミュニティ再生，③経済再生とも言い換え可能であり，それを一体的に取り組むことが求められている。これを，よりキーワード化すれば，「まち」（②），「ひと」（①），「しごと」（③）となり，2014年より始まる「地方創生」（まち・ひと・しごと創生）と重なる。つまり，少なくとも農山村における地方創生とは，図らずも，地域づくりそのものであることが確認できる。

4 内発的発展の農村への具体化

前節で見た「地域づくり」として実践され，論じられているものは，本章1節で紹介した宮本が定式化した内発的発展論にも重なる。

具体的に言えば，「暮らしのものさしづくり」は「地域の住民が学習し計画し経営するもの」と，意識的な学習が強調されている。これらは，手段はやや異なるものの，地域住民独自の価値尺度を形成することを目標とするものであろう。また，「暮らしの仕組みづくり」については，「住民参加の制度をつくり，自治体が住民の意志を体して，その計画にのるように資本や土地利用を規制しうる自治権をもつこと」と論じられている部分と近似する。そして，「カネとその循環づくり」は，より踏み込んで「産業開発を特定業種に限定せず，複雑な産業部門にわたるようにして，付加価値があらゆる段階で地元に帰属するような地域産業連関をはかること」と，そのあり方を論じている。「循環づくり」とは，こうした地域産業連関を指している。

つまり本章の冒頭で課題とした，内発的発展論の我が国農村への具体化は地域づくり論に繋がっていると言える。そこで，注目されるのが，先にも紹介した農山村の地域づくり論の理論的構築をリードした宮口の一連の研究である。宮口は「日本の山村社会の歩みを，縦割りの産業論としてではなく，総合的な

地域社会論として語ることを意図」（宮口 1998，以下の引用も同じ）して，地域づくりを積極的に位置づける。

この議論は，次の2つの点を強く意識している点で特徴的である。第1は，人口減少である。現在，問題とされている人口減少は，1960年代の過疎現象が始まって以来，多くの農村で常態化した。それにもかかわらず，地方自治体レベルで人口減少を前提とした総合計画が立てられはじめたのは最近のことである。それ以前は，過疎山村においてさえ，自治体や地域の目標は人口増加であった。宮口は，そうした状況につとに警鐘を発し，「過疎があらわになったということは，従来の行き方では地域は保てないということである。この時点で腹を据えて，『山村とは，非常に少ない数の人間が広大な空間を面倒みている地域社会である』という発想を出発点に置き，少ない数の人間が山村空間をどのように経営すれば，そこに次の世代にも支持される暮らしが可能になるのかを，追求するしかない」と論じる。

第2は，このような新しい仕組みを作りだすために「交流の価値」を強調する点である。「今までにない発展のしくみをつくるヒントは，自分の属する地域や系統を考えるだけからは生まれない。そのヒントは異質の系統の中にこそ潜んでいる。したがって，異質の系統との行き来や交渉すなわち交流が，新しい発展には不可欠になる」として，都市農村交流の意義を導く。

宮口が強調する第1の点は，欧米の多くの国では，人口が農山村に環流する「逆都市化」の動きがみられ，農村が人口減少基調から脱するのに対して，引き続く人口減少を日本的特徴とし認識し，それを前提とした議論である。2014年に始まった地方創生以来，こうしたスタンスは当然視されているが，それ以前の早い時期からの主張として注目される。また，第2点目は，わが国の農村には，比較的強固な地縁型コミュニティが集落という形で存在しており，そこにおける閉鎖性からの脱却が，新しい仕組みをつくるうえで課題となっていること意識した議論であろう。その点で，この2点は，実は内発的発展論の日本の農村への具体化の論点となっている。

そして，特に後者は，内発的発展論の枠組みにもかかわる論点である，それは，外のとの交流が「新しい発展には不可欠になる」としているように，内発的発展に積極的に「交流」を位置づけている点に見られる。

そこで，この交流活動について，振り返ってみよう。その実践的意義は，「交流の『鏡』効果（機能）」（小田切 2004）として，確かに農村で見ることができる。交流活動は，意識的に仕組めば，都市住民が「鏡」となり，地元の人々が地域の価値を都市住民の目を通じて見つめ直す効果を持つ。最近では，グリーンツーリズム活動のなかで，農村空間や農村生活，農林業生産に対する都市住民の発見や感動が，逆に彼らをゲストとして受け入れる農村住民（ホスト）の自らの地域再評価につながっていることが，具体的に指摘されている。

しかし，この交流活動は，「協業の段階」へと変化しつつある（図司 2015）。体験・飲食・宿泊を通じた交流だけではなく，ボランティアやインターン，短期定住等をともなう労働提供やさらに本格的な企画提案への参加の形での「交流」も進み始めている。この点についても，宮口はいち早く，そのさきがけである「地域づくりインターン事業」（学生を数週間学生に農山村に派遣し，地域づくりにかかわる事業 - 2000 年度に旧国土庁の事業としてスタート）を交流の一環として評価し，「学生が入ることによって，地元の人だけの時ではうまれない勢いすなわちパワーと感動がうまれることにこそ，インターン事業の本当の意味がある」（宮口 2010）と論じている。

この地域づくりインターン事業や新潟県中越地震被災地の復興支援員の設置を経て，2008 年度以降は，集落支援員（総務省），地域おこし協力隊（同），田舎で働き隊（農林水産省）として，国レベルの地域サポート人派遣政策が導入された。このうち，集落支援員は地元の地域精通者が中心であるが，地域おこし協力隊は，都市圏からの住民票の移動が条件とされているために，多くが都市部の若者である。

このように，いろいろなタイプの外部人材が，集落や地域産業の再生のために，各地で活動し始めている。そして，いまや農村の内発的発展には欠かせない存在となっているのである。

以上で見たように，わが国の農山村における，内発的発展は，地域づくりという形を取り，そこでは，様々な形での交流活動が重要なポイントとなっていた。つまり，そこにおける内発的発展の道筋は，「内発的」といえども，人的な要素をはじめとする外部アクターの存在が強調されることとなる。

もちろん，従来からも，内発的発展は「閉ざされた」ものでないことは多く

の論者により強調されている。たとえば，本章冒頭で紹介した保母は，「内発的発展論は，地域内の資源，技術，産業，人材などを活かして，産業や文化の振興，景観形成などを自律的に進めることを基本とするが，地域内だけに閉じこもることは想定していない」（保母 1996）とする。

しかし，現在進んでいる事態は，単に閉じられた状態を否定するだけでなく，むしろ外と開かれた交流が地域の内発性を強めることを論じている点で新しい議論であろう。いわば，「交流を内発性のエネルギーとする新しい内発的発展」（交流型内発的発展論）であり，実践や政策も既にそれを意識したものとなっているのである。

5 国民的争点としての内発的発展

以上で論じたことの全体像を示すため図3を作成した。ここでは，農村をめぐる将来ビジョンの論理を形式的に区分している。そこから，4つの地域ビジョンが位置づけられる。具体的には以下のものである。

① 農村たたみ論
② 外来型発展論
③ 内発的発展論
④ 交流型内発的発展論

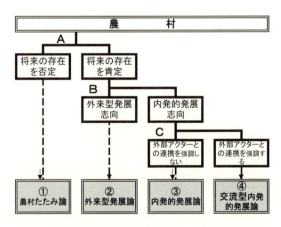

図3　農村をめぐる地域ビジョンの位置づけ

5 国民的争点としての内発的発展

　本章では，まず②の外来型発展論から考察し，地域での実践が，②→③内発的発展論→④交流型内発的発展論と変化している状況を明らかにした。そしてこうした変化は，説明からもわかるように，少なくとも農村の現場レベルにおいては不可逆的なものであろう。つまり，農村の方向性として，現在では，交流を内発性のエネルギーとする新しい内発的発展である交流型内発的発展が到達点として位置づけることが可能である。

　しかし，忘れてはならないのは，フローチャートで示した「A」の分岐は曖昧に経ており，もう一つの極に実は「農村たたみ論」は常在している。農村，特に過疎農山村（離島を含む）に居住することを国民経済的に非効率として，それを批判，否定するビジョンである。この農村たたみ論は，今までの経験則からしても，様々なことを契機に登場する。具体的には，臨調・行革（1980年代初め）や小泉構造改革（2000年代初め），人口減少問題（2010年代中頃）等が引き金となり，農村たたみ論が影響力を発揮する時期が現れた。その点で，再度この議論が突然登場し，力を持つ可能性はいつでも存在している。

　この点にかかわり，国民の意識を「これからの中山間地域に関する施策」について尋ねた世論調査結果が興味深い（表1）。選択肢である，ⓐ「経済性・効率性の観点よりも国土・環境保全などの機能を重視すべきである」，ⓑ「国土・環境保全などの機能よりも経済性・効率性の観点を重視すべきである」，ⓒ「経済性・効率性の向上に努めつつ国土・環境保全などの機能も重視すべきである」のなかでは，ⓒが多数を占め（63％），ⓐ（21％），ⓑ（8％）と続く。その点で，国民には中山間地域に関しては「経済効率」よりも「国土・環境保全」の役割を重視するという意識は浸透しているように見える。しかし，ⓐとⓑのバランスを見ると，70歳代以上の高齢者，小都市住民，生産・輸送・建設・労務職でその差が縮まっている。また，逆に若い世代や大都市住民，管理職や専門・技術職での中山間地域における国土・環境保全に対する評価が高い。性別差も含め，様々な階層差が生じている。

　それはこうした意識の差は，政治的なインパクトにより，人々の意識が流動化する可能性があることを示しているように思われる。つまり，現在では，①の農村たたみ論と④の交流型内発的発展論の選択肢が農村の将来展望としてあり，常に競い合っていると考えるべきであろう。そして，その真の争点は「た

205

第 10 章　農村の内発的発展の仕組み

たむ」「内発」という方法ではなく，それにより実現しようとする社会のあり
方である。農村の生活や経済をたたみ，グローバリゼーションにふさわしい「世
界都市 TOKYO」を中心とする社会を目指すのか。そうではなく，どの地域も
個性を持つ都市農村共生社会を，交流型内発的発展により築き上げているかの
選択であろう。それは国民的選択に相応しい争点であり，そうした選択肢づく
りのためにも内発的発展の実践と理論の進化が求められているのである。

表 1　これからの中山間地域に関する施策に対する国民意識（世論調査結果）

（単位：％）

		該当者数（人）	経済性・効率性の観点よりも国土・環境保全などの機能を重視すべきである (ⓐ)	国土・環境保全などの機能よりも経済性・効率性の観点を重視すべきである (ⓑ)	経済性・効率性の向上に努めつつ国土・環境保全などの機能も重視すべきである (ⓒ)	合計	指標 ⓐ－ⓑ
性別	男性	904	25.6	9.4	60.0	100.0	16.2
	女性	976	16.7	6.4	66.1	100.0	10.3
年齢	20〜29歳	132	24.2	6.1	66.7	100.0	18.1
	30〜39歳	246	22.0	4.9	68.7	100.0	17.1
	40〜49歳	341	21.7	7.0	66.3	100.0	14.7
	50〜59歳	341	19.6	7.3	66.6	100.0	12.3
	60〜69歳	426	19.2	7.5	66.0	100.0	11.7
	70歳以上	394	21.6	11.7	49.7	100.0	9.9
都市規模	大都市	470	24.0	6.0	65.1	100.0	18.0
	東京都区部	80	27.5	7.5	60.0	100.0	20.0
	政令指定都市	390	23.3	5.6	66.2	100.0	17.7
	中都市	783	20.9	6.6	62.5	100.0	14.3
	小都市	432	17.1	11.6	62.5	100.0	5.5
	町村	195	22.1	8.7	62.6	100.0	13.4
職業	管理・専門技術・事務職	450	21.1	4.9	70.9	100.0	16.2
	管理職	58	24.1	1.7	70.7	100.0	22.4
	専門・技術職	164	23.8	3.7	70.7	100.0	20.1
	事務職	228	18.4	6.6	71.1	100.0	11.8
	販売・サービス・保安職	317	21.5	9.8	64.0	100.0	11.7
	農林漁業職	60	26.7	8.3	60.0	100.0	18.4
	生産・輸送・建設・労務職	290	18.6	10.7	65.2	100.0	7.9
総　数		1,880	21.0	7.8	63.1	100.0	13.2

注：1）資料＝内閣府「農山漁村に関する世論調査世論」（2014年）
　　2）質問＝「あなたは，これからの中山間地域に関する施策についてどうしたらよい
　　　　と考えますか」
　　3）「わからない」「その他」の表示を省略した。
　　4）ハッチは，（ⓐ－ⓑ）が10ポイントより大きいもの。

《参考文献》

- 小田切徳美　2004「自立した農山漁村をつくる」（大森彌等『自立と協働によるまちづくり読本』ぎょうせい）
- 小田切徳美　2013「農山村再生の戦略と政策」（同編『農山村再生に挑む』岩波書店）
- 小田切徳美　2014『農山村は消滅しない』（岩波書店）
- 図司直也　2015「共感が生み出す農山漁村再生の道筋」（大森彌・図司直也等『人口減少時代の地域づくり読本』公職研）
- 保母武彦　1996『内発的発展論と日本の農山村』（岩波書店）
- 宮口侗廸　1998『地域を活かす』（大明堂）
- 宮口侗廸　2010「地域づくりインターンこそ交流の原点」（宮口侗廸等編著『若者と地域をつくる』原書房）
- 宮本憲一　1989『環境経済学』（岩波書店）
- 守友裕一　2000「地域農業の再構成と内発的発展論」（『農業経済研究』第72巻第2号）

第11章

都市との交流・協働による農村の地域づくり

筒井 一伸
鳥取大学地域学部

農山村コミュニティと都市に住む人々が協働して行っている地域づくり。その基礎となるのが都市−農山村交流である。農山村の地域づくりの中では既に「古典」でもある都市−農山村交流の歴史やそのベースとなった農山村の地域論的理解を確認することから始まり、21世紀に入って以降に活発化した協働志向の都市−農山村交流、地域サポート人材、そして田園回帰における移住者増加、さらに「風の人」をはじめとする新しいヨソモノとの「共創」など、昨今注目される田園回帰という社会的な潮流へとつながる系譜を一気通貫で紹介する。その中で過疎や多自然居住地域、ポスト生産主義、ネットワーク型担い手といった重要な概念も理解する。

キーワード

都市−農山村交流　田園回帰　多自然居住地域
ネットワーク型担い手　相互補完関係

第 11 章　都市との交流・協働による農村の地域づくり

1　農山村はいま…

■「田園回帰」の動向と意義

　農山村（漁村を含む）への移住希望者が増加している。NPO 法人ふるさと回帰支援センターへの相談件数は 2008 年には 2,475 件であったのが 2017 年には 33,165 件と約 13.4 倍にも増加している。政府の世論調査である「都市と農山漁村の共生・対流に関する世論調査（2005 年 11 月調査）」と「農山漁村に関する世論調査（2014 年 6 月調査）」を比べてみると，「農山漁村地域への定住願望の有無」について「ある」ないしは「どちらかといえばある」とする割合は 20.6% から 31.6% に上昇し，しかも年齢別にみると現役世代である 20 歳代で 30.3% から 38.7%，30 歳代で 17.0% から 32.7%，40 歳代で 15.9% から 35.0% と高い増加がみられる。

　『2014 年度食料・農業・農村白書』（2015 年 5 月公表）の特集や『国土形成計画（全国計画）』（2015 年 8 月公表）など 2015 年以降，政策文書でもこのような状況を「田園回帰」として多く取り上げられた。この動向の背景の一つとして 2014 年に発表された日本創生会議の消滅可能性都市論，通称「増田レポート」を受けて危機感をもった地方自治体の移住者の受け入れ政策強化があるとされる。確かに農山村の自治体が積極的に移住者受け入れ政策を行なったことは，移住者を引き寄せるプル要因と位置づけることができる。しかし，都市から農山村への移住拡大はプル要因だけでは説明ができない。農山村の動きにあわせて（もしくはそれに先んじて）うまれてきているのが都市の，特に若い世代の農山村への関心の高まりというプッシュ要因である。田園回帰とはこの部分まで含めて捉えるべき社会現象であり，単に移住（都市から農山村への人口移動）という一つの現象のみに矮小化して捉えるべきものではない。

　小田切（2015）によると田園回帰には「狭義の田園回帰」と「広義の田園回帰」の 2 つがあるという。田園回帰という潮流は農山村などへの移住（者）に目が行きがちであるが，図 1 の通り，農山村をはじめとする地方への関心は多層構造であると理解されている。その中で最もハードルの高いものが，実際に

210

1 農山村はいま…

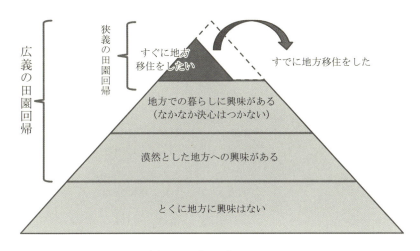

図1　地方への興味の段階
資料：稲垣ほか（2014）に加筆して作成

生活の場を農山村へ移してしまう移住であり，これを狭義の田園回帰と呼んでいる。一方，「地方での暮らしに興味がある」や「漠然とした地方への興味がある」といった，実際の移住を伴わないものの，都市の若者を中心に広がっている農山村への関心の高まりまでを含めたものを広義の田園回帰と定義している。これらは「フロンティアとして農山村」（筒井ほか 2014）に向けられる若者を中心とする都市住民のまなざしと基づくものであり今後の社会における農山村の位置づけなどを変えていく重要な層である。この広義の田園回帰の高まりこそが本章でのテーマである都市との交流・協働を考える上で見逃してはいけないポイントなのである。

■「多自然居住地域」の創造

　田園回帰という社会的潮流をさかのぼると1998年に発表された20世紀最後の国土計画である「21世紀の国土のグランドデザイン－地域の自立の促進と美しい国土の創造－」における「多自然居住地域」という概念と，それを提唱した宮口侗廸の一連の研究や政策立案の実践にたどり着く。多自然居住地域と

いう概念は，「21世紀の国土のグランドデザイン」において「中小都市と中山間地域等を含む農山漁村等の豊かな自然環境に恵まれた地域を，21世紀の新たな生活様式を可能とする国土のフロンティアとして位置付けるとともに，地域内外の連携を進め，都市的なサービスとゆとりある居住環境，豊かな自然を併せて享受できる誇りの持てる自立的な圏域」として提示されている。具体的には「県都クラスの中枢・中核都市から遠距離にある小都市と農山村からなる圏域（宮口2004：182）」であり，その小都市と農山村が「互いの資源や場がうまく活用される仕組みと関係を築き，さらに小都市の都市的サービスの機能のレベルアップすることによって，そこに一人当たりのレベルの高い経済と安心できる生活のシステム（宮口2004：184）」の創造を目指す圏域である。

　宮口は国土計画の中で多自然居住地域を明確に位置付けたことから，その後に続く様々な政策的な仕掛けが組まれてきたといえる。その経緯については宮口（2004）で詳述されているが，当時の政府における議論の常識は，過疎問題による人口減少の結果，農山村は低密度居住地域になったというものであった。しかし，宮口は都市的発展から取り残された農山村はそもそも低密度居住地域であることを明示し，さらにこれから国全体として人口減少が進むことを90年代後半に意識させ，低密度居住地域で行われてきた相対的に少数の人々が空間や資源を多面的に利用してきた現実に，21世紀型国土計画における農山村の社会システムのヒントを求めたのである。そしてこの低密度居住地域を創造的に捉えるべく多自然居住地域と命名したのである。しかしながら多自然居住地域の創出にむけた具体的な動きは当初は必ずしも大きくはなかった。それは同時期にはじまった平成の市町村合併の活発化の影響が原因であったが，その後，2008年に策定された国土形成計画で目指された「複数市町村の連携・相互補完による都市機能の維持増進」を具体化するための定住自立圏構想（2009年）の動きとともに再び注目を集めることになる。

　小田切（2013）が指摘する通り，宮口は多自然居住地域という地域論的把握の提唱に加えて，都市−農山村交流の意義の重要性を指摘してきた。都市−農山村交流は単にグリーンツーリズムなど観光的な取り組みにとどまらず，2000年からはじまった地域づくりインターン事業（宮口ほか編著2010）などの政策的実践へと結びついて，その後の社会変化とも合わさって展開をみている。

例えば 2008 年の集落支援員や 2008 年の田舎で働き隊！，2009 年の地域おこし協力隊など「地域サポート人材」と呼ばれる様々な制度のベースにある考え方は宮口の考え方と共通している。さらにこれらの諸制度は都市の住民が農山村の扉を開けるハードルを低くしたことで，都市と農山村のフラット化（松永 2015）を引き起こし，現在の田園回帰の潮流につながっていったといえる。

2 都市と農山村の関係と交流

■ 都市－農山村関係の変化

　20 世紀後半，特に高度経済成長期を経て都市と農山村の地域間関係は固定化して捉えられてきた。それはマスコミによる造語として生まれた「過疎」が 1966 年の経済審議会地域部会中間報告以降定着し，最近まで一貫して農山村の地域的課題を表象する言葉となってきたことからも理解できる。

　過疎の主たる意味としては，農村や山村，漁村，離島地域，旧産炭地域などで発生している急激な人口減少とそれに伴う諸問題であり，政策的には 1970 年から繰り返し制定されてきた通称過疎法によって過疎地域が定義されている。一方，農山村の地域社会の実態からこの過疎地域を捉えたのが安達生恒である（安達 1970）。安達は山陰地方の農山村の調査から，人口だけではなくイエの減少，つまり挙家離村に伴う農家戸数の急激な減少にも着目し，その結果，農林業を中心とする産業が衰退し，同時に地域社会の生活諸機能が失われ，そうした状況の下でムラに残った住民の意識が次第にネガティブとなり，これがさらなる人口，戸数の流出を生み出し，それが相互作用的にからみ合いながら，ムラ社会の崩壊，最終的には集落の消滅に向かっていく悪循環過程が生じている地域として過疎地域を捉えた（図 2）。このように過疎とは単なる農山村の人口減少にとどまらず，それを契機とする生産経済的問題，社会生活的問題，そして行財政問題を含むものであり，これらの問題があらわれている農山村を過疎地域として捉えられている。

　ところで日本における地域構造の観点，とりわけ経済的な地域構造から農山

第 11 章　都市との交流・協働による農村の地域づくり

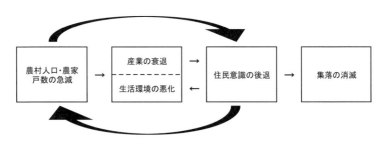

図２　安達生恒による過疎の悪循環のメカニズム
資料：安達（1970）に加筆して作成

村を捉えると，中心－周辺論における「周辺地域」として位置づけることができる（岡橋 1997）。中心－周辺論とは基本的には様々な空間スケールでの地域間不平等を理解しようとする共通の概念であり，日本の農山村経済の構造変化は周辺地域化のプロセスであったといえる。高度経済成長期以降の農林業の衰退と，それに対応すべくすすめられた農村工業化による製造業の成長および公共事業の増加による建設業の成長は，農山村経済の都市の資本と国家資本への依存を高めていった。つまり農山村地域に立地する工場の多くは，都市（中心地域）に拠点を持つ大企業の下請工場であり，都市を中心とする地域間分業システムの末端に位置づけられた農山村は周辺地域として捉えられたのである。また建設業においても，事業の多くは中央政府からの補助金に依存する公共事業であり，その意味でも中心へ依存する周辺地域として農山村は位置づけられてきた。

　このような都市と農山村の地域間関係に変化がみられ始めたのは 21 世紀を迎える直前あたりからである。高度経済成長期を通じて形成されてきた，中心－周辺関係を下支えしてきた日本型政治システムが構造改革路線のもとで崩壊を余儀なくされた。「地域の自立」というスローガンに旗振りされた新たな段階に入った（筒井 2005）なかで，農山村を 20 世紀システムのもとでの「生産主義」的観点，すなわち「農山村＝農林業生産の場」としての理解ではなく，「ポスト生産主義」的観点からの農山村の捉え方が台頭してきた。表１は立川（2005）による生産主義下の農山村とポスト生産主義下の農山村の特徴をまとめたものである。農業が画一的な大量生産を求めた生産主義から，少量多品目で環境保

2 都市と農山村の関係と交流

表1 生産主義下とポスト生産主義下における農山村の特徴

	生産主義	ポスト生産主義
農業	画一的，大量生産，効率性	少量多品目，環境保全，持続性
農山村	生産性観点からの地域分化 （条件不利地域の析出）	消費観点からの地域分化 （空間のモザイク化）
影響要因	価格，生産性，土地条件 生産団体を軸とした組織政治	表象，シンボル，アイデンティティ 表象を軸としたネットワーク形成
商品化	農業生産物，農業優良地	農村空間，表象
政府の役割	生産性向上支援など 中央政府の役割大	交流基盤整備支援など 地方自治体の役割大
競争の源泉	価格情報	非価格情報
関係主体	域内の生産者，行政，経済団体	域外へのステークホルダーの拡大
結合原理	市場およびヒエラルキー	ネットワーク

資料：立川（2005）に加筆して作成

全に配慮したポスト生産主義に変化するなか，その競争の源泉も単なる価格だけではなく，安心・安全や生産地，生産者といった非価格情報が重視されるようになってきた。農山村も農業的視点からの条件不利地域ではなく，景観や地域資源を含む空間そのものが商品化することに対応して，個別的・断片的な再編成が進行したモザイク的なものとして捉えられる。結合原理も生産主義のもとでは市場やヒエラルキー的関係であったのに対して，ポスト生産主義のもとでは水平的なネットワークが重視され，ここに次項で紹介する都市－農山村交流の必要性が読み取れるのである。

■ 都市－農山村交流の歴史

　ポスト生産主義的な農山村の発現は1990年代以降に活発化したが，その具体的な実践の一つである都市－農山村交流では1970年代をその萌芽期として位置付けることができる（表2）。1970年代の都市－農山村交流は既存の農山村開発に対する「もう一つの開発手法」であり，高度経済成長期以降の農山村における地域振興の中心施策として行われてきた農村工業化による製造業などの誘致に対する，先進的かつ異端児的な地域づくり運動であった。1980年代に入ると都市－農山村交流は，それまでの農山村の地域振興施策では手当がなされなかった「ヒト」の流動という「隙間を埋める開発手法」として展開される。1980年代後半にかけてふるさと情報センターなどの外郭団体の設立，農

第 11 章　都市との交流・協働による農村の地域づくり

表 2　都市−農山村交流のトレンド

1970年代	もうひとつの開発手法	富山県利賀村と東京都武蔵野市との交流〔1972〕 山村と都市共同の山村振興事業【経済企画庁】〔1974〕 長野県八坂村山村留学〔1976〕 大分県一村一品運動〔1977〕
1980年代前半	隙間を埋める開発手法	群馬県川場村と東京都世田谷区において相互協定〔1981〕 山形県西川町ふるさとクーポン販売事業〔1982〕 農村と都市の交流促進事業【農林水産省】〔1984〕
1980年代後半	国の補助事業として確立／公共事業化	宮崎県綾町照葉樹林文化都市宣言〔1985〕 熊本県小国町悠木の里づくり〔1985〕 総合保養地域整備法（リゾート法）〔1987〕 特別交付金「ふるさと創生」〔1988〕
1990年代前半	「リゾート開発手法」への傾斜	市民農園整備促進法〔1990〕 グリーンツーリズ研究会「グリーンツーリズムの提唱」【農林水産省構造改善局長私的諮問機関】〔1992〕 農山漁村滞在型余暇活動のための基盤整備の促進に関する法律（農山漁村余暇法）〔1994〕
1990年代後半	「自然共生型」・「環境型」へ	インターネット産直開始〔1995〕 グリーンライフ運動【日本生活協同組合連合会】〔1995〕 NPO法人地球緑化センター　緑のふるさと協力隊開始〔1994〕 若者の地方体験交流支援事業（地域づくりインターン事業）【国土庁】〔1996〕
2000年代	協働志向の都市-農山村交流	都市と農山漁村の共生・対流に関するプロジェクトチーム発足【農林水産省】〔2002〕 エコツーリズム推進法〔2007〕 子ども農山漁村交流プロジェクト【農林水産省】〔2008〕 田舎で働き隊！事業（農村活性化人材育成派遣支援モデル事業）【農林水産省】〔2008〕 地域おこし協力隊【総務省】〔2009〕

資料：筆者作成

山村と都市の交流促進事業の開始にみられるように，都市−農山村交流は農山村の地域振興施策の一つとして位置づけられたが，国の補助事業による施設整備に力点をおいた一種の公共土木事業となっていった。

　1987 年，第四次全国総合開発計画において「定住と交流」，「交流ネットワーク」が重要な概念として提示されたことで都市−農山村交流は国家レベルにおける主要な施策として確立する。その後，1987 年の総合保養地域整備法（リゾート法）施行をその出発点として，1990 年代前半にかけてはリゾート開発手法への傾斜がその傾向としてみられた。しかしバブル経済崩壊により 1990年代後半になるとリゾート開発手法の失敗，施設整備に傾斜した都市−農山村交流政策への反発からソフト面を重視した都市−農山村交流が注目されてくる。

216

1994 年には「農山漁村滞在型余暇活動のための基盤整備の促進に関する法律」が施行され，グリーンツーリズム，エコツーリズムが本格的に始動する。また先にみた 1998 年の 21 世紀の国土のグランドデザインにおける多自然居住地域の提唱，1999 年の食料・農業・農村基本法において自然，環境がキーワードとして明示されるに至り，自然共生型都市 – 農山村交流，環境型都市 – 農山村交流が台頭するに至った。

　このような変遷を経て，都市 – 農山村交流は現在，グリーンツーリズムに代表されるような直接的な経済効果のみならず，都市と農山村の社会的相互認知，さらには都市と農山村との協働を生み出す仕組みとして注目されている。例えば，旧国土庁地方振興局地方都市整備課（省庁再編後は国土交通省都市・地域整備局地方整備課）が 1996 年度と 1997 年度，および 2000 年度から 2009 年までおこなった地域づくりインターン事業（若者の地方体験交流支援事業）は，都市と農山村との協働を生み出す仕組みのさきがけであり，2010 年以降もそれまでに事業に関係した市町村を中心に独自に地域づくりインターンを展開している。また 2000 年度から有志の市町村と首都圏の学生が協力して立ち上げた「地域づくりインターンの会」も独自の地域づくりインターンを行っている。旧国土庁の事業に源流をもつ地域づくりインターンの他にも類似のインターンシップが増えつつあり，例えば一般社団法人いなかパイプ（高知県高岡郡四万十町）の「いなかビジネス教えちゃる！インターンシップ」や NPO 法人十日町市地域おこし実行委員会（新潟県十日町市）の「十日町市インターンシップ」，NPO 法人ふるさと回帰支援センター（東京都千代田区）の「ふるさとづくりインターン」などをはじめ，民間企業や大学なども地域づくりに関わるインターンシップを展開している。

　このように都市 – 農山村交流は画一的なものではなく，時代のなかで変化し，多様化しており，その手法や目的も様々である（筒井 2008）。そこで都市 – 農山村交流の概念的なトレンドを二つの軸から整理してみたい。一つの軸は「都市住民と農山村住民とが接する機会」であり，もう一つは「都市 – 農山村交流の目的」である（図 3）。1970 年代に開始された富山県利賀村と東京都武蔵野市との交流など，姉妹都市の交流は純粋に「交流」を目的とする傾向が強かったが，1980 年代に広がってきた農産物直売所や観光農園などはモノを介した

第11章 都市との交流・協働による農村の地域づくり

経済効果を目指したものであった。1990年代になるとグリーンツーリズムやエコツーリズムなどが活発化し，ヒトを介して経済効果を目指すものが広がり，「農村空間の商品化」（田林編著 2013）が活発化した。そして1990年代後半から2000年代にかけて緑のふるさと協力隊（NPO法人地球緑化センター主催）や地域づくりインターンなどに代表される，都市住民と農山村住民が地域づくりにおいて協働を目指す「協働志向」の交流が広がってきた。グリーンツーリズムなどが直接的な経済効果を目指すのに対して，協働志向の都市－農山村交流は，都市と農山村の社会的相互認知の上に協働を生み出す仕組みとして注目されてきた（宮口ほか編著 2010）。

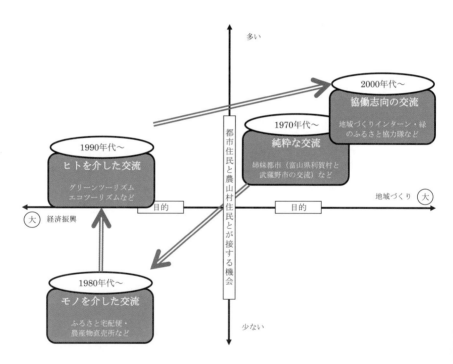

図3　都市－農山村交流のトレンドの変化
資料：筆者作成

3 ヨソモノと農山村をつくる

■ 交流からはじまる田園回帰

　農山村の多くは高度経済成長期からの過疎という社会現象を通じて人の流出を経験してきたが，あわせて外部からの人材（ヨソモノ）が入ってくる機会も失われてきた。つまり過疎を契機に人材の流出には慣れるが，人材の流入には慣れないという状況がつくられてしまったのである。そうした中で永続的に居住する移住者受け入れは，ヨソモノ受け入れにおいてはハードルが高いものであり，農山村の人たちがヨソモノに慣れるための仕掛けを意識的に行う必要がある。これが都市－農山村交流の今日的意義の一つである。

　都市－農山村交流は体験学習，山村留学，農家民泊，ワーキングホリデーなど多くの形態がとられてきたが，これらのターゲットとなる層が図1でみた「地方での暮らしに興味がある」や「漠然とした地方への興味がある」といった広義の田園回帰の層なのである。さらに協働志向の都市－農山村の延長線上には地域サポート人材と呼ばれる，地域おこし協力隊や，その原型となった緑のふるさと協力隊などもある。地域おこし協力隊は任期終了後に63％の隊員（2017年3月末までに任期を終えた隊員への調査）が同じ地域に住み続けるなど移住（狭義の田園回帰）のきっかけづくりとしての意義もすでにみられ始めている。

　以前より交流は，移住への入り口としての期待が強かったがそのギャップは大きいものであった。しかし協働志向の都市－農山村交流や地域サポート人材などの取り組みを介してそのギャップを埋めるステージをつくることで可能になってきた。多様な都市－農山村交流から協働志向の都市－農山村交流，地域サポート人材，そして農山村への移住に至る継続的なステージは，ヨソモノを活かす途切れることのない地域づくり活動なのである（図4）。多くの農山村では農業体験などを含めて種々の体験活動が既に行われており，実はこの第一段階は身近にある。ボランタリーな活動も含めて体験的な活動からはじまり，祭礼やイベントなど農山村コミュニティ活動への継続的な参加を通した協働の

第 11 章　都市との交流・協働による農村の地域づくり

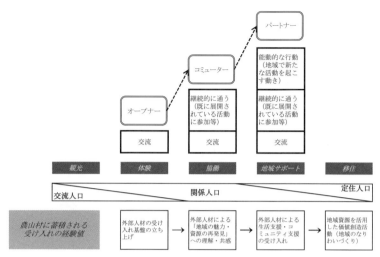

図4　交流から移住へのステージと農山村の経験値
資料：筒井（2017）より作成

展開，そして地域おこし協力隊や緑のふるさと協力隊など一定期間滞在しながら地域サポートをおこなうものが想定される。その際に重視したい基盤は都市－農山村交流である。これに参加する人々をオープナーと呼び，さらに，継続的に通うコミューター，能動的な活動を行うパートナーが協働や地域サポートを実現していく。

　もちろんこのような単線プロセスの終点である移住のみを成果として捉えることは適切ではない。例えば図司（2014）も述べる通り，地域おこし協力隊をはじめ地域サポート人材の本質は任期終了後も住み続けるという点だけにあるわけではない。つまり図4における一人のオープナーが，コミューターさらにパートナーと変容していくとは限らず，オープナー，コミューター，パートナーにとどまり続ける主体も存在し，それぞれに地域づくりにおける役割がある。農山村側に立てばオープナー，コミューター，パートナーそれぞれの受け入れ経験とノウハウの蓄積が成果であり，さらに様々なステージで関係を構築した人々とのネットワークも地域に残る財産である。このようなネットワークは「関係人口」という概念によって可能性が注目されている。関係人口は総務省の「これからの移住・交流施策のあり方に関する検討会」の中間とりまとめ（2017

年4月公表）でも取り上げられているが，これに含まれる交流活動そのものは必ずしも新しいものではなく，地域が既に取り組んでいる様々な活動が該当する。

■ ヨソモノと地域の相互補完関係

　小田切・筒井編著（2016）も指摘する通り，地域づくりという内発的発展の舞台ではヨソモノの役割は小さくなく，「地元住民だけ」という狭い意味での内発的発展ではなく，地域内外の力を取り入れる「ネオ内発的発展」が重要である。このような協働の枠組みのプロトタイプのひとつとして提示するのが「ネットワーク型担い手」である。当然のことながらヨソモノだけで農山村社会の担い手となることは難しく，既存のコミュニティと結びつきながら担い手となっていく。一方，過疎や高齢化が深刻な農山村社会においては地域住民のみでの担い手形成には限界があり，都市住民や移住者と結びつき，お互いの強みを活かした相互補完関係を基盤とする担い手の形成が必要となる。このような総体としての担い手であるネットワーク型担い手を考えてみよう（図5）。

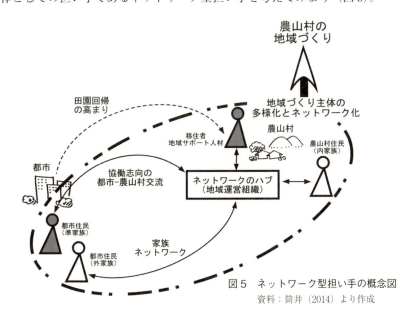

図5　ネットワーク型担い手の概念図
資料：筒井（2014）より作成

第 11 章　都市との交流・協働による農村の地域づくり

　早稲田大学都市・地域研究所は「準家族」概念を用いた農山村の地域づくり
ネットワークを提唱したが（筒井 2004），ネットワーク型担い手はそれを拡張
したものである。都市からの移住者は農山村に生活基盤をもつことでその地域
の担い手となっていくが，実際には移住者自らがコミュニティとのつながりを
ゼロベースでつくりあげていくことは少なく，つなぎづくりという支えが必要
となる。筒井ほか（2014）では移住者を例にその実態や考え方を詳述したので
そちらを参照されたいが，移住者や交流をする都市住民を農山村住民（既存の
コミュニティ）と結びつける主体が重要である。その主体をハブとして捉え，
そのネットワークの総体を農山村社会の地域づくりの担い手として位置づける
考え方，それがネットワーク型担い手である。

　このネットワーク型担い手を考える際に重要となるハブとなるのが「かけは
し組織」（国光・図司 2013）である。そもそも NPO などが注目されてきたが，
昨今，まちづくり協議会やコミュニティ委員会などと称される地域運営組織に
もその役割が期待されつつある。もちろんこのハブの機能を集落など既存のコ
ミュニティが担うこともあるが，一般的に既存のコミュニティはイエを単位と
して男性世帯主の意思が反映されやすい仕組みであり，女性や若者の意思決定
や活動への参加が低調である傾向も見受けられる。そのため，地域内に暮らす
人々が個人単位で地域のマネジメントとかかわりを持つような仕組みや，農山
村地域と協働をしようとする都市住民も参加できる仕組みとして地域運営組織
が注目され，ネットワーク型担い手のハブとしての機能が期待されるのである。

　ネットワーク型担い手のポイントはそれぞれが相互に補完しあう総体として
の担い手を考える点にある。つまりヨソモノの存在が地域コミュニティの中
での地域づくりに活かされるためには，ヨソモノと農山村コミュニティのそ
れぞれが持つ「強み」と「弱み」の特徴を把握し，それらが相互に補完しあう
関係が構築できていることが重要となる。筆者はこれまでの研究で地域外から
の主体（ヨソモノ）と地域内の主体（農山村コミュニティ）の関係を整理する
ツールを，マーケティング計画の策定など用いられるツールである SWOT マ
トリックスを参考に開発をした（佐久間ほか 2011）。SWOT マトリックスは，
一つの主体の内部環境と外部環境の関係性を明示することを目的としている
が，筆者らは外部環境の代わりに別の主体の内部環境を配置することによって

二つの主体，すなわちヨソモノの持つ強み（Su），弱み（Su）と農山村コミュニティの持つ強み（Sr），弱み（Wr）の関係性を視覚的に整理して，明示するSWSWマトリックス（図6）を設計した。このマトリックスにおいては次の関係が視覚的に明示される。まずSu×Srであらわした特徴から双方の強みがあいまった「促進関係」をみいだすことができる。またSu×WrおよびWu×Srであらわされる特徴はそれぞれ「補完関係」が把握できる。前者では農山村コミュニティがヨソモノを補完している関係（補完関係1）が，後者はヨソモノが農山村コミュニティを補完している関係（補完関係2）があらわされる。この二つの補完関係が見出される「相互補完」の関係が構築されていることが，ネットワーク型担い手の意義といえよう。最後にWu×Wrであるが，双方の弱みの特徴があらわされることから「課題」発見が可能である。つまりここにあらわされた課題をいかに補完関係に改善していくか，その方法や方策の検討が求められることとなる。

		ヨソモノ	
		強み (Su)	弱み (Wu)
農山村コミュニティ	強み (Sr)	促進	補完1 （農山村→都市）
	弱み (Wr)	補完2 （都市→農山村）	課題

図6　主体間関係の整理ツール（SWSWマトリックス）

資料：佐久間ほか（2011）に加筆して作成

4 移住から交流・共創へ

　先述した通り，都市－農山村交流や地域サポート人材の最終的な成果を移住のみとすることは決して適切ではない。それはそれぞれのステージにおける成果の蓄積もさることながら，移住のその先にも展開があるからである。例えば，若者を中心に増えつつある移住者の中には未来永劫住み続ける移住者ばかりで

第 11 章　都市との交流・協働による農村の地域づくり

はなく，地域から転出をしていった元移住者なども存在する。しかもその転出
理由は「地域とあわなかった」といったネガティブなものばかりではない。「地
域に外からかかわる」ために転出した元移住者，新しいヨソモノの存在が近年
注目されるようになってきた。

　田中（2017）は「風の人」と「ソーシャル・イノベーター」という概念を用
いて，近年の動向を説明する。風の人とは地域に新しい視点をもたらしてやが
て去っていく人材であるとする（田中・藤代裕之研究室 2015）。一方，ソーシ
ャル・イノベーターは都市と農山村のボーダーを意識することなく動き，都市
と農山村の共生の担い手となる存在であり，その一部は移住者やその経験者で
あったとする（小田切・筒井編著 2016）。前者は来訪者と移住者をイイトコド
リを，後者は都市と農山村のイイトコドリをする存在であり，いずれもこれま
で明確に区分をする傾向が強かった「交流（来訪）と移住」や「都市と農山村」
の間にあるからこその存在価値に着目する。それは，農山村のシェアハウスに
住んで地域づくりの企画・運営を行うディレクターのような存在や，都会に住
んで農山村の PR を都会で行い都市と農山村を結び付けるハブ的な存在などで
あり，昨今の地域創造の動きの中で活躍する新しいヨソモノと農山村との「共
創」であると指摘する。この共創の意義は，宮口が都市 – 農山村交流に求めた
意義と本質的に異なるものではなく，改めて「交流」を基礎においた多様なス
テージが共存する地域づくりが必要であることを確認しておきたい。

　農山村の現状認識は，林・齋藤編著（2010）の「撤退の農村計画」の議論に
代表される，定住人口減少というこれまでの捉え方の上に立ち撤退や消滅を標
榜する論と，移住者増加のみならず都市の若者にみられる農山村への関心の高
まりに依拠する田園回帰と新たな社会創造を目指す論がせめぎあっている。定
住人口は増えてはいないが新たな人材との関係づくりが進んでいる農山村は間
違いなく存在する。今日の農山村の地域づくりには，そこに住む住民とは異な
る考え方や発想，スキルをもつヨソモノを多様なステージで受け入れ，ともに
チャレンジをし，時に頼り，時に頼られるという相互補完関係を活かす戦略と
体制が求められている。

《参考文献》

- 安達生恒　1970「過疎の実態 – 過疎とは何か,そこで何がおきているのか – 」(『ジュリスト』455,21-25)
- 稲垣文彦ほか著　2014『震災復興が語る農山村再生 – 地域づくりの本質 – 』(コモンズ)
- 岡橋秀典　1997『周辺地域の存立構造』(大明堂)
- 小田切徳美　2013「地域づくりと地域サポート人材 – 農山村における内発的発展論の具体化 – 」(『農村計画学会誌』32-3,384-387)
- 小田切徳美　2015「田園回帰を時代のターニングポイントに」(『季刊地域』21,106-107)
- 小田切徳美・筒井一伸編著　2016『田園回帰の過去・現在・未来 – 移住者と創る新しい農山村 – 』(農山漁村文化協会)
- 国光ゆかり・図司直也　2011「農山村と若者を結ぶ「かけ橋」組織」(農山村再生・若者白書編集委員会編『緑のふるさと協力隊 – 響き合う!集落と若者 – (農山村再生・若者白書2011)』農山漁村文化協会,90-107)
- 佐久間康富・図司直也・筒井一伸・海老原雄紀　2011「都市農村交流における主体間関係の整理ツールの開発」(『農村計画学会誌』29-4,473-481)
- 図司直也著　小田切徳美監修　2014『地域サポート人材による農山村再生』(筑波書房)
- 立川雅司　2005「ポスト生産主義への以降と農村に対する「まなざし」の変容」(日本村落研究学会編『年報村落社会研究41　消費される農村 – ポスト生産主義下の「新たな農村問題」 – 農山漁村文化協会,7-40)
- 田中輝美・藤代裕之研究室　2015『地域で働く「風の人」という新しい選択』(ハーベスト出版)
- 田中輝美著　小田切徳美監修　2017『よそ者と創る新しい農山村』(筑波書房)
- 田林明編著　2013『商品化する日本の農村空間』(農林統計出版)
- 筒井一伸　2004「「地域づくりインターン」事業にみる都市 – 農山村交流の展開方向 – 愛知県豊根村における取り組みから – 」(CREC149,46-67)
- 筒井一伸　2005「国土空間の生産と日本型政治システム」(水内俊雄編『シリーズ人文地理学4　空間の政治地理』朝倉書店,45-67)
- 筒井一伸　2008「農山村の地域づくり」(藤井正・光多長温・小野達也・家中茂編著『地域政策入門』,ミネルヴァ書房,191-209)
- 筒井一伸・嵩和雄・佐久間康富著　小田切徳美監修　2014『移住者の地域起業による農山村再生』(筑波書房)
- 筒井一伸　2014「ヨソモノ×コミュニティ=ネットワーク型担い手 – 農山村社会の新し

第 11 章　都市との交流・協働による農村の地域づくり

　い担い手を考える－」(『農業協同組合経営実務』69-10，118-123)

- 筒井一伸　2017「「田園回帰」におけるコーディネート」(『ガバナンス』195，33-35)
- 松永桂子　2015『ローカル志向の時代－働き方，産業，経済を考えるヒント－』(光文社)
- 林直樹・齋藤晋編著　2010『撤退の農村計画－過疎地域からはじまる戦略的再編－』(学芸出版社)
- 宮口侗廸　2004「国土計画における多自然居住地域の提唱と散村・小都市群地域」(金田章裕・藤井正編『散村・小都市群地域の動態と構造』京都大学学術出版会，272-297)
- 宮口侗廸・木下勇・佐久間康富・筒井一伸編著　2010『若者と地域をつくる－地域づくりインターンに学ぶ学生と農山村の協働－』(原書房)

高校が関わる地域づくり活動と「村を育てる学力」

筒井 一伸（鳥取大学地域学部）

　高校生が地域づくりに関わる実践が全国ではじまっている。背景は少子化である。過疎問題は遠隔農山村で発現したが，高校が立地するある程度の中心性をもった町や地方都市でも「このままでは高校や地域が存続できない」という危機意識が芽生え始めている。この意識が高校生の実践に結びつくには2つの形がある。一つは地域衰退に危機感をもった地元の行政やコミュニティが高校にはたらきかけて若者と一緒に地域づくりを進めようとするケースであり，もう一つは子どもの数が減るなかで，高校が生き残りをかけて地域と取り組むケースである。

　前者の例として有名なのは，島根県隠岐郡海士町にある島根県立隠岐島前高校の実践である。隠岐島前高校は2008年には全学年1学級となり，島前地域の中学生たちが高校受験を機に島外へ流出する動きを強めることになった。海士町など島前3町村は2007年度に「隠岐島前高等学校の魅力化と永遠の発展の会」を立ち上げて，島前内をはじめ全国から生徒が集まる魅力と活力ある高校づくりに着手した（山内ほか，2015）。

　一方，後者として紹介するのが兵庫県美方郡香美町にある兵庫県立村岡高校である。村岡高校は「地域に学び，地域と協働し，地域になくてはならない高校をつくる」，「確かな基礎知識・技能を持ち，自分で考え，チームの中で提案し，議論し，行動できる生徒を育てる」を学校の教育目標に掲げ，特色化を図るために2011年に「地域創造類型」を設置した。2013年に1学年1学級になるほどの入学者減少が背景にあったが，その人口減少地域における高校存続に向けて「地域」というキーワードを特色化に入れ込んだのである（兵庫県立村岡高校ほか 2014）。2014年度からは地域・アウトドアスポーツ類型地域創造系に改組され，同時に学区がはずれ兵庫県立高校でははじめて全国募集を開始し，1学年2学級化も達成した。

　これらの取り組みは高校生におる課外活動ではなく，正課として位置付けられた教育の一環である。正課の授業とはいえ通常の科目とは異なる地域活動は教員に負担となるのも事実であ

る。そこで教員だけで完結させず、多様な人材を招き入れて、その交流を教員も楽しむことも重要である。そのためにコーディネーターが重要であり、総務省の地域おこし協力隊制度を活用した教育コーディネーターも増えつつある。しかし正課である以上は教員の役割は重要であり決してコーディネーターに丸投げをしてはいけない。

地域づくりと向き合う学習によって生徒の進路意識に変化がうまれつつある。勉強した生徒ほど都会に行くという思考になりがちだが、地域固有のことを学ぶとその地域で活動する将来も思い描けるようになり、「多様な価値観」の中から将来の方向性を選択できるようになる。

ところで教育と地域との関係を教育実践として兵庫県但馬の地で行ったのが1957年に『村を育てる学力』を発表した東井義雄である（東井，1957）。当時、農家の子どもに学問は不要だという意識や、逆に子ども達の多くは村を出て行く運命にあるのだから進学や就職に役立つ学力を身につけさせるべきだという意見が存在していた。山根俊喜（教育方法学）の説明によると東井はこうした見解を退け、学校での教育の目的を「村を育てる学力」という言葉で表現した。進学・就職用の「村を捨てる学力」では「村を育てる学力」にはなり得ないが、村を愛し育てられるような主体性のある「村を育てる学力」であれば、同時に進学・就職にも通用すると東井は主張した。「村を育てる学力」とは、地域生活の中で生きて働く、生活化された科学的思考であり、科学化された生活的思考である。こうした学力を形成する中で主体性や生きる意欲が育まれる、というのである。

直接的な関係はともかくとして、教育という現場に携わる教員から地域という発想が、半世紀の時を経て同じ但馬の地でうまれているというのは単なる偶然ではないであろう。近年増えつつある高校が関わる地域づくり活動は、学校づくりと地域づくり、科学的思考と生活的思考を統一した「村を育てる学力」の考えを引き継ぎ、発展させるものとして位置付けられる。

《参考文献》

- 東井義男　1957『村を育てる学力』（明治図書）
- 兵庫県立村岡高等学校・鳥取大学地域学部　2014「動き始めた地域系高校2－「地域探究」というシステム」（『地理』59-6, 100-105）
- 山内道雄・岩本 悠・田中輝美　2015『未来を変えた島の学校－隠岐島前発 ふるさと再興への挑戦－』（岩波書店）

コラム 篠山市における現地体験型教育

木原 弘恵（関西学院大学大学院社会学研究科）

　神戸大学農学部では，2008（平成20）年度から，農村における現地体験型教育を実施している。該当科目は，食と農に関する現場の理解を目指す教育プログラム（食農コープ教育プログラム）として位置づけられ，現在，兵庫県篠山市で実習を受け入れていただいている。著者は，約2年にわたり，この授業を担当してきた。

　この教育プログラムは，二つの現地体験型の科目を有している。一つは，農村地域の地元農家に師事しながら農業・農村について学ぶ「実践農学入門」，一つは，農村地域における調査やプロジェクトに参画して農業・農村の理解を深めるとともに企画の立案方法を学び調整能力を身につける「実践農学」である。「実践農学入門」では，地元農家の方々のもとで，年間を通じて，篠山市の特産品である黒大豆などの栽培に携わりながらむら仕事を体験している。「実践農学」では，地元の方々や教員とともに里山林の調査を行ないその管理方法を学ぶグループと，まちづくり協議会や地域おこし協力隊などが取り組むプロジェクトに参画するグルー

プとに分かれ，目標とする技術や能力の修得を目指して活動をしている。

　これらの授業は，農学部以外の他学部にも門戸が開かれており，毎年，様々な学部から申し込みがある。実習では，予期しなかった出来事が起こったり，思うように進まなかったりすることも多く，学生は能動的に学ぶ姿勢が必然的に求められる。近年，大学教育の現場においては，能動的な学びとしてアクティブ・ラーニングが推進されているが，この授業はそうした学びの場の一つともいえよう。

　これらの授業が実施されている篠山市は農村である。大学から車で高速道路を通って約1時間強走った場所に位置している。篠山市には，1949（昭和24）年から1967（昭和42）年まで，神戸大学大学院農学研究科の前身である兵庫農科大学が立地していた。そうした歴史的背景のもと，農学研究科と篠山市は2006年に連携活動を開始させた。そして，活動拠点となる施設の整備や研究員の配置を拡充しながら，地域連携活動の充実を図ってきた。現在では，神戸大学と篠山市とが連携協定を

締結するまでに至り，篠山市で進められる神戸大学の地域連携活動も多岐にわたっている。

　これまで篠山市において積み重ねられてきた重層的な関係の上に，また新たに現地体験型教育を通じた関係が蓄積されている。現地体験型の授業を履修した学生のなかには，学生活動団体を立ち上げ，授業終了後もお世話になった地域や農家さんのところに通い，何らかの活動を続ける者もみられる。彼ら彼女らのなかには，土日はほぼ篠山市で過ごすなど，活動が日常化している者もいれば，大学を卒業して社会人となった後も，お世話になった地域や農家さんを訪れる者もいる。こうした活動は，篠山におけるこれまで蓄積されてきた関係に支えられている部分も少なくないだろう。

　2017年度の「実践農学入門」の履修者に対して行ったアンケート調査によると，履修者の約9割は農村での居住経験はないと回答している。また，現場で農作業を体験できることを履修の動機として回答している学生は約8割であった。授業においても，農業の現場で学べることを高く評価する声はたびたび耳にした。こうした結果を概観すると，農業農村における現場での学びに関心を持ちながらも，きっかけを見出せないでいる学生は少なからず存在しているように思われる。篠山市で実施されるこの現地体験型教育は，そうした学生に対して，これまでとは異なる形で農村と出会うきっかけを提供しているのかもしれない。

写真1　実践農学入門の一場面
　　　（兵庫県篠山市西紀中地区）

写真2　実践農学の一場面
　　　（兵庫県篠山市大芋地区）

《参考文献》

中塚雅也・内平隆之　2014『大学・大学生と農山村再生』（筑波書房）

コラム 学生による地域活動の展開

松本 龍也（「にしき恋」発起人）

ある週末の朝，地域の自治会前に集まった学生が農家さんの車に乗り込み，農作業へ向かう。兵庫県篠山市で活動する地域密着サークル「にしき恋」の風景である。このサークルは，大学生が農家さんのもとで農作業を体験する，「実践農学入門」という神戸大学の授業を契機として設立された。私は創設から携わり，社会人となった現在でも度々この地域に通う。このコラムでは，1つの地域に通い続ける面白さを述べたいと思う。

2018年現在，にしき恋は100名以上のメンバーを有している。参加は基本自由であるため，年に数回の参加の人から，毎週末通い続ける人まで様々である。主な活動は，農家さんのもとで農作業の手伝いをする「農業ボランティア」のほか，「農産物の栽培と販売」，「地域交流」，「他大学交流」などで，地域の協力のもと，西紀南地区という1つの農村に限定して，学生が活動を続けている。

こんな面白みがない場所になぜ若者が毎週来るのか。」と地域の人によく聞かれる。その答えとして地域活動に関する2つの面白みを挙げたい。1つは「農業の面白み」である。これは，田舎を知らない若者が農業に関する技術的な指導を受け，農村の歴史的なお話を聞くことで，簡単に農業・農村の面白さを味わうことができるというものである。

もう1つが「地域交流の面白み」である。農村地域に通い，活動を行うと地域の人から「ありがとう。いつも助かるよ！」と感謝されることがある。そこから活動を頻繁に重ねると地域の人に認識され始め，地域のイベントに誘われるようになる。そうすれば，まるで地域住民の一人として，生活するような面白みが味わえるのである。

「若者が来てくれるだけでありがたい」と地域の人は言ってくれるが，逆に言えば，行かなければ何も始まらない。地域で何か活動したい若者がいるなら，まずは「農業の面白み」から地域に入ってみよう。継続と頻度を重ねることで少しでも「地域交流の面白み」を感じてもらえたら嬉しい。

第**12**章

農村における外部人材の活用
～地域おこし協力隊を通して～

柴崎 浩平
神戸大学大学院農学研究科

我が国の農村では，高齢化と人口減少の急激な進行にともない，農村生活を支えるサービスや集落機能の低下，あるいは集落の消滅といった問題が危惧されている。その一方，農村に移住する若者が注目されており，彼らを取り上げたTVや雑誌の特集も多くみられる。農村には，このような外部人材を効果的に活用していく必要がある。しかし現場では，彼らを受入れる地域との間でミスマッチが起きているのも事実である。本章では，移住した若者らが抱く新たな生活像に着目したうえで，彼らの受入れ方について論述していく。その際，近年全国的な広がりをみせている地域おこし協力隊制度を事例として取り上げる。

キーワード

外部人材　若者移住者　地域おこし協力隊　生活像　定住促進

第12章　農村における外部人材の活用

1　外部人材の活用と地域おこし協力隊制度

■ 外部人材の活用

　農村の維持や発展を考えていくにあたっては外部人材を効果的に活用していくことが求められている。ただし，外部人材を活用するという視点そのものは，なにも近年になってみられだした視点ではない。例えば昭和初期には柳田国男（1929）が，都市のさまざまな機能や資源を積極的に活用すべきであると指摘しているし，農村は外部人材との交流等を通して維持・発展されてきたという見方はごく自然なことと思われる。近年では田園回帰という潮流が存在すること，そしてそれを活用する施策が相次いで打ち出されているといった背景もあることから，外部人材の活用という視点が改めて注目を浴びているといえる。

　農村における外部人材とは，農村に住んでいない・いなかった者を意味し，政策用語としても使用されている。関連する用語としては「よそ者」や「Iターン者」などが挙げられる。「よそ者」概念は社会学分野で古くから着目されており，日本においても G. ジンメルなどの古典的研究に呼応する形で整理がなされている。そこでは，居住の有無ではなく異質な特性を持つ者として「よそ者」が捉えられており，彼らが持つ特性や地域住民との相互作用について多くの研究蓄積がある。一方，「Iターン」とは「係累のない，主観的に＜田舎＞と定義された土地への，自発的移住」を意味し，用語そのものは1989年に長野県が東京・大阪・名古屋に開設した移住希望者の相談室の名に端を発するといわれている（菅 1998）。Iターン者を対象とした研究は1990年代から多くみられ，移住に至る動機に大きな関心が注がれるとともに，Iターンという移住が持つ今日的な意義などについて多く言及されている。

　以上にみてきたように，外部人材には様々な捉え方があるが，農村における外部人材の活用といった場合，移住・定住促進および都市農村交流といった文脈から捉えられることが多い。移住促進に関する国レベルの取り組みは，新規就農支援という形で1990年あたりから多くみられる。例えば1987年には，農林水産省の試みである全国新規就農ガイドセンターおよび都道府県新規就農ガ

234

イドセンターが設置され，就農相談の受付がはじめられた。本格的に移住が促進されはじめたのは，バブル景気が崩壊して失われた20年といわれる時代へ突入した1990年代半ばからである。1998年の「21世紀の国土グランドデザイン」（いわゆる五全総）では「多自然居住地域の創造」として，過疎地域への移住を促進し，地域の活力を創造することが施策の一つに挙げられた（詳しくは11章参照）。また，1997年からは新・農業人フェアが開催されるとともに，2002年には「ふるさと回帰支援センター」が設立され，2007年には「移住・交流推進機構（JOIN）」が設立されるなど，移住を促進する体制が強化される。

　他方，1990年代は農村と都市部の若者の出会いの場づくりが盛んにおこなわれた時期でもある。例えば「緑のふるさと協力隊」（NPO法人地球緑化センター：1994～）や「地域づくりインターン事業」（国土交通省：1996～）などが挙げられ，民間レベルにおいても様々な活動が展開されてきた。こういった草の根的におこなわれてきた都市・農村交流活動を通して，モノやカネによる農村の支援ではなく，ヒトによる支援の重要性が認識されはじめた。このような背景から，本章で着目する地域おこし協力隊制度を含めた，いわゆる地域サポート人材関連施策が相次いで打ち出されることとなる。

■ 地域おこし協力隊制度の概要と成果

　地域おこし協力隊制度（総務省：2009年～）の目的は，都市住民に一定期間（最長3年間）地域協力活動に従事してもらいながら当該地域への定住・定着を図ることにある。単に定住を促進するだけでなく，地域協力活動（いわゆる地域への貢献活動）が重視されている点は都市・農村交流活動の流れを反映しているといえる。同制度の実施主体は地方公共団体であり，総務省は同制度を導入する自治体に対し，隊員1人あたり400万円（報酬等200万円，その他の経費200万円）を上限とした財政支援をおこなっている。さらに，隊員の募集にかかる経費や隊員が起業する際の財政支援もおこなっている。

　今日において同制度は，若者を中心に全国的な広がりを見せているといってよい。表1は同制度を導入する団体数および隊員数の推移を示したものである。2009年度では31団体，89名であったものの，2014年度には100団体，1,000

第 12 章　農村における外部人材の活用

名を超え，2017 年度では 997 団体，4,976 名と大幅に増えている。ただし，隊員の数は市町村ごとで大きく異なっており，1 名の市町村も多くみられる一方，30 名や 40 名といった多数の隊員を配置している市町村もみられる。また，隊員となる者には若い世代が多く，女性も比較的多いという特徴がみられる。2017 年度の隊員の年齢構成は，20 歳代が 33.3%，30 歳代が 38.3%，性別は男性（61.5%）の方が多いものの女性が 38.4% みられる。

　総務省は任期を終えた隊員の実態把握を目的とした調査をおこなっており，その結果を 2011 年から 2 年おきに公表している。表 2 は，2017 年 9 月に公表されたデータをまとめたものである。それによると，任期終了後も「活動地と同一市町村内に定住」している者は 48.2% と半数近くに及び，「活動地の近隣市町村内に定住」している者も 14.4% 存在している。総務省の報告では，これらを合わせた 62.6% が「同じ地域に定住」したとされている。後述するようにデータの信頼性の問題もあるため一概にいうことはできないが，62.6% という割合は高く評価すべきであると考える。

　続いて「活動地と同一市町村内に定住」している者の働き方についてみていく。表 3 は，それらの者の進路およびその推移を示したものである。まず 2017 年度データをみると，「就業」が 47.4% と最も多い一方で，「起業」が 29.2% と比較的多く，「就農」は 14.1% と低いことがわかる。また，それらの推移に着目すると「就業」の割合はいずれの年度も 50% ほどであり大きな変化はみられない。その一方，「起業」の割合は 7.5%，9.2%，17.2% と増加して

表 1　地域おこし協力隊員制度の実施自治体と隊員数の推移

	2009	2010	2011	2012	2013	2014	2015	2016	2017
実施自治体	31	90	147	207	318	444	673	886	997
隊員数（人）	89	257	413	617	978	1,511	2,625	3,978	4,976

資料：総務省 HP より筆者作成

表 2　任期を終えた隊員の定住状況　　　　　　n=2,230，単位：%（人）

活動地と同一市町村に定住	活動地の近隣市町村内に定住	他の条件不利地域に定住	その他へ転出	不明
48.2 (1,075)	14.4 (321)	7.0 (155)	12.4 (277)	18.0 (402)

資料：総務省 HP より筆者作成

236

1　外部人材の活用と地域おこし協力隊制度

表3　任期終了後も「活動地と同一市町村内に定住」している地域おこし協力隊員の進路

単位：％（人）

	就業	起業	就農	未定	その他
2011年度データ (n=67)	49.3（28）	7.5（5）	44.8（30）	1.5（1）	4.5（3）
2013年度データ (n=174)	52.9（92）	9.2（16）	26.4（46）	3.4（6）	8.0（14）
2015年度データ (n=443)	47.4（210）	17.2（76）	17.8（79）	1.8（8）	15.8（70）
2017年度データ (n=1,075)	47.4（510）	29.2（314）	14.1（152）	0.9（10）	8.3（89）

資料：総務省HPより筆者作成

　いる。この要因としては，起業促進のためのサポートが充実してきていることや，農村で起業したいという意向を持つ者が同制度を活用する傾向にあるということが考えられる。また，「就農」の割合は44.8％，26.4％，17.8％となっており，減少していることも読み取れる。

　ただし，データの解釈にはいくつか留意すべき点がある。1つ目は「定住」の捉え方である。総務省の調査では，その判断基準が住民票の所在地となっている。そのため実際には居住していないものの，住民票を移していないがために「定住」とカウントされている可能性もある。また，任期終了後に居住している場合であっても，永続的に住み続けるとは限らない。2つ目は，働き方が多様化しているという点である。後述するように仕事を組み合わせて生計を成り立たせたいといった意向は隊員に広くみられる意向であるため，「就業」または「起業」などといった選択肢で把握するには限界がある。3つ目は「就農」の捉え方である。上記のデータからは「就農」の割合が低下していることから，実際に就農する割合が減少している，あるいは農林漁業に対する関心が低下していることも推測されうるが，農業法人等への就職は「就業」としてカウントされている。そのため「就農」の割合が低下していることをどのように捉えるべきか判断の余地がある。

第12章　農村における外部人材の活用

2　地域おこし協力隊の活動と新たな生活像

■ 協力隊の活動内容と応募動機

　地域おこし協力隊制度の実施主体である地方公共団体（多くの場合，市町村行政）は，従事してもらいたい活動内容を設定し，隊員を募集することとなる。そこで設定されている活動テーマを大まかに述べると，農林漁業，自然環境，医療・福祉，観光，教育，地域づくり，情報発信などがある。具体的には，河川の清掃活動や草刈り，雪かきなどといった作業から，地域行事や各種イベントへの参加・開催，直売所や観光施設の運営サポート，特産品の開発，情報冊子の作成，レストランやゲストハウスの開業など非常に多岐に渡る。また，複数の活動に従するケースや，任期期間中に活動内容が変化するケースも多いため，隊員がどのような活動に従事しているかを整理して紹介することは難しい。なお，隊員が従事する活動内容は予め設定されていた場合もあるが，隊員自身がおこないたい活動を提案し，従事するといったケースも多くみられる。

　他方，活動の内容ではなく質的な側面からみると，大きくは2つに分けることができる（図司 2014）。1つ目は，住民個人の日常を支える「生活支援活動」やすでに展開している地域活動に対して新たな外部主体が関わりを持つ「コミュニティ支援活動」といった「守り」の活動である。例えば，草刈りや雪かき，行事への参加，直売所や観光施設の運営サポートなどが該当する。2つ目は，地域で新たな活動や仕事を起こそうと試みる「価値創造活動」といった「攻め」の活動である。例えば，特産品の開発やレストラン等の開業，イベントの企画・開催などが該当する。

　次に，隊員の応募動機について触れていく。農村への移住動機は，彼らが「農村の生活環境」または「農村でのビジネス」どちらを重視するかといった側面から捉えられることが多い。例えば秋津（1998）は，農業への新規参入者の就農動機には「生活志向型」と「事業志向型」があると指摘している。また，図司（2013）は地域おこし協力隊の募集動機は「田舎暮らし志向型」と「開業・起業志向型」の二つに分けられるとしている。ただし，「ゲストハウスを開業

しつつ田舎暮らしをしてみたい」などといったように双方の動機をあわせもつ者も存在する。反対に，どちらにも該当しない者，例えば「地域づくり活動に興味があった」，「林業に携わりたかった」，「なんとなく活動内容がおもしろそうだった」などといったように，活動内容そのものに興味を抱き応募する若者も多くみられる。彼らのなかには，以下に述べる任期終了後の生活像やキャリアを想定して応募しているのではなく，3年間のうちに自身の可能性や「やりたいこと」を見出していきたいと考える者も多くいる。

■ 協力隊員にみる新たな生活像

　続いて，実際に隊員として移住した若者が，どのような住み方や働き方をしていきたいと考えているのか，という生活像についてみていく。もちろん，移住動機と生活像には重複する点もあるが，移住した者にとって，移住動機は過去のものであり変化はしないが，生活像は未来の願望を意味し，変化することもある。

　隊員が抱く生活像には以下の4つのタイプが存在する（柴崎・中塚 2016a）。表4は，各タイプがどういった住み方や働き方にこだわりを持っているのかをまとめたものである。タイプごとの特徴について説明していく前に，まず全体的な傾向について触れておこう。その傾向とは，起業意向が高いこと，そして複数の仕事を組み合わせていきたいという意向が高いことである。もちろん，タイプごとでその強弱は異なるものの，これらの意向は隊員として移住した若者に広くみられることが確認されている。その点を踏まえ，それぞれの特徴について説明していく。

　1つ目は「農的生活タイプ」である。彼らは農村に住み続けることにこだわりを持ち，農的な生活を送っていくことに価値を見出している。彼らは農林業や狩猟など，農村特有の仕事に関心を示すが，その関わり方は幅広く，例えば一次産業を軸にキャリアを築いていきたいと考えている者，二・三次産業を通して関わっていきたいと考えている者，はたまた家庭菜園や自給的な営みとして関わる者もいる。いずれにしても，農ある暮らしを送っていくことにこだわりを持っている。また，自身で事業をおこなっていくことや仕事を組み合わせ

第12章　農村における外部人材の活用

表4　隊員が抱く生活像のタイプとその特徴

		農的生活タイプ	農村拠点起業タイプ	多拠点起業タイプ	就職志向タイプ
住み方	農山村への定住				
	多拠点居住				
働き方	起業				
	就職				
	仕事の組み合わせ				
	農林業への関わり				

資料：柴崎・中塚（2016a）を基に筆者作成
注：こだわりの強さを色の濃淡で表記
　　　■：強いこだわり
　　　■：弱いこだわり

ていくことにも興味を示すが，それは農村に住み続けるための手段という意味合いが強い。近年注目されている「半農半X」，つまり自身や家族が食べる食料は自給し，残りの時間は自身のおこないたい仕事をおこなうといった生活スタイルに共感する者も「農的生活タイプ」に位置付けられる。

　2つ目は「農村拠点起業タイプ」である。彼らは起業や仕事の組み合わせを通して農村に住み続けることにこだわりを持つ。ただし，そこでいう住み続けるとは，生活拠点という意味合いが強く，1年のうち大半は農村に住むが，それ以外の期間は都市部や縁のある地域に住むといったように，農村と都市を行き来することを想定している。彼らが都市部とのつながりを重視する背景にはビジネス的な側面が多分にあり，都市とのつながりや都市が持つ機能をビジネスに活用していきたいと考えている。なお「農的生活タイプ」と同様，農ある暮らしにも関心を示すが，ビジネスへの関心の方が大きい。

　3つ目は「多拠点起業タイプ」である。彼らは農村に住み続けることにこだわりがない一方で，様々な地域に生活拠点を保持することや，起業や仕事の組み合わせを通してキャリアを築いていくことにこだわりを持つ。「農村拠点起業タイプ」と似た特徴もみられるが，農村に住み続けることにこだわっていないという点が大きく異なる。彼らが生活拠点として捉えているのは，縁のある地域やビジネスをおこなっていくうえで都合の良い地域であり，それが農村の場合もあるがそこにこだわりがあるわけではない。また，先に述べた2つの生活像と異なり，農林業との関わりにこだわりがあるわけでもない。彼らは，農

村のコミュニティや文化，地域づくり，情報発信，教育，福祉などといった領域に興味があり，それらに関連した事業をおこないたいと考えている。

4つ目は「就職志向タイプ」である。彼らは農村に住み続けることや様々な地域に生活拠点を保持することにこだわりがない一方，就職意向が比較的高い。自身が望む職種・就職先が農村にあれば住み続ける可能性もあるが，ない場合は都市部に移住するといったように，就職先によって住む地域を選択する傾向にある。また「多拠点起業タイプ」と同様，農林業との関わりにこだわりがあるわけではなく，その他の領域に関連した職種・就職先を考えている。なかには自身で事業をおこないつつ複数の収入源を確保していくことに興味を示す者もいるが，あくまでも副業的な位置付けとして捉えている。

以上に挙げた生活像のうちこれまで主に想定されていた生活像は，農村に住み続けることにこだわりを持ち，農的な生活を送っていくことに価値を見出している「農的生活タイプ」である。その一方，生活拠点を複数持ちつつ自身で事業をおこなっていくことにこだわりを持つ「農村拠点起業タイプ」や「多拠点起業タイプ」は，あまり想定されていなかったといってよい。彼らに共通しているのは，「都市か農村か」といった対立的な構図でそれらを捉えているのではなく，それぞれのメリットを享受し，仕事を創出・組み合わせていきたいと考えている点である。

なお，これらの生活像は，協力隊としての活動を通して変化する，あるいは具体的になるといったケースも存在する。例えば，応募当時においてはゲストハウスを開業して農村に住み続けていきたいと考える「農的生活タイプ」であったが，観光客が少ない時期には都市部等でも経済活動をおこない，多拠点生活をしたいと考える「農村拠点起業タイプ」に変化するといったケースなどがみられる。また，「なんとなく活動内容がおもしろそうだったから」という理由で赴任したものの，おこなっていきたい活動内容が具体的になり，起業意向が向上する，そして多拠点生活をしつつ仕事を創出・組み合わせていくことを考えるようになる（「多拠点起業タイプ」）といったケースもみられる。このように，応募当初には想定していなかった，偶発的な形で生活像が変化するケースにも注目する必要がある。

3 協力隊の受入れ体制と問題点

■ 協力隊員の受入れ体制

　協力隊が活動を円滑に進めていくにあたっては，隊員の受入れ体制が重要であることは想像するに容易い。ただし，受入れ体制は地域ごとで大きく異なっており，それは，地方公共団体とその他の組織との連携体制，マネジメント領域ごと，さらには隊員を受入れることへの覚悟や思いといった姿勢の違いなど様々なレベルで確認することができる。ここではまず，隊員を受入れるにあたってどのようなマネジメント領域があるかを確認したうえで，連携体制の違いについて述べていく。

　隊員をマネジメントしていくにあたっての領域は，雇用管理，福利厚生管理，活動内容の設定，キャリア開発，能力開発管理などが挙げられる。雇用管理は隊員の募集・採用・配置や任用関係，福利厚生は経費の分配，住居や車両の支給，雇用保険等への加入などに関する領域である。活動内容の設定は隊員に従事してもらう活動内容の設定やその修正，キャリア開発は隊員の長期的なキャリア発達のための取り組み，能力開発管理は隊員に求められる技能・能力の向上に関する領域である。以上のような各領域に関する取り組みは地域ごとで異なっており，その違いを挙げれば枚挙に暇がない。例えば雇用管理でいうと，隊員を市役所に配置している地域もあれば，地域組織に配置している地域もある。また，任用関係に関しては，副業（地域おこし協力隊としての報酬以外に収益を得る行為）を許可している地域もあれば，そうでない地域もみられる。

　続いて連携体制の違いについて説明していく。図1は，代表的な3つの連携体制を模式的に表したものである。まず「行政配置型」とは，地域（組織）と連携はするものの，地方公共団体が隊員の主要なマネジメント主体となり，上述のマネジメント領域を請け持つタイプである。このタイプは，後述するタイプと比べて同制度の担当課・担当者の負担が大きい。言い換えると，担当課・担当者の資質や姿勢の違いによって受け入れの質が大きく異なってくるといえる。「受入れ組織配置型」とは，隊員を受入れる地域組織（以下，受入れ組織）

3 協力隊の受入れ体制と問題点

図1　地域おこし協力隊員の受入れ体制に関する模式図

と連携して，隊員をマネジメントするといったタイプである。そこでいう受入れ組織には，観光協会やNPO法人，株式会社，任意団体などがみられ，受入れ組織は活動内容の設定・修正やキャリア開発などの領域を請け持つケースが多い。隊員はそういった受入れ組織の一員として活動をおこなっていくこととなる。「中間支援組織配置型」とは，地方公共団体や隊員，地域（組織）の間に中間支援組織を設置し，隊員をマネジメントするといったタイプである。中間支援組織にはNPO法人や株式会社，大学などが挙げられ，地方公共団体から委託を受けて隊員のマネジメントや関係主体の調整に携わるケースがある。ただし，中間支援組織が請け持つマネジメント領域は様々であり，ある特定の領域を請け負う組織もあれば，全般を請け負う組織もある。後に挙げた2つのタイプは，多様な主体と連携して受入れるという点で共通している。これらの連携体制がみられる背景には，多岐にわたるマネジメント領域を分担することの必要性・有用性が認識されていることが考えられる。ただし，関わる主体が多くなるほど，どの主体がどのマネジメント領域を請け負うのか，という共通認識が曖昧になりやすくなるといった側面もみられる。

■ 隊員を受入れるにあたっての問題点

　以上にみてきたように各マネジメント領域に関する取り組みや連携体制は地

第12章 農村における外部人材の活用

域ごとで異なっており，実際には受け入れ体制が磐石でない地域も存在する。そういった地域では，隊員と受け入れ側の間でのミスマッチが起きやすく，隊員が不適応状態に陥りやすいことが問題となっている。例えば，応募当時に聞いていたことと活動内容が違う，起業に向けた活動ができない，活動内容を提案したが許可が得られない，地域住民からの頼まれごとが多く地域の「お手伝いさん」として扱われるなど，想像とは違う現実に直面するといったケースが多々みられ，なかには隊員が身体的・精神的な疾患を患う，離職に至るなどといった事例も散見されている。

　そもそもミスマッチという事象は，何も地域おこし協力隊に限った話ではなく，組織への新参者が遭遇しやすい事象である。組織社会化論では，ミスマッチの実態やその予防方策に関する研究がこれまで多くなされてきた。そこで挙げられている予防策として代表的なものに「現実的職務予告（Realistic Job Preview）」がある。現実的職務予告とは，志願者に対してその組織に採用された後どのように働くか，という情報を正確に伝えることを意味し，その効果も検証されている。同制度に関しても現実的職務予告に関する取り組みの重要性が指摘されており，例えば図司（2014）は，隊員希望者と受入れ側の交流の重要性を指摘している。ただし，ミスマッチという事象はネガティブな側面だけでなく，例えば自身の適性を把握する機会となりえるなど，ポジティブな側面もあることに留意する必要がある。その意味で受け入れ側には，ミスマッチを防ぐという視点だけでなく，ミスマッチが起きた後に効果的なサポートをおこなうという視点を持ち合わせることが望まれる。なお，受入れ側が留意すべき点については，様々な機関（例えば，総務省，地域サポート人ネットワーク協議会，島根県中山間地域研究センターなど）によってまとめられている。そこでは例えば，同制度を導入する目的を明確にする必要性や，行政と地域住民が連携していくためのポイントなどが挙げられているが，本章でそれらの点を網羅的に紹介することは困難である。そのため次節では，外部人材活用の展望にも触れつつ，同制度を導入する目的をどのように設定していくべきか，そしてその目的を果たすためにどのようにしていけばいいのか，という展望と課題について論じていくこととする。

244

4 外部人材の活用における展望と課題

■ 外部人材の活用における展望 – 地域おこし協力隊制度の目的のあり方 –

　定住を促進していく背景には，人口減少という背景があることはもちろんのこと，農村では定住することが「あたりまえ」であるという認識が根強く残っていることが影響している。しかし近年の研究では，そういった前提に立つことや，定住を促進していくことへの批判が様々な文脈でみられる（例えば熊谷2004，糸長2012，図司2013，筒井ら2015など）。

　それらの指摘の背景にはいくつかの根拠があるが，その１つに外部人材の農村との関わり方が多様であることや，そういった多様な関わりが重要であるということが挙げられる。隊員として移住した若者が定住だけではなく，多様な関わり方を望んでいることは先述した通りであるが，実際に定住しなかった隊員についても多様な形で地域に関わっていることがわかっている（例えば柴崎・中塚2016bなど）。また，そういった多様な人材が関わることは，イノベーションという視点からも重要視されている（詳しくは第14章参照）。

　他方，定住を促進するといった場合，移住者や隊員の定住意向をいかに向上させるか，といった視点は考慮すべきである。定住促進に関する先行研究においても，当事者の定住意向を向上させていくための環境に大きな関心が注がれてきた。しかし，彼らの定住意向がどのように変化するのか，といった点について多くのことはわかっておらず，隊員の定住意向は３年という間で向上しづらいことが示唆されているのみである（柴崎・中塚2017）。また今日では，交通・情報インフラの拡充，インターネットの普及などによってヒトやモノ，カネ，情報といった資源が，地理的・空間的な制約を超えて流動しており，その傾向は今後ますます強まっていくことが考えられる。そのような社会背景を考慮すると，定住を促すという視点だけでは不十分であるといえよう。

　以上を踏まえると，定住を促進するという視点に固執するのではなく，外部人材と関わり続ける関係性をいかに構築していくか，というより広い視野が重要であると考える。

第 12 章　農村における外部人材の活用

■ 外部人材の活用における課題

　外部人材と関わり続けるという関係性を築いていくためには，まずは彼らが何を考え移住し，今後どうしていきたいと考えているのか，ということを知る必要がある。地域おこし協力隊に応募する動機は様々あることは先述した通りであるが，彼らは概して農村と関わることでより「豊かな生活」を送っていくことができる，またそうしていきたいと考えている。そうした彼らが考える「豊かな生活」とは，先述した 4 つのタイプの生活像を通して垣間見ることができよう。その際留意すべき点とは，「農村拠点起業タイプ」や「多拠点起業タイプ」といった，新しい生活像が存在するということである。まずはこういった多様な生活像がある，言い換えると農村に対して外部人材が保持する多様なニーズを把握しておくことが必要である。

　次の段階では，多様なニーズに対応していくことが求められる。例えば地域おこし協力隊員を受け入れるにあたっては，起業の促進や複数の仕事を組み合わせるといった働き方，生活拠点を複数持つといった住み方を促していくことなどが考えられる。もちろん，受入れ側がどこまで対応すべきなのか，という点については議論を重ねる必要があるが，いずれにしても，この地域ではどういった「豊かな生活」を送っていくことができうるのか，という生活像を設定しておくことが求められる。

　さらには，設定された生活像を現実のものにするためのキャリア・パスを設定しておくことが求められる。現場では，協力隊員に従事してもらう活動をどのような内容にするか，そしてそれにマッチした人材をいかに採用するか，という点にコストをかけている地域もある。もちろんそういった視点は重要であるが，協力隊員の任期は 3 年と限られており，任期終了後どのように生計を成り立たせるのかという課題は常に存在する。そのため活動内容を設定する際は，それを通して実現されうる生活像との関係性を考慮に入れることが必要である。具体的には，「守り」と「攻め」の活動のバランスに留意することなどが考えられる（図司 2014）。「守り」の活動が多くなり，起業活動など任期終了後を見据えた「攻め」の活動が疎かになってしまうと隊員がキャリアを築きにくくなってしまう。その一方，「攻め」の活動をおこなっていくためには「守り」

246

4 外部人材の活用における展望と課題

の活動を通して地域との信頼関係を築いていくことや地域の資源を見極めることが必要となる。これらのバランスを意識しつつ，どのようなプロセスを経て任期満了を迎えるのか，というイメージを設定しておく必要がある。

　しかし，これらの設定に固執する必要はなく，柔軟に対応していくという考え方も重要である。なぜなら，3年間のうちに自身のキャリアや生活像の方向性を定めていくことを想定している若者も多くみられるとともに，実際，そういった若者が偶発的な形でキャリアを築き，地域に関わり続けるというケースも多々みられるからである。このような形でキャリアが形成された背景には当人の特性や努力があったことはいうまでもないが，活動環境から受けた影響も多分にある。「やりたいこと」が応募当初から明確で，任期終了後の生活像を具体的に思い描いている者に比べると，そうでない者をサポートしていくことは根気のいる作業である。しかし，農村にはそういった若者に対して「この地域との関係性のなかでキャリアを築いていきたい」と思わせるような仕組みを作っていくことが求められている。そのような仕組みを構築していくことができれば，外部人材の地域へのコミットメントが増し，居住の有無に関係なく継続的に関わるという関係性を築きやすくなる。

　なお，本章では触れることができなかったが，外部人材が関わることで地域には様々な効果がもたらされている。その効果のなかには，新たな施設や組織ができた，観光客が増えたなど，測定しやすい効果もあるが，若者が頑張っている姿をみて自分でも何かやっていきたいと思うようになったなど，測定しにくい効果もある。地域おこし協力隊制度を導入している地域では，住民から隊員を受け入れたいという声が大きくなっている地域もみられる。その背景には，そういった様々な効果に対する積極的な評価があると考えられる。

《参考文献》

・秋津元輝　1998『農業生活とネットワーク－つきあいの視点から－』（お茶の水書房）
・秋津元輝　2003「Iターンの実践とIターン研究の実践」（祖田修監修『持続的農業・農村の展望』，大明堂，153-166）
・糸長浩司　2012「移住・環住による農村コミュニティのレジリエンス」（『農村計画学会誌』

247

30（4），563-566）

- 小田切徳美・藤山浩　2013『地域再生のフロンティア　中国山地から始まるこの国の新しいかたち』（農村漁村文化協会）
- 金井壽宏・鈴木竜太編著　2013『日本のキャリア研究−組織人のキャリア・ダイナミクス−』（白桃書房）
- 熊谷苑子　2004「二十一世紀村落研究の視点」（『年報村落社会研究』39，農村漁村文化協会）
- 桒原良樹・中島正裕　2016「地域サポート人材事業に関する研究の動向と展望」（『農村計画学会誌』35（2），105-109）
- 柴崎浩平・中塚雅也　2016a「農山村に移住した若者が描く生活像に関する一考察−地域おこし協力隊員を事例として−」（『農村計画学会誌』35（論文特集号），253-258）
- 柴崎浩平・中塚雅也　2016b「地域と継続的に関わる地域おこし協力隊出身者の特性と活用」（『地域農林業問題研究』52（3），130-135）
- 柴崎浩平・中塚雅也　2017「地域おこし協力隊員の地域コミットメントの特性−定住意向との違いに着目して−」（『農林業問題研究』53（4），227-234）
- 菅康弘　1998「脱都市移住者の群像− strange-native interaction の理解のために−」（『甲南大学紀要文学編』109，140-166）
- 図司直也　2013「地域サポート人材の政策的背景と評価軸の検討」（『農村計画学会誌』32（3），350-353）
- 図司直也　2014「地域サポート人材による農山村再生」（小田切徳美監修『JC 総研ブックレット』（3），筑波書房）
- 筒井一伸・佐久間康富・嵩和雄　2015「都市から農山村への移住と地域再生−移住者の起業・継業の視点から−」（『農村計画学会誌』34（1），45-50）
- 堀田聰子　2007「採用時点におけるミスマッチを軽減する採用のあり方− RJP（Realistic Job Preview）を手がかりにして−」（『日本労働研究雑誌』49（10），60-75）
- 柳田國男　1929『都市と農村』（朝日新聞社）

第**13**章

地域協働プロジェクトによる人材育成

内平 隆之
兵庫県立大学地域創造機構

市民・企業・NPOなど，様々な地域課題の利害関係者と，地域協働プロジェクトに挑戦することは人材育成とネットワーキングのチャンスであり，「地域力の再生」をはかることができる可能性を秘めている。これまでの地域協働プロジェクトで重視されてきた課題解決や価値創造という内発性を高める人材育成が，地域の状況を活かす「筋トレ」といえる。一方で，外部人材をネットワークに取り込み拡張的に地域の力を高める力を養う人材育成は，外発を活かし状況を変える力を養う「ストレッチ」といえる。どのような地域協働プロジェクトを行うべきかについては，地域の挑戦に対するスタンスや地域の結束状況を踏まえて，地域協働プロジェクトを戦略的に選択していくことが望ましい。

キーワード
地域プロジェクト　協働　人材育成　受容力

第 13 章　地域協働プロジェクトによる人材育成

1　地域協働プロジェクトをめぐる社会的背景の変化

　地域協働プロジェクトといった場合に，どのようなイメージをされるだろうか。まず地域協働プロジェクトの背景を概括しておきたい。

　近年，地域協働プロジェクトが様々に展開している。一般的には，地域活性化，地域再生，地域づくりといった地域を冠するテーマに取り組む協働事業といえば分かりやすいだろう。従来から行われている産学官民連携による課題解決に加えて，文科省が進める COC 事業や，総務省が進める地域おこし協力隊事業などの後押しを受け，多くの若者が地域の生き残り戦略の中で地域協働プロジェクトに参画するようになっている。つまり，地域に直接関与する機会が少なかった，若者や企業・行政・大学等の外部人材と関係づくりを進めることで，地域の潜在能力を活かし新しい可能性を開拓する機会となっている。

　これまでのプロジェクトの主役は団塊の世代であり，地域の内発的な人海戦術により地域課題解決が取り組まれてきた。ボランティア制度やオーナー制度などの地域交流を通じて外部者を地域のお手伝いとして組み込み，地域の経営資源として活用しようという動きは一部あるものの，合意形成や情報共有のやり方などに改善の力点がおかれ，地域組織の既存の枠組みを変える挑戦には至らず，組織維持に力点をおいた地域づくりや村づくりが目指されてきた（中塚・内平 2010）。しかしながら，団塊の世代が後期高齢者となる 2025 年問題を間近に迎える現在，従来の団塊の世代を中心とした同質的で内発的な地域課題解決の実践には限界がきている。生産年齢人口は 1995 年の 8,717 万人をピークに減少の一途をたどっており，2030 年には 6,773 万人にまで減少することが予測されている（総務省 2012）。2007 年問題に象徴される団塊の世代のリタイヤ人材をボランティアとして取り込みながら地域課題解決に人海戦術で対処してきた地域では，今後はこのような人的資源の確保は内発的には期待できない現状となっている。さらに，少子高齢社会に突入し，生産労働人口がますます減少しつづける地域の中で，これまでの内発的発展を支えてきた地縁組織の枠組みは形骸化しつつある。特に地縁組織の後期高齢化や組織率の低下は顕著で

250

あり，これまで行政の地域課題解決のパートナーとして不動の地位にあった地縁組織による内発的課題解決はいよいよ限界を迎えつつある。

　地域の企業や組織の生き残りために，このような人的資源の構造変化に対処しながら，組織や地域に有用な変化を生み出すことに挑戦できる人材が必要不可欠である。組織を残すのではなく，挑戦できる人材を地域で戦略的に育成できるかが改めて問われている。

2　地域協働プロジェクトの限界と課題

■ 排他性の壁

　これまでの地域協働プロジェクトには2つの壁がある。ひとつは，他者との交流や協働により生み出される「誇り」や「プライド」がもたらす「排他性の壁」である。連携を通じて交流人口を増やすことは，「誇りを取り戻し，内部の結束を強める」ことにつながる，いわゆる交流の鏡効果と呼ばれる現象が生まれる（小田切 2013）。一方で，ネットワーク形成において結束性を高める効果が高まるほど，これまでやってきたやり方を変えることが難しくなり，外部者への心理的反作用がうまれる。例えば，Putnam（2001）は，ソーシャルキャピタルを「Bonding（結合型）」と「Bridging（橋渡し型）」に分類しているが，関係資本が形成される中で，「Bonding（結合型）」は結束によって特徴づけられ，内部志向的であり，この性格が強すぎると「閉鎖性」「排他性」につながることを警鐘している。その結果，内部の団塊の世代を中心に十分な人的資源があった時代のやり方の延長線上で地域経営が行われ，せっかくの地域協働プロジェクトの成果を地域の経営資源として取り込むことができなくなる。その結果，「ゆでがえる」のように地域活動の限界を迎えるケースが近年増加している。特に，様々な地域づくりに関する賞をもらい交流活動や協働事業を評価されてきたトップランナーとしての誇りを持つ地域協働プロジェクトがこのような課題を抱える傾向にある。「組合員（構成員）以外は出て行け」，「よそものには関わってほしくない」といった言動に象徴される誇りの再生の反作用が，

第 13 章　地域協働プロジェクトによる人材育成

いわゆる「成功の復讐」となる。つまり，人的資源が少なくなっているにも関わらず，「今の延長線上でもっとがんばる」という発想から抜け出せず，交流人材を逐次投入し，人材の多様性を使い潰す結果がうまれることもある。この地域の内側に生じる「排他性の壁」をいかに超えさせるかが，地域課題解決の成否の鍵を握っている。

■ 成果主義の壁

　もうひとつの壁は，地域の成長発展をゴールとした「成果主義の壁」である。地域協働プロジェクトでは，目に見える成果が期待されるため，PDCA サイクルや KPI で捉えやすい成長・発展の成果指標を設定するケースが多い。交流人口や定住人口，起業した数，6 次化商品の売上高，空きや比率など，いわゆる「ひと・もの・仕事」の創造に資する成果指標である。特に，協働相手となる行政課題として設定された指標や企業 OB による成果指標に振り回されて相談に来る事例も増えている。このような課題解決への明確なインパクトとなる外的効果自体はすべてが悪いわけではないが，若者の地域への関与を含めた多様な主体との協働事業は，お互いの時間の制約やコストなどからくる限定性がある（内平・中塚 2014）。そのため，特に地域外の主体と協働を持続し，協働による外的効果を生み続けることは容易ではない。さらに，成果にとらわれた結果，確実に達成できる成果指標を選択し，安易に実行することに時間を費やす。その結果，地域の経営構造の改善等の困難な目標への挑戦を避ける傾向も見受けられる。

■ 到達点としての人材育成

　このような「排他性の壁」と「成果の壁」という 2 つの限界を克服するには，新しい挑戦的行動をする心理的葛藤や組織的摩擦を解消し，困難な課題に挑戦することに対する心理的ハードルを下げマインドセットを切り替える必要がある。特に，「排他性の壁」は新しい可能性の排除にもつながる。家族や親友，職場の仲間といった社会的に強いつながりを持つ人々よりも，友達の友達やち

ょっとした知り合いなど社会的なつながりが弱い人々の方が，自分にとって新しく価値の高い情報をもたらしてくれる可能性が高いという社会ネットワークの仮説がある（Granovetter 1974）。つまり，地域協働プロジェクトを通じて，これまでに社会的につながりが弱い多様な人々と包摂的に結びつく中で，地域の課題解決に資する新しい価値の高い情報を発掘することが期待できる。弱い紐帯を通して得た価値ある情報や人間関係を活かし，新たな地域行動の枠組みを拡張的に構築することで，地域の力量を高める可能性も高まる。今後10年の間，人的資源がいっそう枯渇する中で，従来の内発的な人海戦術に依存しない新しい地域の枠組みを模索しなければならない。

「成果の壁」については，プロジェクトの到達点として，人材育成とネットワーキングによる地域の治癒力獲得を目指すことを，ひとつの処方箋として提案したい。プロジェクトの到達点を，地域の力量獲得による人材育成に設定することには，成果が出にくい困難な課題に対してでも，最後までやり抜く信念にもなりうる可能性がある。行動心理学において，困難な目標に挑戦するかどうかは，2つのマインドセットの影響を受けることが明らかになっている（Dweck 2012）。それは，能力獲得を生得的硬直的に捉える思考様式（fixed mindset）と能力獲得を成長的拡張的に捉える思考様式（growth mindset）である。前者は能力を証明することを好むため，難易度の高い目標設定を避けることを発見している。一方で，後者はその時点での力量を証明することにこだわらず，失敗を通過点とみるため，難易度の高い目標設定でも新たな力量獲得のチャンスと捉え挑戦する傾向があることを指摘している。このような目標設定に関する研究蓄積は，個人の集合である地域においても有効であろう。ここに地域協働プロジェクトによる人材育成の今日的意義がある。

3　地域協働プロジェクトと人材育成

地域協働プロジェクトを進めるために地域の状況をどのように診断していくべきであろうか。本節では，地域協働プロジェクトによる人材育成とネットワ

第 13 章　地域協働プロジェクトによる人材育成

ーキングのあり方を具体的事例に基づき見てみよう。地域協働プロジェクトは，プロジェクトチームのマインドセットの状態と関係資本の状態の 2 軸で整理すると，交流型，価値発見型，プロトタイプ型，越境実践型の 4 つに分類できる（中塚・内平 2014）。以降，それぞれのプロジェクトの実践事例を紹介し，類型ごとに協働プロジェクトの特徴と人材育成の要点を示す。

表 1　人材育成の観点からみた地域協働プロジェクトの分類

関係資本の状態 / チームの状態	結束型 (Bonding)	橋渡し型 (Bridging)
硬直的思考様式 Fixed mindset	①交流型	②価値発見型
成長的思考様式 Growth mindset	③プロトタイプ型	④越境実践型

■ 交流型

　交流型は，地域に対する当事者性が低く，挑戦することに対してまだ積極的な状態でないが，地域の結束を改めて強めたいなどの当事者性を高めたい場合に有効な類型である。外部者に交流という形で地域活動をひらくことで，外部のマンパワーを拡張的に獲得することができる。応援してくれる仲間や支援者が外部にいることで，地域の内発的なモチベーションを高めることができる。外部者とのつきあい方のノウハウが蓄積され，地域の外発性に対する受容力を高めるなどの力量獲得につながる。その結果，地域の価値を証明することにつながり，地域への誇りを取り戻すきっかけになる。

　具体的に先駆的な交流型の事例をみてみよう。「西会津　天空の郷づくり　持続可能な地域づくり事業」は，福島県からサポート事業の支援を受けて，4 集落が連携して新たな地域主体となる「西会津・天空の郷」を設立して地域の主体を再編し，地域の経済活性化を目指している地域協働プロジェクトである。この活動がはじまるきっかけとなったのが宮城教育大学の大学生との交流である。大学生を地域に受け入れるかどうかを検討する際に，ひとつの集落では受

け入れることは困難であるため，5つの集落のリーダーに呼びかけて，話し合いを行った。4つの集落が連合して受け入れる体制を整えて交流を始めた。年間4〜5回，15人前後の大学生と交流を続ける中で，清水・景観・山菜を活かした活性化策の提案が大学生側からあるなど後述する価値発見型の活動に展開している。学生の提案と地域の予防は一致しているわけではなかったが，大学生の熱心な姿勢に地元住民は関心をいだき地域に当たり前にあるものの価値の再発見につながっている。山菜による活性化の提案を受けて，「西会津・天空の郷」の事業のひとつとして，生産加工組合を設立し，500万円の売上げを目標に，ワラビ園や道の駅での販売をすすめている。発見した価値を地域の新しいビジネスモデルとして発展させ地域の新しい力量獲得つなげている。そのほかにも，学生からの「きれいない水をだれでも飲めるように」という提案を受けて，地域の水飲み場を地元住民の力で整備した。さらに景観については，眺め桜などの看板を設置するなど，外部者の目線で発見した成果を反映する活動を展開している。「受け入れの成果として提案が実現していくことが，涙が出るほどうれしい」といった声もあがっており，提案をなんらかの形で，実現することにより，地域の価値を内部に向けて証明していくことに結びついている。

　大学生との交流を受け入れる中で，地域住民の温度差が解消され，先述した「西会津・天空の郷」が設立されるなど，地域住民の新たな団結を生んでいる。天空の郷という名前も学生が提案したものである。天空の郷は12〜13名の新しい組織で区長が副会長，前区長を顧問として構成されている。各集落の要望を全体の事業として位置づけ，その事業の運営は各集落単位で行っている。

　交流型の課題としては，交流がマンネリ化して交流疲れが起きやすいため，地域みんなで楽しみ役割を負担し合うなどのやりがいを高める役割を創出し，当事者性を高める工夫が必要である。また，交流人数を増やすことを活動のゴールとした場合，参加者の多少で一喜一憂し，プロジェクトに関わるモチベーションが振り回される課題もある。これを避けるため，交流で得た応援者や支援者の存在を地域の経営資産として拡張的に位置づけるともに，地域の様々な人的資源に依存した諸活動の再編に結びつけていくことが，地域をめぐる状況を変化させる第一歩となる。天空の郷の事例においては，交流人口の増加をゴ

第13章 地域協働プロジェクトによる人材育成

ールにするのではなく，隣接する4つの集落が話し合い，受け入れができるよう集落の体制をお互い支援できるように拡張することで，地域の状況を活かしながら，地域の自己治癒力を高め，集落連携による内発的な主体形成に成功している。

■ 価値発見型

　価値発見型は，地域のマインドセットは新しいことに地域が挑戦できるほどほぐされた状態でないが，一定の当事者性をもった結束が生まれた状況において，新しい可能性を模索する場合に有効な地域協働プロジェクトである。例えば，地域では当たり前であっても，若者や外部者に喜んでもらえる地域資源は多数存在する。限られた交流の中でも外部者目線で地域の当たり前の価値を証明することができるため，地域づくりや村づくりの事業スタートアップする力量を獲得する上で有効な方法となる。外部者により示された新しい価値の中から，地域が挑戦したいことを選ぶことができるため，地域においては，交流型において効果がある地域の誇りの再生以外にも，事業スタートアップを通じて，生業の新たな選択肢増加，地域イメージやブランドの向上などの力量獲得効果も期待的できる。

　価値発見型の事例を具体的にみてみよう。「官学連携による福崎町特産品振興プロジェクト」は，福崎町の特産品であるもちむぎの普及を次世代に広げようという観点から，兵庫県立大学の大学生と地域が連携してレシピ開発を行ったプロジェクトである。食育教室やお祭りにその成果を還元しながら，地域活性化につなげていこうとするプロジェクトである。兵庫県立大学の学生団体であるDENが，もちむぎの栄養機能を活かした親子で楽しめるレシピを30開発して，大手のレシピサイトであるクックパッドに掲載し，ユーザー評価を参考にレシピの改良をすすめた。特に好評であったレシピについては実際に町屋カフェでテストランチを提供して，実際の消費者に評価をしてもらい，レシピの改善や1週間の献立作りなどを進めている。クックパッドへの投稿も大学生以外の地域からの投稿もでてくるなど，自律的な動きがおこりつつあり，レシピと一緒に掲載する小冊子を作成し好評を得ている。

この取り組みの結果，栽培農家数が増えるなどの効果もでてきている。栽培当初から取り組みがはじまった2012年度までは10haの栽培面積を維持してきたが，その栄養機能が注目されたこともあり，2014年度は25haに拡大し，さらに2015年度は35haに拡大することになった。さらに，開発されたレシピの中から，もちむぎドレッシングを商品化しようという挑戦が行われた。名前を「かけるもちむぎ」として，地域でがんばっている生産者や村づくりグループが，自信をもって提供したい自慢の野菜を選び，それにかけてもらおうというコンセプトで開発がすすめられた。この製造については地域の作業所において障害者の仕事として取り組むことも試行された。さらには，地域のもちむぎを生産する営農組合が中心となり，「もちむぎポン」というもちむぎのポン菓子を製造し，プレーン，塩味，甘味の3つの味で売り出し，好評を得ている。この「もちむぎポン」を活用した新たなレシピづくりも大学生たちが始めている。農家による6次産業化も視野に取り組みが発展し好循環が生まれている。

これまではもちむぎの栽培農家に近い高齢世代を中心にもちむぎの特産品の利活用がなされてきた。そのため，地域に住む次世代がその利活用を考える機会に乏しかったといえる。特に，60歳以下は地域への意識が60歳以上に比べて低い傾向があるため，地域を意識した取り組みへの参加率が低くなる傾向がある。その輪を広げるために，世代間連携での商品開発やレシピ開発を行うことで，「食や子供」といった若手世代が関心を得やすいテーマを入り口とすることで，地域とふれあう機会が増え，もちむぎの地域特産品化にたずさわる周

写真1　レシピ等を普及するもちむぎ連続講座

写真2　大学生による地域でのテスト販売

第 13 章　地域協働プロジェクトによる人材育成

辺参画の輪がひろがった。その結果，生産面積と栽培農家の拡大に結び付き，農家の 6 次産業化にもつながる好循環を生み出す一助となった。

　価値発見型の課題としては，価値発見でおわり，提案がその後の実践に結びつかないケースが多く見られる点である。発見した価値を活用するには一定の専門家との連携を事前に調整するなど，実践に向けた体制を整えておくことが必要である。もちむぎの例では，大学側が発見した様々な外発的な価値を，福崎町の農政課が調整の役割を果たし，地域で内発的に発展してきた作業所や営農組合等と結びつけ，新たな地域でのチャレンジに落とし込む調整機能を果たすことで，外部の提案や発想を活かす，地域の新たなネットワークが生まれつつあるため，地域の力量獲得につながっているといえる。

■ プロトタイプ型

　プロトタイプ型は，地域に強い結束性があり，具体的な課題解決や価値創造に挑戦したいという場合に有効な地域協働プロジェクトである。たとえば，地域が抱える具体的な課題に対して，解決に資するプロトタイプの開発を行い，その解決に挑戦するケースなどが該当する。特に，地域の新しい特産品の開発や調理方法・レシピの開発，グリーンツーリズムの商品の開発，空き家活用など，地域と一定の専門性をもった外部者や大学生等と緊密な連携をしながら企画開発を進める必要がある場合に有効である。具体的なプロトタイプの実践に挑戦することで，知識・スキルの獲得，社会的役割の獲得などの個人的力量獲得につながる。また，課題に応じて，担い手やリーダーの獲得，専門性が高いパートナーの獲得，カウンターパートとなる連携相手の獲得などの，地域の状況を変化させる力量獲得につながる効果が期待できる。

　プロトタイプ型の事例を具体的にみてみよう。「縁起のいい町・ハレの日二階町プロジェクト」は，姫路市と兵庫県立大学の大学連携商店街活性事業の一環として，中心市街地の活性化を目指してスタートした地域協働プロジェクトである。二階町は姫路城の南側，かつて存在した中堀と外堀の間にあり，東西にのびる町人町であった。播磨国総社の参道として発展し，西国街道筋の宿場として発展した。姫路は城下町であり，宿・商家などは平屋しか許可されてい

258

なかったが，当時としては例外的に二階建てが許可された。このことが二階町という町名の由来となったとされる。戦災に見舞われたものの，百貨店ができるなど，高級商店街として栄えたが，姫路駅周辺への商業施設集中や商業施設の郊外開発などの影響があり，百貨店も経営再建の対象となり，二階町の東側では，空き店舗が目立つ状況となっていた。姫路市の依頼を受けて，店舗のオーナーに今後の商売のあり方と活性化に対する意向調査おこなった結果，後継者がいる若手店主を中心に店舗間連携を深めたいという要望があった。そのため，活動を休止していた二階町商店街の青年部を復活させて，賑わい再生のための課題解決に取り組む地域協働プロジェクトをスタートさせた。それが「縁起のいいまち・ハレの日二階町プロジェクト」である。

　二階町の播磨国総社の門前として栄えた原点に回帰し，プロジェクトは毎月 15 日に播磨国総社の中の日参りの日に連動して実施している。現在も営業している老舗の多くが，神棚やみこし，和菓子など祭礼や慶事に関わるものづくりの店が多く，ハレの日に関連した縁起のいい贈答品の販売で商売している店が多かったことがハレの日の商店街づくりに発展した。さらに，縁起の良さを演出するために，総社のお祓いを受けたくす玉を常設し，縁起玉開きとして，毎月 15 日に日に 2 回の縁起玉開きをして，来街者に様々な特典を提供する取り組みを行っている。毎月のイベントも総社の祭礼に関連付けたテーマとなっている。これに関連して，フードトラックや手づくり雑貨市など，外部人材とも積極的に連携して賑わいづくりを進めている。その結果，二階町商店街の構成店舗は約 70 店舗であるが，2 年間の活動の中で 20 店舗が新規開店するなど，間接的効果も出てきている。本事例では，若手老舗店主がハブとなり開かれた実践チームをセットアップすることで，商店街組合の予算の確保や外部の協力者の獲得を実現している。特に，商店街の老舗の若手店主が，新たに新規開店した店主を勧誘するともに，外部者である手作り雑貨市の運営者や親子の居場所づくりを進める子育て支援コミュニティの運営者なども，青年部メンバーとして拡張的に取り込むことで地域の状況を変える力量獲得に成功した。

　プロトタイプ型の課題として，多くの時間や資金，実践する仲間や課題に適合した専門家など，支援環境のセットアップが重要となる。そのために，地域と専門家の間に信頼関係の構築が必要不可欠である。特に，注意すべきは，新

しいプロトタイプが有効に機能しすぎると，新たな地域参画者が増えるため結果的に地域の状況を加速度的に一変させてしまう場合がある。その結果，地縁組織側に，外部者の受け入れや新しい取り組みに対して疎外感を感じ，強い排他性を生じる場合がある。事実，今回の事例では出店数が最大になった時点で商店街の方針がかわり，ピークで青年部活動を休止することになった。つまり，新しいことに挑戦したい外部者が増えるに従い，対立を促進する場合がある。内部者が内部者同士で摩擦をほぐすメンテナンス機能が必要ある。

写真3　毎月15日に開催されるハレの日二階町の風景

■ 越境実践型

　越境実践型は，強い当事者意識をもった地域人材と深い専門性をもった専門人材が協働してプロジェクトを実践するタイプである。ビジネスの世界では，越境学習（中塚 2017）がキャリア開発や組織のイノベーションの分野で注目されているが，これを地域の人材育成に展開したタイプである。通常の越境学習は学習に止まるが，越境実践では，所属する組織の枠を自発的に"越境"し，自らの職場以外に学び実践することを強調している。「聞くとやるでは大違いである」と通俗的に言われるように，従来から地域で展開されてきたアドバイザーによる研修会やコンサルタントによるワークショップが演繹的な学習をゴ

ールとするのに対して，プロジェクトベースで実践経験を蓄積するため機能的学習が可能となる。そのため，越境学習の一形態として区別して越境実践型と名付けた。このタイプでは，強い当事者意識をもった地域人材が所属する組織の枠を自発的に越境して，プロジェクトに協働で取り組みながら，人材育成が進められる。自らが所属する組織の外に出て学ぶことで，越境学習と同様の異質な他者や新たな知見による触発を促すとともに，実践を通じた共通経験により，拡張的な人間関係が地域で構築される効果が期待できる。大学が関与する場合は，社会実験や介入実験として，地域との信頼関係のもとで，継続的に研究と実践を行う例も多くある。専門家からの一方向の知識提供による演繹的学習ではなく，地域の実践により生じた新たな課題を専門側にフィードバックすることで相互の帰納的学習が可能となる。これにより知の共創をはかり，プロジェクトの中で地域人材と協働経験を蓄積することで，知や社会関係資本を移転し，地域人材の力量を拡張的に高めることができる。

　それでは具体的に，越境実践型の事例をみてみよう。「姫路マチヅカイ大学」は，姫路駅前広場の活用を担う一般社団法人と姫路市と兵庫県立大学が協働で実施するプロジェクトである。前身である「官民連携のための実践型まちづくり人材養成講座とネットワーキング」は，一般社団法人からの姫路市への提案型協働事業として 2013 年に実験的に始まり，2014 年以降は姫路市の産業局が施策として取り入れ，名称を「姫路マチヅカイ大学」に変更して，2017 年度まで実施されている。兵庫県立大学地域連携部門の専任教員がアドバイザーとなり，全国的にまちづくりの分野において活躍されている方を講師に，事例紹介やグループによるワークショップを実施しながら，姫路市の地域課題をベースに実践プロジェクトを実践する学びの場となっている。

　新たな出会いを通じて，地域の力量を高めるためのはじめの一歩となる越境実践の機会を多くのひとに提供するのが主たる目的である。真の目的として地域ですでに活躍している人材をファシリテーターとして登用することで，人材育成することを目指している。すでに地域で活躍している若手人材に越境的なグループワークを牽引してもらう経験を積んでもらうことで，新たな仲間づくりの機会を提供している。具体的な地域課題としては，「駅前広場の活用」「中心市街地のエリアマネジメント」「大手前通りの利活用」などがテーマとなっ

た。各テーマに対して，どのような課題があり，何をすべきか，学習しながら自ら考え，実践する学びの場となっている。参加人数はまちまちであるが，毎年25〜30人前後，4〜5チームが実践プロジェクトを実施している。

　この越境学習の課題としては，終了後に「受講しっぱなし」になり，その後の地域づくりの活動につながりにくい課題である。この対策として，「姫路マヂヅカイ大学」の事例では，地域で実績がある人材を実践のファシリテーターとして登用することで，受講生のロールモデルになる行動規範を提供するとともに，より実践的なアドバイスをしてもらうことで，受講終了後も，ファシリテーターをハブに活動が継続することを目指している。また，活動のノウハウをガイドブックにして活用する取り組みも生まれている。さらに，最終提案の中で優秀なプロジェクトには，次年度の姫路市の予算化で実行されるなど，政策提案ができる仕組みとなっているのも魅力のひとつとなっている。

写真4　街路に舞台を設置したおもてなし実践　　写真5　駅前に里山の樹種を植える実践

4　地域のレジリエンスを高めるために

　住み続けられる地域を実現するためには，地域の状況変化に対処できる力を高める必要がある。地域をめぐる変化は，災害などの突発的な「ショック」と平常時の困窮や欠乏などの重圧である「ストレス」に区分できる。このような「シ

ョックとストレスに対して，より着実に，耐久し，反応し，適応するための能力であって，それはまた苦難の時代にはより頑強になり，豊かな時代にはより豊かに生きる」ための自己治癒力すなわちレジリエンスを地域で培っていく必要がある（100 resilient cities 2018）。そのためにも，市民・企業・NPO など，様々な地域課題の外部関係者と，地域協働プロジェクトに挑戦することは人材育成とネットワーキングのチャンスとなる。

　通俗的に「魚を与えるより，魚の釣り方を教えよ」という言葉があるように，地域協働プロジェクトにおいては特に，課題をもった当事者が自ら解決する力量（魚を釣る力）を高めることにつながるように，人材育成につながる内的効果に目を向けるべきである。そのために，個人・組織・地域の 3 層から，状況を変えるための地域の力量を，バランスをとりながら評価し，人材の育成とネットワーキングを戦略的にすすめていくことが有効となる（内平・中塚 2016）。

　これまでの地域協働プロジェクトで重視されてきた課題解決や価値創造という成果を生み出す力を養うための人材育成は，内発的な地域の状況を活かす「筋トレ」といえる。交流型や価値発見型が，地域の状況を活かした長期的な協働により，弱い専門性をもった外部者とでもすぐに取り組むことができ，内発的な自己治癒力を高める人材育成方法となる。一方で，外部人材をネットワークに取り込み，拡張的に地域の力を高める力を養う人材育成は，外発性に対する受容性を高めながら状況を変える力を養う「ストレッチ」といえる（拡張治癒）。プロトタイプ型や越境実践型は，強い専門性をもった外部者と高い当事者意識をもった内部者との緊密な連携により，新しい状況の変化が内部にうまれ，実践経験を積んだ協働を調整し促進できるハブとなる人材の育成が可能となる。地域の状況が厳しくなる今後，ストレッチ型の地域の受容力を高める地域協働プロジェクトがますます必要となるではないか。

《参考文献》

• 内平隆之・中塚雅也　2014「移動コストによる地域連携活動の限定性と支援課題」（『農林業問題研究』50（2），119-124）

• 内平隆之・中塚雅也　2016「大学生による地域連携活動の内的効果と評価の枠組み」（『農

第 13 章　地域協働プロジェクトによる人材育成

林業問題研究』52（4），211-216）

- 小田切徳美 2013「日本における農村地域政策の新展開」（『農林業問題研究』49（3），3-12）
- Carol Dweck　2012『Mindset - Updated Edition: Changing The Way You think To Fulfil Your Potential（English Edition）Kindle 版』
- 総務省 2012「ICT 超高齢社会構想会議報告書」（国立社会保障・人口問題研究所　日本の将来推計人口（平成 24 年 1 月推計））
- 中塚雅也・内平隆之　2010「農村における地域づくりリーダーの行動と育成課題」（『農林業問題研究』46（1），81-87）
- 中塚雅也・内平隆之　2014『大学・大学生と農山村再生』（筑波書房）
- 中原淳編著　2017『人材開発研究大全』（東京大学出版会）
- Mark S. Granovetter　1974（『strength of weak ties』）
- Robert D. Putnam 2006『孤独なボウリング－米国コミュニティの崩壊と再生』（柏書房）
- 100 Resilient Cities　2018：100 Resilient Cities，　http://100resilientcities.org/

264

コラム 継業と「なりわい」

筒井 一伸（鳥取大学地域学部）

農山村では担い手不足が深刻である。たとえば『2015年農林業センサス』からは農家の後継者不足に歯止めがかからないという実態が浮かび上がるが，第一次産業だけではなく，第二次産業や第三次産業においても後継者不足がクローズアップされている。(株)東京商工リサーチの「休廃業・解散企業動向調査」によると，2004年以降，資産が負債を上回る資産超過状態で事業を停止する休廃業・解散企業の件数が倒産件数を上回っている。休廃業・解散した企業の代表者は，60歳代以上が8割を占めているとされ，経営者の高齢化や後継者難を背景とした休廃業・解散が目立ってきている。

このような農山村の担い手不足が叫ばれる一方，第11章でもふれたとおり，農山村への現役世代の移住希望者が増加している。

この「農山村の後継者不足」と「農山村への現役世代の移住者増加」をかけあわせる発想で，筆者らがはじめて提唱したのが「継業」である（筒井ほか2014）。事業を継ぐことだけであれば，類似のものとして会社の経営を後継者に引き継ぐ「事業承継」や，農業分野に限れば第三者への「農業経営継承」という制度がある。しかしながら継業とそれらとは考え方に違いがある。継業と事業承継，農業経営継承は「継ぐ」という点では同じであるが，継業は事業だけでなく，地域との関わりという視点が欠かせない。

それはなぜか。ここでもう一つのキーワードである「なりわい」を考えてみよう。増えつつある農山村への移住希望者の実態を踏まえて，NPO法人ふるさと回帰支援センター副事務局長の嵩和雄氏は「移住とは自分の意志でライフスタイルを変えるために移り住むこと」と定義し，引っ越しと明確に区別する。このライフスタイルの転換という移住者個人の問題を，地域課題にむすびつけるキーワードがなりわいである。筒井ほか（2014）において生活の糧をえることを「仕事」，自己実現を組み込むことでみられる「働き」，そして地域資源の活用（地域からの学びと貢献）とむすびつくなりわいという考え方を示している（図）。仕事や働きの問題として考えてしまうと，移住者個

人の就労問題となってしまうが，農山村においては生活インフラの維持や地域資源の活用といった課題が存在し，これに対応して地域の問題として捉える考え方がなりわいである。13章コラム（組織の組み換えによる継業支援）のように地域が継業に取り組むのもこのためである。漢字表記の生業も含めて様々な定義があるが，ここではひらがな表記のなりわいとして，地域とのかかわりという意味を強調したい。移住者個人の問題ではなく，地域の問題と結びつくなりわいと移住者とを掛け合わせる視点が重要となってくる。

筒井・尾原(2018)ではこのような視点に立ち，継業とは後継者不足に悩むなりわいを引き継ぐことであり，地域資源活用や地域での生活インフラとしての意義といった継業対象そのものの地域的要素に加えて，地域住民の生活ニーズの充足や地域アイデンティティの維持といった多様な地域的波及効果が期待できるものとしている。

《参考文献》
- 筒井一伸・嵩 和雄・佐久間康富著 小田切徳美監修 2014『移住者の地域起業による農山村再生』（筑波書房）
- 筒井一伸・尾原浩子著 図司直也監修 2018『移住者による継業－農山村をつなぐバトンリレー－』（筑波書房）

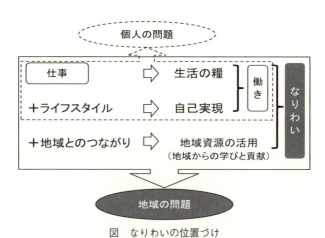

図　なりわいの位置づけ
資料：筒井ほか（2014）に加筆して作成

コラム 組織の組み換えによる継業支援

内平 隆之（兵庫県立大学地域創造機構）

民家や農地，里山といった手入れが必要な自然系の資産は，手入れが行き届かなくなると，次第に荒廃していく。そのため，継業者を探している間に，生業の経営環境が悪化していき，希望者が現れても状態をみて継ぐことをあきらめるケースがみうけられる。この問題を解消するために，この荒廃を食い止め，新たな担い手となる次世代が継業できるように中継ぎする枠組みをつくるべきではないだろうか。

平成27年5月に，兵庫県立大学の地域連携センターに，神河町の6haのお茶園の生産組合が解散するため，なんとかならないかという相談があった。この課題に対処するために，地方創生関連で連携を目指していた但陽信用金庫の担当者に状況の確認，特に事業継続性を調査するように依頼した。当地で生産されるお茶は，江戸時代に京都の宮家から「仙霊」の銘を賜るなど，物語性を有しており，隣接する朝来等でも2haでお茶園の家族経営が成立しているケースが確認されたため，新規就農者が継業できる十分な地域資源であると判断されるケースで

茶園の全景

あった。そこで，信用金庫，大学，神姫バスの三者が連携して，地元向けに廃業する茶園を，継業者につなぐまでの中継ぎに挑戦してみませんかという呼びかけを7月に行った。

その結果，地域からも協力を得ることが確定したため，廃園した茶園の環境を，引き継ぐ若手就農者が決まるまでの間に，再生し，さらによいビジネス環境となるようにセットアップすることをコンセプトにプロジェクトを始めることになった。この茶園の再生活動には80名の方が，地域の内外問わずに参加し，就農希望する候補者も数名現れるなど，事業継承に向けた世代間連携に結び付いた。一方で，今回の事例では2ヶ月の空白期間であった

第13章　地域協働プロジェクトによる人材育成

茶園の再生作業の様子

が，茶園等の生業資産の荒廃の足は速く，その修復に，3日で105名332時間の動員となり，多くの手入れが必要となることが裏付けられる結果となった。

この結果を受けて，正式に地域から土地を借り受ける環境を整えるために，有限責任事業組合を2016年1月19日に設立した。事業組合の目的は，生産組合が解散して耕作放棄地となったお茶園の維持・管理・生産・販売および新規就農者の募集と事業継承である。その主たる構成メンバーは，会長をまちづくり協議会・商工会会長として，区長2名，元お茶生産組合会計，茶葉でウーロン茶にして販売している方，新規就農を希望している若手が組合員となっている。この事業組合の最大の特徴は，最大2年間で解散することを規約に定め，期間限定で新規就農者に引き継ぐことを目指し事業を行う

ための組合であることに特徴がある。中継ぎ組織の枠組みとして，有限責任事業組合を選択した主たる理由は，内部自治の原則があるため事業組合を解散するときに資産の継承も出資者同士の合意の上で自由に決めてよいため，継業者が決まって解散する際に資産を引き継ぎやすい組織であったことが理由である。

5月に新茶を摘み取り，地域内消費を拡大させつつ販路開拓することを目指している。新茶以外で今まで使われてこなかった，お茶の副産品の商品化に高大地域連携で取り組まれた。新茶は大学の地域連携部門とデザイナーが組んで2種類の新パッケージを作成して販売にこぎ着けた。金融機関と大学が連携して，JAの荒茶買取にかわる販路の開拓をすすめ，地域の16カ所の販売先を開拓した。その内訳は神河町内12カ所，姫路市内4カ所である。

一方で，荒茶の収量は茶工場の受付時期が6月までであり，さらに素人が手伝ったこともあり秋整枝やお茶の摘み取りが未熟な課題もあり，最終的には収量は生茶で5.0t（荒茶1.0t）にとどまり，当初の見込みの1/3となった。一方の収入は，JA買い取りではなく，直接販路開拓し，販売価格を100グラム750円から900円に販売価格をあげ

地産地消で販売するモデルとしたため，従前の農家買い取りの販売価格と同程度と見込まれている。以上の地消構造の見直しと再編の結果から，JAを補完する新たな販路が開拓され，最低限持続可能なモデルが確立された。さらに，2017年5月の新茶シーズンから，2016年に摘み取った茶葉を材料としたウーロン茶と紅茶を，お歳暮用の商品としてセット販売をはじめている。加えて，地元神河町でも特産品のゆずアイスと，お茶のアイスクリームがセットで開発され販売が始まっている。

新パッケージ

本取り組みは，茶園を次世代に継承するために，組織や組織基盤を組み換えることが，なりわいの生き残りの可能性を高めることを示している。いわば，従来モデルのように，地縁のステークホルダーにより合意形成し，内発的に最後まで取り組むことは，野球にたとえるならば，先発完投型の住み継ぎといえよう。地域の生業を引き継ぐ場合に，継ぎたいひとに自己責任を押しつけて，このような負担を背負わせることが本当に社会的に公平なことなのであろうか。むしろ，なりわいの源泉となる産地を共有財と捉え，地域継業のために社会でその手の入れなおしを分かち合い，よりよい状態で継ぎ手となる次世代に引き渡す仕組みが整えられるべきである。そのためにも，次世代のエージェントとして，継業セットアップの仕組みをつくり，地域を住み継ぐ価値を高める地域連携の取り組みが，今後ますます必要になってくるのではないか。

コラム 篠山市における実践型人材の育成

衛藤 彬史（神戸大学大学院農学研究科）

新たな地域資源活用の担い手として期待される移住者であるが，新規移住者が継続的に地域で役割を担っていくためには，そこで生活していくための一定の収入が必要となる。収入を得る手段として，地域で就業機会を得ることが考えられるが，起業という選択肢もある。本コラムでは，移住者等による地域資源を活用した新たなビジネスの創出を促すことを目的とした人材育成プログラムの一例として，篠山市での取組みを紹介する。

篠山市では，神戸大学との連携のもと地域課題の解決に取組んできた。こうしたこれまでの動きと合わせて，2016年10月より農山村で地域資源を活用したしごとづくりに挑戦する人に向けた人材育成プログラムとして「篠山イノベーターズスクール」を開講している。スクールは1年間のプログラムで，①地域ビジネスの実践者のもとで，プロジェクトを実際に進めながらノウハウを実践的に学ぶ地域プロジェクト型学習（Community Based Learning，以下CBLという），②大学教員や実務家による地域でビジネス

や活動を進める上で必要とされる基礎的な理論や考え方を学ぶセミナー，③CBLの講師や相談役による起業・継業サポートから成り，個別課題に応じた地域での創業を促すことに重点が置かれている。これまでに総勢88名のスクール生が新しい地域ビジネスの創出に挑戦している。スクールのプログラムは主にJR篠山口駅構内に位置する施設で開催され，大阪，神戸，京都といった京阪神における都市部から電車で1時間～1時間半程度と農村部の中で比較的アクセスが良い。

CBLとしてこれまでに実施されたテーマとして，生産者を特集した情報誌と食材をセットで購読者に定期的に届ける「食べる通信」を立ち上げた実践家を講師に，丹波地域で新たな農産物流通の仕組みづくりに挑むプロジェクトや，欧米を中心とした外国人観光客に各回1組限定で体験交流型のツアービジネスを運営する実務家を講師に，これまで観光資源として気づかれていなかったような地域固有の資源を新たに活用したツアーの企画・運営をなりわいとするためのプロジェクト，他に

も農業や商品開発，林業など，幅広いテーマで地域資源を活かしたビジネス創出の支援を実施してきている（表1）。

スクールの受講を経て，開講から1年半が経過した2018年3月時点ですでに7名が有機農業やゲストハウス運営といった内容で起業している。その他にも現在33名が起業準備中であり，今後の地域での活躍が大いに期待される。スクールの取組み自体は緒についたばかりであり，プロジェクトに対する評価はこれからだが，地域資源を活かして新たなビジネスを生み出す「実践型人材」の輩出を促す点で期待できる。

地域づくりの文脈において，交流を越えて都市住民や若者の視点やアイデアを活かすという発想は，古くは「地域づくりインターン」や「緑のふるさと協力隊」等にみられ，外部人材の活用が1つの処方箋として位置づけられるようになってきた。そうした中で，人材の活用を越えて育成を視野に入れたとき，これまで対象となる人材はすでに当該地域に移り住んだ，あるいはその時点で転居や転職を伴う移住予備軍

表1　地域プロジェクト型学習（CBL）

CBLテーマ
農業経営系
高付加価値農業
フタバ型農業
多角的農業経営
資源開発系
木材加工
空間デザイン
商品企画・加工品開発
ツアー企画
農村民泊
資源PR系
食べる通信
ローカルメディア
地域プロデュース

写真1　CBLのようす

写真2　セミナーのようす

に対する支援や情報提供がほとんどであった。都市住民による地方への関心がかつてないほどに高まりを見せる中，都市部からのアクセスの良さを生かし，通学型で転居や転職を伴わずに，すなわち今の暮らしを続けながら次の暮らしを模索できる点，また現場でのプロジェクトへの参加を通じて実践的に農村地域での起業に向けて必要なスキル，ノウハウ，ネットワークの獲得を目指すことができる点に同事例の特徴がある。

地域資源の活用に関して「ないものねだり」から「あるもの探し」へ視点を転換することで，耕作放棄地や空き家，増えるシカ・イノシシ等も資源と捉えることができる。次に，そうした可能性をもつ地域資源を誰が活用するかという「やる人探し」の段階があることをみてきた。「地域おこし協力隊」制度等はまさにこうした動きを後押しする制度とみることができよう。しかしながら，この「やる人探し」にも限界があり，「実践型人材」という少ないパイを地域間で奪い合うことになる。そのため，今後は次の段階として「やる人育て」が政策的に求められている段階にあるといえよう（図1）。同事例は外部人材の育成において，農山村に関わるこれまでにない新たな層にアプローチする可能性をもっている。

こうした人材育成プログラムの提供に加えて，スクール事務局では地域内の事務所スペースや居住可能な空き物件の紹介，地域情報の提供や地域活動団体との橋渡し役を担いつつある。今後，人材育成に加えて，そうした人材を地域資源や地域社会とつなぎ，双方に根付くために必要な支援等の一層の充実が望まれる。

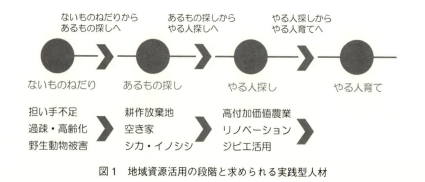

図1　地域資源活用の段階と求められる実践型人材

第**14**章

農村におけるビジネス創出とイノベーション

中塚 雅也
神戸大学大学院農学研究科

若者を中心に農村への関心が高まる一方で，農村には「仕事がない」と言われている。しかしそれは，農村を選択して移住や定住をしようとする人がやりたいと思える仕事がないのである。そこでは，イノベーションによる新しいビジネスの創出，もしくは既存のビジネスの革新が必要となる。「農村イノベーション」においては，ビジネス環境としての農村の資源の特性を理解することや，その資源を活用しながら保全するという視点が重要である。また，今日の農村には，イノベーションやビジネス創出を起こす上での強みもあるが，その促進のためには，地域全体としての環境整備（エコシステム構築）が求められる。

キーワード

イノベーション　農村ビジネス　エコシステム　地域資源　農村経営

第14章　農村におけるビジネス創出とイノベーション

1　農村におけるビジネス創出

■ ビジネス創出の必要性

　我が国は，世界に類をみない速度で高齢化・人口減少社会に突入している。特に，農村地域では，高度経済成長期における都市への大規模な労働力移動を端緒とした人口減少が止まらず，地域の存続をも揺るがす大きな問題となっている。政府は，「まち・ひと・しごと創生本部」を設置し，東京圏への一極集中の是正を目指す「地方創生」政策をすすめているが，地方の人口減少問題を解決する効果的な方策は見いだされていない。そうした中，農村の現場では，従来の地域主体だけでは，農業，農地，水路，ため池，里山などの管理，さらには自治活動や祭礼など，集落としての基礎的な活動の継続が困難になる地域も出てきている。しかし，その一方で，「田園回帰」といわれる，若い世代を中心に都市から過疎地域等の農山漁村に移住しようとする意識の高まりもみられる。また，国がすすめる「地域おこし協力隊」（詳細は，第13章で紹介）などの制度的な後押しもあり，実際に都市部から農村へ移住する動きも少しずつ広がりをみせている。

　しかしながら現実的には課題も多い。移住・定住の障壁となるのは，端的にいうと，収入を得る機会が少ないということである。内閣府「農山漁村に関する世論調査」（平成26（2014）年8月公表）において，農山漁村地域での生活で困っていることを尋ねた結果においても，「仕事がない」（33%）が最も多い。交通アクセスの問題，買い物や娯楽などの生活施設の問題もあるものの，「仕事」が農村生活を送る上での基本的な問題となっていることがわかる。ところで，経済発展にともない，農業をはじめとする第一次産業，そしてその基盤となる農村が，他の産業および都市と比較して衰退することは一般に知られるところである（ペティ＝クラークの法則など）。我が国では高度経済成長期における都市農村の所得格差拡大を，公共の建設投資，つまり土木・建設業の仕事をつくることで，是正しようとしてきたという見方もある。こうした投資は農村の雇用創出，そして生活環境の向上において一定の効果を発揮してきたが，過剰

274

投資の問題，さらには，農村をコンクリート化したとも言える環境問題を裏面でもちながら，いわゆる小泉構造改革（2001〜2006）を経て，一定の役割を終えた。その他，関連して，郵便局や銀行，そして小中学校の縮小・合併，さらには，平成の市町村合併（市町村数：1999年3月3,232，2010年3月1,727と10年間でおよそ半減）なども進み，民間から公務員に至るまで，農村で給与所得を得る機会が一気に失われていった。

　このように農村は「仕事がない」状況にあり続ける一方で，近年では，単純労働や生産性が低い分野，伝統的な職種などにおいては労働力不足が指摘されている。要は，単純に仕事がないのではなく，農村を選択して移住や定住をしようとする人がやりたいと思える仕事がないのである。その仕事を提供する立場であっても，自ら創り出す立場であっても，必要とされるのが本章で扱う，イノベーションによる新しいビジネスの創出，もしくは既存のビジネスの革新である。

■ 農村のビジネス環境：現在の強みと弱み

　ところで，農村のおかれるビジネス環境について確認しておきたい。一般に人口減少や高齢化は問題やデメリットとして捉えられている。確かに，あらゆるところで担い手が減少しており，既存のシステムの持続性が脅かされている。

　しかし，問題ばかりではない。農業を例にとってみると，その労働生産性は，戦後，大きく伸び続けている。需要（消費）が増えない中で，生産性が向上するということは，労働力がそれほど必要ではなくなってきていることを示唆する。実際，これらは農業の過剰就業問題として指摘もされてきた。一つの農業経営体のみを単純にみた場合，人口減少は農地の集積や大規模化を促進させる要因ともなり，デメリットとも言えない面があることが分かるであろう。ただし，地域全体をみたときには，多様な形で農業に関わる者が減ったり，農業に関連する資源管理作業に関わる者が減ったりといった弊害も引き起こしている。現実には，使いにくい箇所，非効率な箇所，利用価値が低い箇所から，人の手が届きにくくなり，それらは耕作放棄地や空き家の増加といった目にみえる形となって問題化している。

第14章　農村におけるビジネス創出とイノベーション

　しかしながら，これらの問題も一面ではメリットがある。それは，地域資源へのアクセスが容易になったという点である。つまり，農地，水，山林，農業機械，農業技術などの農業関係資源をはじめ，家屋，工場，店舗，倉庫などの様々な地域資源が，人口減少とととともに"浮いて"きて，低コストで手に入るようになってきているのである。これらは，従来，富の源泉として囲い込まれ，外部者どころか，村の内部者であっても簡単には使えないものであった。しかし，今，このような資源は持て余され，村の人にとっては価値がないばかりか，負債となっていることもある。したがって表面的にはアクセスが閉ざされているようにみえても，一つ中に入ってしまうと，外部者であっても，比較的，自由に使えるようになってきている。また，高齢化にともなう各種事業者の減少は，地域内の市場（マーケット）にスペースができるという意味も持つ。つまり，誤解をおそれずに，やや極言すれば，人口減少は，一人当たりの専有する量や面積，市場が増えることに繋がり，農村でのビジネスチャンスが増える現象であるとも言える。

　このように農村の資源と市場のチャンスが拡がりつつある（強み）という認識に立つなかでも，それを活かすための課題（弱み）はある。一つ目の課題は，浮いてきて利用しやすい資源はあるが，それを扱う新たなプレイヤーがいないという点である。地域内の人口が減少する中，地域外の人材の活用も必要になってくるであろう。地域おこし協力隊制度などはその促進策としての期待が大きい。また，これは地域内で利用可能な資源に届かないという問題とセットであり，プレイヤーと地域資源のマッチングの機会づくり，そして，その資源をビジネス化する知識や技術（ノウハウ）を修得できる機会づくりが地域的な課題となる（図1左側）。

　もう一つ，たとえそのマッチングが可能であっても問題となるのは，マーケットの小ささである（図1右側）。地域内のマーケットにスペースができると言っても，そもそも人口減少により，単純に地域の内需は縮小している。また，インターネットの浸透，流通の高度化などにより，地域外から新しいサービスも流入しており，地域内だけでは，ビジネスを成立させるだけの，十分なマーケットはないといえよう。必然的に地域の枠に囚われないマーケットを獲得することが課題となるのである。

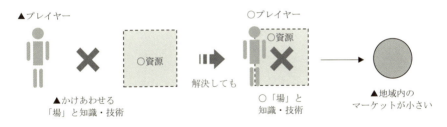

図1　農村ビジネスの課題
注：○は充足　▲は課題を示す

2 農村ビジネスの資源とステークホルダー

■ 地域資源の活用

　続いて，農村ビジネスに用いる資源と，そうした資源の活用や関わり方について整理する。経営資源は一般に，ヒト，モノ，カネ，情報（知的財産）の4つの要素からなるといわれている。農村ビジネスにおいてもそれは基本的に変わらないが，そうした経営資源を地域の内と外から調達する必要がある。先の節で，利用しやすくなった地域資源として示したのは，どちらかといえばモノ中心のことで，それも以前と比較してである。カネ，情報，さらにはヒトなど，地域の内だけでは全般的に経営資源は不足がちと捉えるのが適切であろう（ただし，どのような状況でも，目標というものが高めに設定される性質をもつ限り，論理的に，経営資源は常に不足するもの，という指摘もあるが，ここでは都市などとの相対的な比較とする）。

　そうした中，図2は，農村ビジネスを考える上での地域資源活用に望ましい関係性を，モデルとして示したものである（中塚，2011（池上，2009より作成））。図中一番下に位置するのは，地域キャピタル（資本）と言えるものであり，いわば地域そのものである。地域固有の経済，生活文化，自然・生態，およびそれらの関係性（人と人との繋がりである社会関係を資本とみなすソーシャルキャピタルはその一部）などが含まれる。そこから，ビジネスに必要なヒト，モノ，カネ，情報などの経営資源を取り出し，外部からの資源とあわせて，具体的な

第14章 農村におけるビジネス創出とイノベーション

商品やサービスを生み出す（ただし，経営資源は，商品・サービスを見据えることで，始めて資源として認識されることが多い）。そして，そうしたプロセスと成果が，再び，地域キャピタルを豊かにするという循環的な関係モデルである。この中で，地域の資源は，存在価値から使用価値，交換価値へと価値を変えるが，この総体が地域資源であり，地域の豊かさでもある。農村ビジネスは，このような地域資源の循環に組み込まれ，地域資源の活用をとおして，その充足に貢献することが理想的であり，資源略奪的なビジネスについては，規制や誘導の施策や計画をもって排除したり，修正を促したりすることも検討すべきであろう。

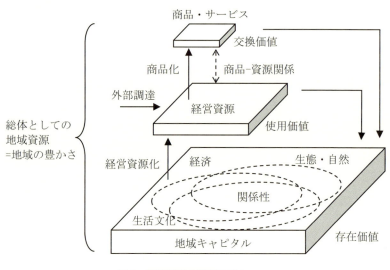

図2　地域資源の活用モデル
資料：中塚（2011）を基に作成

■ 多様なステークホルダー

次に，農村ビジネスに関わるステークホルダーについて考える。いうまでもなく，農村社会は大きく変容しており，当然のことながら農村地域社会の主体は，農家だけにとどまらない。非農家が増加し，新しく移住してきた新住民も存在する。また，その周りには，地域外に出た子どもや兄弟姉妹などの他出子

弟，そして頻繁に地域を訪れる交流者もいる（最近では，その関わりが深い人々を，「関係人口」とも呼んでいる）。

　新しいビジネスがおこなわれる具体的なシーンをみてみると，女性らがグループを立ち上げ農産加工などをおこなったり，都会の若者などが，村に移り住み，地域資源の新しい価値を見いだし，ビジネスにつなげたりする例が多い。また，6次産業化，農商工連携，さらには域学連携（大学との連携）など，内部の主体と，外部の多様な主体がネットワークを組むことにより，ビジネスを生み出すような例も近年では増えている。その連携セクターは，従来の行政やJAに留まらず，様々な業種の企業などの営利セクター，NPOや市民団体などの民間非営利セクターなどまで広がっている。

　図3は，そうした主体の広がりを概念的に示したものである。水平方向は空間軸であるが，地域住民（農家，非農家，新住民，女性など）が中心となり，そこから他出子弟，交流者，都市住民，そして，セクターとしての行政，企業，NPOなどに広がっている。また近年では，SNSなどICTでつながる主体もこの軸上にて考えられる。このように場合によっては，国をも超えて拡がる多様な主体であるが，今現在の主体だけを想定すればよいというものではない。もう一方の軸，過去から未来につながる時間軸を踏まえる必要がある。この軸に

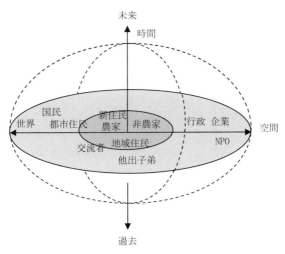

図3　農村地域の主体の拡がり

第14章　農村におけるビジネス創出とイノベーション

おいてはまず，現在のなかに，若者から高齢者までの幅広い世代が存在することの認識が第一に重要である。その上で，この現在の世代の拡がりを中心にしながらも，過去から未来まで，概念的に拡げて地域の主体を位置づけたい。もちろん，今，存在しない過去や未来の人々が，中核的な主体となることや，連携・協働して実際のビジネスをおこなうことはできない。しかし，後述するように，現在を中心に過去から未来まで時間軸を拡げて主体を捉えること，過去と未来と繋げて，現在の活動をおこなうことは，村ビジネスには不可欠な要素であろう。そうすることで，ビジネスの理念や目標が明確になり，行動をおこす原動力も生まれる。以上のように，農村ビジネスにおける多様な主体は，住民と従来セクターを想定した狭義のものではなく，空間的，時間的に拡がりをもった立体的なものとして捉えることが望ましい。

3　農村イノベーションの論理

■ 農村イノベーションとは

　以上の農村地域における資源や主体の特性を理解した上で求められるのが，農村イノベーションである。イノベーション（Innovation）とは，これまでのモノ，仕組みなどに対して，全く新しい技術や考え方を取り入れて新たな価値を生み出し，社会的に大きな変化を起こすこと，などと説明されることが多い。日本語に訳すると「革新」ではあるが，提唱者であるシュンペーターが当初用いた「新結合」の方が意味合いとしては適切かもしれない。シュンペーター（1912）はその例として，①創造的活動による新製品開発，②新生産方法の導入，③新マーケットの開拓，④新たな資源（の供給源）の獲得，⑤組織の改革，などをあげているが，大事なことは，「見たことも聞いたこともない新しいアイディア」で留まるのでなく実現可能という点である。具現化・事業化できないアイディアはイノベーションとは呼ばない。

　改めて農村イノベーションが求められる背景を確認する。一つは，高齢化の進展にともなって，この10年で農村社会の仕組みが劇的に変わることが予想

されることである。第一次ベビーブーム世代，いわゆる団塊世代が80才を超えはじめ，いよいよ農業，地域資源管理，自治など，あらゆる側面で従来の仕組みをそのままで継続することは困難になるであろう。もう一つは，先に述べた，公務員，土木・建設，学校，郵便，銀行などの従来の業種の成長は期待できないこと，つまり雇用増加が見込めないことである。このように，農村地域を持続可能とするためには，現状の延長線上での改善や課題解決だけでは対応は難しく，商品・サービス，仕組み，働き方などにおいて，これまでにない価値を生み出す必要がある。

この農村イノベーションであるが，二つの意味合いをもつ。一つは，農村“で”イノベーション，もう一つは農村“の”イノベーションである。前者は，農村をフィールドとして個人が生み出すイノベーションであり，主として個人の利益追求が目的となる。後者は，農村という地域の生活や環境などのイノベーションであり，いわば厚生追求が主目的となるものである。これは，ソーシャル・イノベーションと言われるものとほぼ同義であり，社会的問題に対して，新しい価値を生み出し，革新的な方法をもって解決すること，または，そのような商品・サービスや仕組みの開発，事業実施などを目指すものである。

■ 農村イノベーションの留意点

農村でビジネスを進めるには，この両者を区別し，そのビジネスのポジショニングをおこなうことが重要である。そのためには，都市とは異なる農村のビジネス環境や経営資源の特性を理解しておく必要がある。その特性の一つは，社会（ヒト，情報，ソーシャルキャピタル）との関わりが強いことである。これは，情報の獲得，助け合いという点では利点となる一方で，同調圧が高い，新しいことが始めにくい，更に言えば，潰される，という欠点をもつことを意味する。平易に言えば「助けてくれる－潰されやすい」という相反する特徴である。もう一つの特性は，狭義での資源（モノ，カネ）との関わりが強いという点である。農村では，都市と比較すると安価で豊富な素材や空間があるという利点がある一方で，そうした地域との関係性のなかで存在するが故に，失えない（失敗できない），または，動きや関係が“見え過ぎる”という欠点をも

第14章　農村におけるビジネス創出とイノベーション

つことを意味する。こちらは「使いやすい－動かない」という特徴となる。

　図4は，この2つを縦横の軸として，農村の資源とそこでのビジネスを位置づけたものである。縦軸に，社会との関わり，横軸に，資源との関わりをとり，それぞれのマイナス側面とプラス側面を分けた。そうすると，左上は，社会の関わりのプラス側面と資源との関わりのマイナス側面が掛けあわされた場所となり，「助けてくれるが，動きが悪い」資源利用を表す。これは，農地や空き家の利用などで時々（以前は頻繁に）見られることで，当初，協力の意思を示してくれるが，いざ，その資源を利用しようと思うと使えない，というパターンである。そして，その対角線の右下は，資源の関わりのプラス面と社会との関わりのマイナス面からなる場所である。これは，「使いやすいけれど潰されやすい」という側面を示した場所である。ともすると，外部者による新しいビジネス，そして農村"で"のイノベーションが陥ってしまいがちなポジションである。そうすると，右上が，両軸のプラスの側面を示す場所になる。「助けてくれて，使いやすい」という，地域の資源を有効に活用できるポジションとなる。ちなみに，農村"の"イノベーションはここでのビジネスに近い。

　これらを踏まえると，農村で新しいビジネスを行う際には，農村"の"イノベーションを考えざるをえず，それが経済的にも合理的であることがわかるで

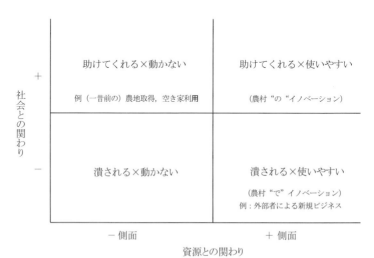

図4　農村のビジネス環境とポジショニング

あろう。更に言えば，農村イノベーションによるビジネスは，地域（とその資源）との紐づけをおこない，それによって，都市や他地域との差別化を図り，自身と地域をともに豊かにするというビジネスの形態であり，そのような思考の人に向いているフィールドが農村と言えるだろう。

なお，もちろん，本当のイノベーションは本来，軋轢を生むものであり，右下で戦うことも大切である。また，混同されやすいが，ここでの農村"の"イノベーションは，あくまでビジネスの理念や目的のことであり，ボランティアや非営利を指すものではないこと，そして，スモールビジネスである必要はないことを付け加えておく。

■ イノベーションにおける農村の勝機

さて，イノベーションを生み出す場については，農村より人や企業が集積した都市の方が有利と思われがちであり，実際，それは間違いではない。しかし，そうした資源に乏しい農村にも"勝機"がある。ここではその理論的，時代的背景を説明する。

イノベーションには二つのタイプがあると言われている。それは，持続的イノベーションと破壊的イノベーションと呼ばれるものである。前者は，既存製品を新技術で性能向上していくものを指し，改善を繰り返しながら，性能を持続的に，長期にわたって向上させていくものである。ここでは必ず，既存のものが勝つと言われている。一方で，後者の破壊的イノベーション（クリステンセン，1995）は，従来とは異なる価値基準を市場にもたらすもので，主流から外れた少数のユーザーから評価される。持続的イノベーションとは，本質的に異なり，そのタイプとして，①ローエンド型：ニーズを過度に満たされた（安くければ性能が低くても良い）顧客を攻略する，ただし収益性は低い，②新市場型：従来とは別の次元に新しい価値をつくりだす，の2つがあるとされている。また，企業は成熟するにつれて，持続的イノベーションは得意になるが，破壊的イノベーションは苦手となり，成熟企業は破壊的イノベーションを興した新興企業に「破壊」されるという。その理由は，おなじくクリステンセンが「イノベーションのジレンマ」として整理しているが，要約すると，大企業は，

283

第 14 章　農村におけるビジネス創出とイノベーション

既存の顧客や短期利益を求め，イノベーションの初期段階の小さな市場への参入価値を評価しにくくなる。そして，現状の強みとなっている技術力ゆえ，オーバースペックになってしまい，異なる事業を行いづらくなる，という大きく強いがゆえの弱みを抱えてしまうということである。つまり，このイノベーションの文脈では，大企業がベンチャーなどの小企業に負けるのである。これは，大きな都市と小さな農村の関係にも当てはまると考えられないだろうか。農村に勝機がある一つの理論的な理由として取りあげたい。

　もう一つの理由は，「オープンイノベーション」に関する議論からである。オープンイノベーションとは，企業の内部と外部のアイディアを結合させて価値を創造することである。この提唱の背景には，グローバルな競争とニーズの多様化，高度化が進む中で，自前の資源や既存のネットワークだけでは，競争に勝ち残れないという実状がある。これはイノベーションには，セクターを越えた多様な主体から資源を取り入れ交換できるネットワークが重要という考えに繋がる（但し，自らのコアとなる技術や知識は守らなければならない）。この点だけでみると，イノベーションを生み出すには，ある程度の集積が必要であり，農村は条件不利といえる。しかしながら，近年の情報ネットワーク，交通ネットワークの発達は，そうした条件不利をある程度克服できるようになっている。実際，農村部でも一定の集積をもちながら，外に開かれた，オープンイノベーションの事例がいくつも生まれている。農村はもはやクローズドな辺境ではないのである。

　このように，イノベーションの創出において，そもそも小さいことが有利であることに加えて，地理的な立地は重要なファクターでなくなっている。もちろん，全ての分野に当てはまらず，グローバルレベルでの集積とネットワーキングの重要性は益々強まってはいるが，その一方で，農村における商機と勝機が高まっているのも確かであろう。

4 イノベーションから農村ビジネスへ

■ イノベーションの道のりとプロトタイピング

　イノベーションは普及して初めてイノベーションという。社会にインパクトを与えていない，もしくは，ビジネス性（事業性）がないものはイノベーションではない。発明（Invention）や発見とは違う。ここでは図5に示すように，その成長プロセスを，0→1→10→100とやや単純に例えて説明する。第一段階は，何もない0という状態であるが，そこから1を生み出すのが発明やイノベーション（狭義），1を10にするのが市場投入や事業化，10を100にするのが拡大・普及や定着と考える。本来，イノベーションとは，0→1の部分だけではなく，このように0→100まで繋げてビジネス化するプロセスを考えなければならない（ただし，社会的インパクトを与えたものがイノベーションという意味では，実は，この図で言えば，10や100の位置にあって，そこから見返すことが出来た1のみが，イノベーションといえる）。

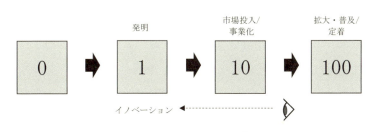

図5　イノベーションとその道のり

　この全ての段階にそれぞれ課題があるが，ここではイノベーションを進める際に特に壁となることが多い，0→1→10のプロセスを進める手法の一つを示すこととする。それは「プロトタイピング」という考え方である。プロトタイピングとは，試作品をつくることであるが，簡単にいえば，思いついたアイディアを形にすることである。それは，出来る限り具体的である方がよく，絵や模型などを使ってもよいし，実際に使用できるまさに試作品を創ってみるの

第14章　農村におけるビジネス創出とイノベーション

もよい。誰が，何を，どのように使うのか，そしてそのビジネスはどのような
モデルなのかを形にする。そうすることで，拡散され生まれたアイディアは収
束をみせ，外部や市場の評価を受け，新たなアイディアとして形になる。この
ように拡散，収束，評価というプロセスを繰り返して，螺旋状に完成度を高め
るというのがプロトタイピングのイメージである。市場に製品を出してからも
更新を繰り返す近年のITC関連サービスの商品化過程などが端的な例でわか
りやすいと思う。ここで重要なことは，このプロセスをオープンにしながら，
多くのビジネスパートナーを獲得していくことであり，同時に顧客を取り込ん
でいくことである。これは商品やサービスだけに限ったことでなく，社会シス
テムのイノベーションを生み出す際にも有効な考えであり，地域全体でみれば，
そのプロセスを通してイノベーションの連鎖をおこすことが期待できる。

■ 地域との関係性：エコシステムの構築

　最後に農村のイノベーションとそのビジネス化について，改めて地域との関
係を整理しておく。繰り返し述べたように，農村は良くも悪くも地域との関係
性（粘着性と言った方が適切かもしれない）が強い。ビジネスを進める側は，
グローバルレベルで競争が激しくなるビジネス環境の中で優位性を保つため，
その強みを活かすことが重要であるのは言うまでもない。

　一方で，地域の方からも取り組むべきことがある。イノベーションや新しい
ビジネスは，生まれやすい，育ちやすい環境というものがあると言われている。
近年では，この環境を生き物の生息環境になぞらえて，ビジネス・エコシステ
ムやイノベーション・エコシステムなどと呼んでいる。行政など地域側として
は，このエコシステム構築のため，マッチングの「場」を用意すること，さ
らには知識や技術を見つける学習機会を提供すること，そこに，地域内の行政，
ビジネス支援機関，制度，事業者や起業家，さらには自治組織やNPOなどの
非営利的な組織などを紐づけるとともに，知識や事業資本など地域で不足する
ものについては地域外とも繋げること，などが課題となってくる。

　徳島県の神山町がインターネットインフラを強化して，IT企業の誘致を進
めた結果，そこから様々なビジネスが展開し，それがまたビジネスインフラと

なって，新たな主体を呼び込むといった好循環が生み出されているという有名
な事例もあるが，これは正にビジネス・エコシステムであろう。また兵庫県下
でも，篠山市が神戸大学とともに進める，農村イノベーションラボ／篠山イノ
ベーターズスクールの取り組みは，それを戦略的に進めるものであるし，近年
では，農村部であっても各地にコワーキングオフィスやシェアオフィスなどエ
コシステムを豊かにする「場」が開設されている。

　繰り返しになるが，農村イノベーションとビジネスの創出は，農村のもつ資
源と環境の強みを活かすこと，そしてその資源と環境を豊かにする制度と「場」
を整えることによって促される。それは我が国の農村というローカルな場所の
発展だけでなく，グローバルなレベルでの多様性と豊かさを生み出すことに繋
がるのである。

《参考文献》
- 小田切徳美 2011『農山村再生の実践』（農山漁村文化協会）
- 小田切徳美 2014『農山村は消滅しない』（岩波書店）
- クレイトン・クリステンセン（伊豆原弓訳）2001『イノベーションのジレンマ：技術革新
  が巨大企業を滅ぼすとき』（翔泳社）
- 椙山泰生・高尾義明　2011『エコシステムの境界とそのダイナミズム』（『組織科学』第 45
  巻第 1 号，白桃書房）
- 中塚雅也　2011「多様な主体の協働による地域社会・農林業の豊かさの創造」（『農林業問
  題研究』第 181 号）
- 中塚雅也　2014「村ビジネスは誰が担うのか」（『農業と経済』第 81 巻第 1 号，昭和堂）
- ヘンリー・チェスブロウ（長尾高弘訳）2010『オープンイノベーション：組織を越えたネ
  ットワークが成長を加速する』（英治出版）
- 横田幸信 2016『成果を出すイノベーション・プロジェクトの進め方』（日経ＢＰ社）

著者一覧〔執筆順〕 ＊は編者

加古 敏之（かこ としゆき）　　　　吉備国際大学農学部 教授
　　　　　　　　　　　　　　　　　神戸大学 名誉教授

山田 隆大（やまだ たかひろ）　　　神戸市経済観光局農政部計画課 係長

髙田 理（たかだ おさむ）　　　　　神戸大学 名誉教授

横山 宜致（よこやま のぶよし）　　篠山市まちづくり部地域計画課景観室 室長
　　　　　　　　　　　　　　　　　（公財）兵庫丹波の森協会丹波の森研究所

丹羽 英之（にわ ひでゆき）　　　　京都学園大学バイオ環境学部 准教授

長井 拓馬（ながい たくま）　　　　農家，前 篠山市地域おこし協力隊，神戸大学農学部生

黒田 慶子（くろだ けいこ）　　　　神戸大学大学院農学研究科 教授

中塚 華奈（なかつか かな）　　　　大阪商業大学経済学部 講師

星 信彦（ほし のぶひこ）　　　　　神戸大学大学院農学研究科 教授

衛藤 彬史（えとう あきふみ）　　　神戸大学大学院農学研究科（地域連携センター）学術研究員

國吉 賢吾（くによし けんご）　　　神戸大学大学院農学研究科 博士後期課程

豊嶋 尚子（とよしま なおこ）　　　京都大学大学院農学研究科 研究員
　　　　　　　　　　　　　　　　　前 神戸大学大学院農学研究科（地域連携センター）学術研究員

森脇 馨（もりわき かおる）　　　　兵庫県加古川流域土地改良事務所 所長

木原 弘恵（きはら ひろえ）　　　　関西学院大学大学院社会学研究科 研究員
　　　　　　　　　　　　　　　　　前 神戸大学地域連携推進室（地域連携センター）特命講師

小田切 徳美（おだぎり とくみ）　　明治大学農学部 教授

筒井 一伸（つつい かずのぶ）　　　鳥取大学地域学部 教授

柴崎 浩平（しばざき こうへい）　　神戸大学大学院農学研究科（地域連携センター）特命助教

松本 龍也（まつもと りゅうや）　　「にしき恋」発起人，前 神戸大学農学部生

内平 隆之（うちひら たかゆき）　　兵庫県立大学地域創造機構 教授

＊中塚 雅也（なかつか まさや）　　神戸大学大学院農学研究科 准教授

地域創生に応える実践力養成
ひょうご神戸プラットフォームシンボルマーク

地域づくりの基礎知識3
農業・農村の資源とマネジメント
────────────────────

2019年1月18日　初版第1刷発行

編者―――中塚雅也

発行―――神戸大学出版会
〒657-8501 神戸市灘区六甲台町2-1
神戸大学附属図書館社会科学系図書館内
TEL 078-803-7315　FAX 078-803-7320
URL: http://www.org.kobe-u.ac.jp/kupress/

発売―――神戸新聞総合出版センター
〒650-0044 神戸市中央区東川崎町1-5-7
TEL 078-362-7140 ／ FAX 078-361-7552
URL:http://kobe-yomitai.jp/

印刷／神戸新聞総合印刷

落丁・乱丁本はお取り替えいたします
©2019, Printed in Japan
ISBN978-4-909364-04-3 C0361

★既刊★

地域づくりの基礎知識 ❶

地域歴史遺産と現代社会

奥村　弘・村井良介・木村修二／編

●目　次

「歴史文化を活かした地域づくり」を深める	……………	奥村　弘
第1章　歴史と文化を活かした地域づくりと地域歴史遺産	……………	奥村　弘
第2章　地域歴史遺産という考え方	……………	村井良介
第3章　地域史と自治体史編纂事業	……………	村井良介
コラム　大字誌の取り組み	……………	前田結城
第4章　古文書の可能性	……………	木村修二
コラム　古文書を活用するまで	……………	木村修二
第5章　「今」を遺す，「未来」へ伝える　―災害アーカイブを手がかりに―		
	……………	佐々木和子
第6章　埋蔵文化財と地域	……………	森岡秀人
第7章　歴史的町並み保存の「真実性」について	……………	黒田龍二
コラム　草津の近代遊郭建築　寿楼（滋賀県草津市）	……………	黒田龍二
第8章　近代の歴史的建造物と地域	……………	田中康弘
コラム　ヘリテージマネージャーの育成と活動	……………	村上裕道
第9章　民俗文化と地域　―但馬地域の事例を中心に―	……………	大江　篤
第10章　地域博物館論	……………	古市　晃
コラム　小野市立好古館の地域展の取り組み	……………	坂江　渉
第11章　地域文書館の機能と役割	……………	辻川　敦
第12章　大規模自然災害から地域史料を守り抜く　―過去・現在，そして未来へ―		
	……………	河野未央
コラム　水濡れ資料の吸水乾燥方法	……………	河野未央
第13章　「在野のアーキビスト」論と地域歴史遺産	……………	大国正美
第14章　連携事業の意義　―成功例と失敗例から―	……………	市沢　哲
コラム　地域連携活動の課題	……………	井上　舞
コラム　大学と地域　―神戸工業専門学校化学工業科の設置―	……………	河島　真

本体価格 2,300円　　発行：神戸大学出版会　　ISBN978-4-909364-01-2

★既刊★

地域づくりの基礎知識 ❷

子育て支援と高齢者福祉

高田　哲・藤本由香里／編

●目　次

「少子高齢社会における支援」を見直す	……高田　哲・藤本由香里
第1章　今求められる地域子育て支援	………………高田　哲
コラム　児童虐待・子どもの貧困	………………高田　哲
第2章　子育て支援の社会資源と活用法	………………水畑明彦
コラム　ご存知ですか 神戸新聞子育てクラブ「すきっぷ」	…………網本直子
第3章　地域子育て支援の場　～多様性と役割～	
①保育園の立場から	……中塚志麻・芝　雅子
コラム　大学と自治体が連携した子育て支援活動コラボカフェ	………高田昌代
②総合児童センターの立場から	………………小田桐和代
各区社会福祉協議会子育てコーディネーター	
コラム　尼崎市立立花地区の子育てネットワークと大学	………………大江　篤
③NPO児童発達支援・放課後等デイサービスの立場から	………………大歳太郎
第4章　子育て支援における医療従事者の役割　～専門的ケアを必要とする子どもたち～	
	………………常石秀市
第5章　高齢化による影響とは	………………小野　玲
第6章　高齢化問題　～求められる人材育成～	……石原逸子・石井久仁子
第7章　高齢者が抱える問題とその支援	………………種村留美
コラム　認知機能障害に対するAssistive Technologyによる支援	……種村留美
第8章　高齢者介護問題と在宅支援	………………松本京子
第9章　介護予防の重要性と取り組み	………………相原洋子
コラム　「健やかな老い」に向けた世代間教育	………………相原洋子
第10章　地域高齢者の生きがい	………………林　敦子
コラム　物忘れ外来で見えてくること	………………林　敦子
第11章　多世代共生の実現に向けたまちづくり	………………宮田さおり
コラム　小学校における認知症サポーター養成講座	…宮田さおり・山﨑由記子
第12章　少子高齢社会で大規模災害を乗り切るために	
～高齢期になってからの被災を乗り切り，住み慣れた地域での生の全うを考える～	
	………………野呂千鶴子

本体価格 2,300円　　発行：神戸大学出版会　　ISBN978-4-909364-02-9